模拟电路实验与综合设计

主　编　陈金西
副主编　陈青梅　张泽旺

厦门大学出版社

图书在版编目(CIP)数据

模拟电路实验与综合设计/陈金西主编. —厦门:厦门大学出版社,2014.7
应用型本科电类专业规划教材
ISBN 978-7-5615-5051-9

Ⅰ.①模… Ⅱ.①陈… Ⅲ.①模拟电路-实验-高等学校-教材②模拟电路-电路设计-高等
学校-教材 Ⅳ.①TN710

中国版本图书馆 CIP 数据核字(2014)第 166390 号

厦门大学出版社出版发行

(地址:厦门市软件园二期望海路 39 号 邮编:361008)

http://www.xmupress.com

xmup @ xmupress.com

三明市华光印务有限公司印刷

2014 年 7 月第 1 版 2014 年 7 月第 1 次印刷

开本:787×1092 1/16 印张:21.5

字数:523 千字 印数:1～3 000 册

定价:39.00 元

如有印装质量问题请寄本社营销中心调换

前　言

"模拟电路实验与综合设计"在电路研究、电子系统设计等电类工程设计研究中占有极其重要的地位。通过实验可以掌握元器件的性能、参数及电子电路的内在规律、各功能电路间的相互影响，从而验证电路基础理论，强化电路系统设计。通过实践，可进一步掌握基础知识、基本实验方法及实验技能，提高工程设计能力，培养实事求是的科学态度和踏实细致的工作作风，为从事电子工程设计、科学研究和实验测试工作打下良好的基础。

本着"精选内容、注重应用、启发创新"的原则，满足集成电路应用和电子系统综合设计的需要，作者参考了大量书籍、资料、网站和实验设备使用，融入作者历年的理论教学经验、实践教学积累和科研成果沉淀，编写成书。本书包括电子工艺基础知识及 22 个基础实验和 7 个综合设计，可作为高校电类及相关专业教材，也可供科研院所专业技术人员参考使用。

本书力求做到由基础实验到综合设计，实验难度顺序渐进，实验任务明确清晰，实验结果合理可行，实验内容全面覆盖。但因水平有限，书中难免存在不当之处，恳请读者批评指正。

本书由陈金西任主编，陈青梅、张泽旺任副主编。在本书的编写过程中，得到学院领导、老师的大力支持和帮助，并提出许多宝贵的意见，谨致以衷心的感谢！

编　者

2014 年 8 月

目　　录

第一部分 电子工艺基础概述

第一章 电子元器件

第一节 电阻器

1.1 电阻器概述

电阻器的含义：在电路中对电流有阻碍作用并且造成能量消耗的部分叫电阻。

电阻器的特性：电阻为线性元件，即电阻两端电压与流过电阻的电流成正比，通过这段导体的电流强度与这段导体的电阻成反比，即欧姆定律：$I=U/R$。

电阻器的作用：分流、限流、分压、偏置、滤波（与电容器组成 RC 滤波电路）和阻抗匹配等。

1.2 电阻值标注

电阻器在电路中的参数标注方法有 3 种，即直标法、色标法和数标法。

（1）直标法 将电阻器的标称值用数字和文字符号直接标在电阻体上，其允许偏差用百分数表示，未标偏差值的即为±20％。

（2）数标法 主要用于贴片电阻 SMD 等小体积电路。

微型贴片电阻上的代码一般标为 3 位数或 4 位数，3 位数的精度为 5％，4 位数的精度为 1％，见表 1-1。

表 1-1 数标法电阻对应表

代码为 3 位数，精度 5％，数字代码＝电阻阻值	代码为 3 位数，精度 5％，数字代码＝电阻阻值	代码为 3 位数，精度 5％，数字代码＝电阻阻值	代码为 3 位数，精度 5％，数字代码＝电阻阻值
1R1＝1.1 Ω	R22＝0.22 Ω	R33＝0.33 Ω	R47＝0.47 Ω
R68＝0.68 Ω	R82＝0.82 Ω	1R0＝1 Ω	1R2＝1.2 Ω
2R2＝2.2 Ω	3R3＝3.3 Ω	2R7＝4.7 Ω	5R6＝5.6 Ω
6R8＝6.8 Ω	8R2＝8.2 Ω	100＝10 Ω	120＝12 Ω

续表

代码为3位数,精度5%,数字代码=电阻阻值	代码为3位数,精度5%,数字代码=电阻阻值	代码为3位数,精度5%,数字代码=电阻阻值	代码为3位数,精度5%,数字代码=电阻阻值
150＝15 Ω	180＝18 Ω	220＝22 Ω	270＝27 Ω
330＝33 Ω	390＝39 Ω	470＝47 Ω	560＝56 Ω
680＝68 Ω	820＝82 Ω	101＝100 Ω	121＝120 Ω
151＝150 Ω	181＝180 Ω	221＝220 Ω	271＝270 Ω
331＝330 Ω	391＝390 Ω	471＝470 Ω	561＝560 Ω
681＝680 Ω	821＝820 Ω	102＝1 kΩ	122＝1.2 kΩ
152＝1.5 kΩ	182＝1.8 kΩ	222＝2.2 kΩ	272＝2.7 kΩ
332＝3.3 kΩ	392＝3.9 kΩ	472＝4.7 kΩ	562＝5.6 kΩ
682＝6.8 kΩ	822＝8.2 kΩ	103＝10 kΩ	123＝12 kΩ
153＝15 kΩ	183＝18 kΩ	223＝22 kΩ	273＝27 kΩ
333＝33 kΩ	393＝39 kΩ	473＝47 kΩ	563＝56 kΩ
683＝68 kΩ	823＝82 kΩ	104＝100 kΩ	124＝120 kΩ
154＝150 kΩ	184＝180 kΩ	224＝220 kΩ	274＝270 kΩ
334＝330 kΩ	394＝390 kΩ	474＝470 kΩ	564＝560 kΩ
684＝680 kΩ	824＝820 kΩ	105＝1 MΩ	125＝1.2 MΩ
155＝1.5 MΩ	185＝1.8 MΩ	225＝2.2 MΩ	275＝2.7 MΩ
335＝3.3 MΩ	395～3.9 MΩ	475＝4.7 MΩ	565＝5.6 MΩ
685＝6.8 MΩ	825＝8.2 MΩ	106＝10 MΩ	
代码为4位数,精度1%,数字代码=电阻阻值	代码为4位数,精度1%,数字代码=电阻阻值	代码为4位数,精度1%,数字代码=电阻阻值	代码为4位数,精度1%,数字代码=电阻阻值
0000＝00 Ω	00R1＝0.1 Ω	0R22＝0.22 Ω	0R47＝0.47 Ω
0R68＝0.68 Ω	0R82＝0.82 Ω	1R00＝1 Ω	1R20＝1.2 Ω
2R20＝2.2 Ω	3R30＝3.3 Ω	6R80＝6.8 Ω	8R20＝8.2 Ω
10R0＝10 Ω	11R0＝11 Ω	12R0＝12 Ω	13R0＝13 Ω
15R0＝15 Ω	16R0＝16 Ω	18R0＝18 Ω	20R0＝20 Ω
24R0＝24 Ω	27R0＝27 Ω	30R0＝30 Ω	33R0＝33 Ω
36R0＝36 Ω	39R0＝39 Ω	43R0＝43 Ω	47R0＝47 Ω

续表

代码为 4 位数，精度 1%，数字代码＝电阻阻值	代码为 4 位数，精度 1%，数字代码＝电阻阻值	代码为 4 位数，精度 1%，数字代码＝电阻阻值	代码为 4 位数，精度 1%，数字代码＝电阻阻值
51R0＝51 Ω	56R0＝56 Ω	62R0＝62 Ω	68R0＝68 Ω
75R0＝75 Ω	82R0＝82 Ω	91R0＝91 Ω	1000＝100 Ω
1100＝110 Ω	1200＝120 Ω	1300＝130 Ω	1500＝150 Ω
1600＝160 Ω	1800＝180 Ω	2000＝200 Ω	2200＝220 Ω
2400＝240 Ω	2700＝270 Ω	3000＝300 Ω	3300＝330 Ω
3600＝360 Ω	3900＝390 Ω	4300＝430 Ω	4700＝470 Ω
5100＝510 Ω	5600＝560 Ω	6200＝620 Ω	6800＝680 Ω
7500＝750 Ω	8200＝820 Ω	9100＝910 Ω	1001＝1 kΩ
1101＝1.1 kΩ	1201＝1.2 kΩ	1301＝1.3 kΩ	1501＝1.5 kΩ
5601＝5.6 kΩ	6201＝6.2 kΩ	6801＝6.8 kΩ	7501＝7.5 kΩ
8201＝8.2 kΩ	9101＝9.1 kΩ	1002＝10 kΩ	1102＝11 kΩ
1202＝12 kΩ	1302＝13 kΩ	1502＝15 kΩ	1602＝16 kΩ
1802＝18 kΩ	2002＝20 kΩ	2202＝22 kΩ	2402＝24 kΩ
3002＝30 kΩ	3303＝33 kΩ	3602＝36 kΩ	3902＝39 kΩ
4302＝43 kΩ	4702＝47 kΩ	5102＝51 kΩ	5602＝56 kΩ
6202＝62 kΩ	6802＝68 kΩ	7502＝75 kΩ	8202＝82 kΩ
9102＝91 kΩ	1003＝100 kΩ	1103＝110 kΩ	1203＝120 kΩ
1303＝130 kΩ	1503＝150 kΩ	1603＝160 kΩ	1803＝180 kΩ
2003＝200 kΩ	2203＝220 kΩ	2403＝240 kΩ	2703＝270 kΩ
3003＝300 kΩ	3303＝330 kΩ	3603＝360 kΩ	3903＝390 kΩ
4303＝430 kΩ	4703＝470 kΩ	5103＝510 kΩ	5603＝560 kΩ
6303＝630 kΩ	6803＝680 kΩ	7503＝750 kΩ	8203＝820 kΩ
9103＝910 kΩ	1004＝1 MΩ	1104＝1.1 MΩ	1204＝1.2 MΩ
1304＝1.3 MΩ	1504＝1.5 MΩ	1604＝1.6 MΩ	1804＝1.8 MΩ
2004＝2 MΩ	2204＝2.2 MΩ	2404＝2.4 MΩ	2704＝2.7 MΩ
3004＝3 MΩ	3304＝3.3 MΩ	3604＝3.6 MΩ	3904＝3.9 MΩ
4304＝4.3 MΩ	4704＝4.7 MΩ	5104＝5.1 MΩ	5604＝5.6 MΩ
6204＝6.2 MΩ	6804＝6.8 MΩ	7504＝7.5 MΩ	8204＝8.2 MΩ
9104＝9.1 MΩ	1005＝10 MΩ		

（3）色环标注法 使用最多。普通的色环电阻器用 4 环表示，精密电阻器用 5 环表示，紧靠电阻体一端头的色环为第一环，露着电阻体本色较多的另一端头为末环。

如果色环电阻器用 4 环表示，前面两位数字是有效数字，第三位是 10 的倍幂，第四环是色环电阻器的误差范围，如图 1-1 所示。四色环电阻器为普通电阻。

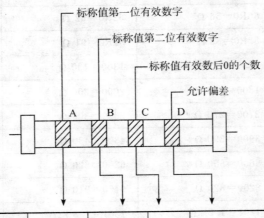

颜 色	第一位有效值 A	第二位有效值 B	倍率 C	允许偏差 D
黑	0	0	10^0	
棕	1	1	10^1	±1%
红	2	2	10^2	±2%
橙	3	3	10^3	
黄	4	4	10^4	
绿	5	5	10^5	±0.5%
蓝	6	6	10^6	±0.25%
紫	7	7	10^7	±0.1%
灰	8	8	10^8	
白	9	9	10^9	−20%～+50%
金			10^{-1}	±5%
银			10^{-2}	±10%
无色				±20%

图 1-1　两位有效数字阻值的色环表示法

如果色环电阻器用 5 环表示，前面三位数字是有效数字，第四位是 10 的倍幂，第五环是色环电阻器的误差范围，如图 1-2 所示。五色环电阻器是精密电阻。

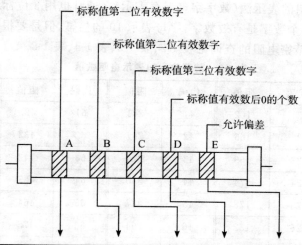

标称值第一位有效数字

标称值第二位有效数字

标称值第三位有效数字

标称值有效数后0的个数

允许偏差

颜色	第一位 有效值 A	第二位 有效值 B	第三位 有效值 C	倍率 D	允许偏差 E
黑	0	0	0	10^0	
棕	1	1	1	10^1	$\pm 1\%$
红	2	2	2	10^2	$\pm 2\%$
橙	3	3	3	10^3	
黄	4	4	4	10^4	
绿	5	5	5	10^5	$\pm 0.5\%$
蓝	6	6	6	10^6	± 0.25
紫	7	7	7	10^7	$\pm 0.1\%$
灰	8	8	8	10^8	
白	9	9	9	10^9	$-20\% \sim +50\%$
金				10^{-1}	$\pm 5\%$
银				10^{-2}	$\pm 10\%$

图 1-2　三位有效数字阻值的色环表示法

例子：

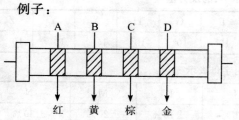

红　黄　棕　金

如：色环　A—红色；B—黄色
　　　　　C—棕色；D—金色
该电阻标称值及精度为：
$24 \times 10^1 = 240\ \Omega$　精度：$\pm 5\%$

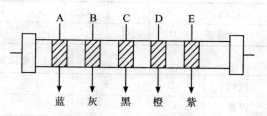

蓝　灰　黑　橙　紫

如：色环　A—蓝色；B—灰色；C—黑色
　　　　　D—橙色；E—紫色
该电阻标称值及精度为：
$680 \times 10^3 = 680\ k\Omega$　精度：$\pm 0.1\%$

（4）SMT 精密电阻的表示法（数字字母混合表示）　通常也用 3 位标示。一般用 2 位数字和 1 位字母表示，两个数字是有效数字，字母表示 10 的倍幂，但是要根据实际情况到精密电阻查询表里查找。精密电阻的查询见表 1-2、表 1-3、表 1-4、表 1-5。

表 1-2　前两位代码表示电阻数值

代码	阻值	代码	阻值	代码	阻值	代码	阻值	代码	阻值
01	100	21	162	41	261	61	422	81	681
02	102	22	165	42	267	62	432	82	698
03	105	23	169	43	274	63	442	83	715
04	107	24	174	44	280	64	453	84	732
05	110	25	178	45	287	65	464	85	750
06	113	26	182	46	294	66	475	86	768
07	115	27	187	47	301	67	487	87	787
08	118	28	191	48	309	68	499	88	806
09	121	29	196	49	316	69	511	89	825
10	124	30	200	50	324	70	523	90	845
11	127	31	3205	51	332	71	536	91	866
12	130	32	210	52	340	72	549	92	887
13	133	33	215	53	348	73	562	93	909
14	137	34	221	54	357	74	576	94	931
15	140	35	226	55	365	75	590	95	953
16	143	36	232	56	374	76	604	96	976
17	147	37	237	57	383/388	77	619		
18	150	38	243	58	392	78	634		
19	154	39	249	59	402	79	649		
20	153	40	255	60	412	80	665		

表 1-3　第三位符号表示 10 的次方值

代码	A	B	C	D	E	F	G	H	X	Y	Z
10 的倍幂	10^0	10^1	10^2	10^3	10^4	10^5	10^6	10^7	10^{-1}	10^{-2}	10^{-3}

表 1-4　电阻误差用字母表示

代码	D	F	G	J	K	M	N
误差	±0.5%	±1%	±2%	±5%	±10%	±20%	±30%

表 1-5　电容误差用字母表示

代码	D	F	G	J	K	S	Z
误差	±0.5%	±1%	±2%	±5%	±10%	+50%/−20%	+80%/−20%

例如，一个贴片电阻上写着 01C，表示 $100 * 10^2$，即 10k；18A＝150 Ω；02C＝10.2 kΩ；42X＝26.7Ω。

1.3 电阻器好坏的检测

（1）用指针万用表判定电阻的好坏：首先选择测量挡位，再将倍率挡旋钮置于适当的挡位，一般 100 欧姆以下电阻器可选 R×1 挡，100 欧姆至 1k 欧姆的电阻器可选 R×10 挡，1k 欧姆至 10k 欧姆电阻器可选 R×100 挡，10k～100k 欧姆的电阻器可选 R×1k 挡，100k 欧姆以上的电阻器可选 R×10k 挡。

（2）测量挡位选择确定后，对万用表电阻挡进行校 0。校 0 的方法是：将万用表两表笔金属棒短接，观察指针有无到 0 的位置，如果不在 0 位置，调整调零旋钮使表针指向电阻刻度的 0 位置。

（3）接着将万用表的两表笔分别和电阻器的两端相接，表针应指在相应的阻值刻度上，如果表针不动或指示不稳定或指示值与电阻器上的标示值相差很大，则说明该电阻器已损坏。

（4）用数字万用表判定电阻的好坏：首先将万用表的挡位旋钮调到欧姆挡的适当挡位，一般 200 欧姆以下电阻器可选 200 挡，200～2k 欧姆电阻器可选 2k 挡，2k～20k 欧姆电阻器可选 20k 挡，20k～200k 欧姆电阻器可选 200k 挡，200k～200M 欧姆电阻器选择 2M 挡，2M～20M 欧姆的电阻器选择 20M 挡，20M 欧姆以上的电阻器选择 200M 挡。

第二节 电容器

2.1 电容器概述

电容是衡量导体储存电荷能力的物理量。电容器电容量的大小就是表示能贮存电能的大小。电容对交流信号的阻碍作用称为容抗，与交流信号的频率和电容量有关。电容的特性主要是隔直流通交流，通低频阻高频。电容器在电路中的作用是隔直流、旁路、耦合、滤波、补偿、充放电、储能等。

电容器的主要性能指标：容量（即储存电荷的容量），耐压值（指在额定温度范围内电容能长时间可靠工作的最大直流电压或最大交流电压的有效值），耐温值（表示电容所能承受的最高工作温度）。

2.2 电容值标注

电容值得标注方法与电阻的标注方法基本相同，分直标法、色标法和数标法 3 种。

（1）直标法。是将电容的标称值用数字和单位在电容的本体上表示出来，如 $220\mu F$ 表示 220 μF；.01μF 表示 0.01 μF；R56μF 表示 0.56 μF；6n8 表示 6800 pF。

（2）不标单位的数码表示法。其中用一到四位数表示有效数字，一般为 pF，而电解电容的容量为 μF。例如，3 表示 3 pF；2200 表示 2200 pF；0.056 表示 0.056 μF。

（3）数字表示法。一般用 3 位数字表示容量的大小，前两位表示有效数字，第三位表示 10 的倍幂。如 102 表示 $10 \times 10^2 = 1000$ pF；224 表示 $22 \times 10^4 = 0.2$ μF。

（4）用色环或色点表示电容器的主要参数。电容器的色标法与电阻相同。

电容器偏差标志符号：$+100\% \sim 0$——H，$+100\% \sim 10\%$——R，$+50\% \sim 10\%$——T，$+30\% \sim 10\%$——Q，$+50\% \sim 20\%$——S，$+80\% \sim 20\%$——Z。

2.3 电容器的好坏测量

2.3.1 脱离线路时检测

测量电容一般应借助于专门的测试仪器，通常用电桥进行测量，而用万用表仅能粗略地检查电解电容是否失效或漏电情况。

测量电路如图 1-3 所示。

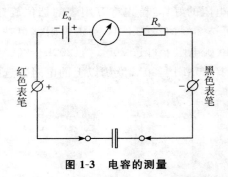

图 1-3 电容的测量

测量前应先将电解电容的两个引出线短接一下，使其上所充的电荷释放，然后将万用表置于 1k 挡，并将电解电容的正、负极分别与万用表的黑表笔、红表笔接触。在正常情况下，可以看到表头指针先是产生较大偏转（向零欧姆处），以后逐渐向起始零位（高阻值处）返回，这反映了电容器的充电过程，指针的偏转反映电容器充电电流的变化情况。最后表针停下，表针停下来所指示的阻值为该电容的漏电电阻，此阻值愈大愈好，最好应接近无穷大处。对于合格的电解电容器而言，该阻值通常在 500 kΩ 以上。电解电容在失效时（电解液干涸，容量大幅度下降），表头指针就偏转很小，甚至不偏转。已被击穿的电容器，其阻值接近于零。如果漏电电阻只有几十千欧，说明这一电解电容漏电严重。表针向右摆动的角度越大（表针还应该向左回摆），返回速度愈慢，说明这一电解电容的电容量也越大，反之说明容量越小。

对于容量较小的电容器（云母、瓷质电容等），原则上也可以用上述方法进行检查，但由于电容量较小，表头指针偏转也很小，返回速度又很快，实际上难以对它们的电容量和性能进行鉴别，仅能检查它们是否短路或断路。这时应选用 R×10k 挡测量。

2.3.2 线路上直接检测

主要是检测电容器是否已开路或已击穿这两种明显故障，而对漏电故障，由于受外电路的影响一般是测不准的。用万用表 R×1 挡,电路断开后,先放掉残存在电容器内的电荷。测量时若表针向右偏转,说明电解电容内部断路。如果表针向右偏转后所指示的阻值很小(接近短路),说明电容器严重漏电或已击穿。如果表针向右偏后无回转,但所指示的阻值不很小,说明电容器开路的可能性很大,应脱开电路后进一步检测。

若怀疑电解电容只在通电状态下才存在击穿故障,可以给电路通电,然后用万用表直流挡测量该电容器两端的直流电压,如果电压很低或为 0 V,则表明该电容器已击穿。对于电解电容的正、负极标志不清楚的,必须先判别出它的正、负极。对换万用表笔测两次,以漏电大(电阻值小)的一次为准,黑表笔所接一脚为负极,另一脚为正极。

第三节　电感器

3.1　电感器概述

电感是衡量导体储存磁场能力的物理量。

电感器的特性:通直流隔交流,通低频阻高频。

电感器的作用:滤波、陷波、振荡、储存磁能等。

电感器的分类:空芯电感和磁芯电感,磁芯电感又可分为铁芯电感和铜芯电感等。

电感线圈是将绝缘的导线在绝缘的骨架上绕一定的圈数制成。直流信号可通过线圈,直流电阻就是导线本身的电阻,压降很小;当交流信号通过线圈时,线圈两端将会产生自感电动势,自感电动势的方向与外加电压的方向相反,阻碍交流的通过,所以电感的特性是通直流阻交流,频率越高,线圈阻抗越大。电感在电路中可与电容组成 LC 振荡电路。

3.2　电感值标注

电感一般有直标法和色标法,色标法与电阻类似。

3.3　电感器的好坏衡量

电感的质量检测包括外观和阻值测量。首先检测电感的外表是否完好,磁性有无缺损,有无裂缝,金属部分有无腐蚀氧化,标志是否完整清晰,接线有无断裂和拆伤等。用万用表对电感作初步检测,测线圈的直流电阻,并与原已知的正常电阻值进行比较,如果检测值比正常值显著增大,或指针不动,则可能电感器本体断路;若比正常值小许多,可判断电感器本体严重短路,线圈的局部短路需用专用仪器进行检测。

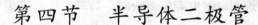

第四节 半导体二极管

4.1 半导体二极管概述

半导体二极管主要特性是单向导电性,也就是在正向电压的作用下,导通电阻很小,而在反向电压作用下导通电阻极大或无穷大。

半导体二极管的导通电压是:硅二极管在两极加上电压,并且电压大于 0.6 V 时才能导通,导通后电压保持在 0.6~0.8 V 之间;锗二极管在两极加上电压,并且电压大于 0.2 V 时才能导通,导通后电压保持在 0.2~0.3 V 之间。

半导体二极管有整流、检波、稳压、发光、光电、变容等作用。

4.2 晶体二极管管脚极性、质量的判别方法

晶体二极管由一个 PN 结组成,具有单向导电性,其正向电阻小(一般为几百欧),而反向电阻大(一般为几十千欧至几百千欧),利用此点可进行判别。

4.2.1 管脚极性判别

目视法判断半导体二极管的极性。一般在实物的电路图中可以通过眼睛直接看出半导体二极管的正负极。在实物中如果看到一端有颜色标示,则为负极,另外一端是正极。

万用表判断半导体二极管的极性。万用表电阻挡等效电路如图 1-4 所示,将万用表拨到 R×100(或 R×1k)欧姆挡,把二极管的两只管脚分别接到万用表的两根测试笔上,如图 1-5 所示。如果测出的电阻较小(约几百欧),则与万用表黑表笔相接的一端是正极,另一端就是负极。相反,如果测出的电阻较大(约百千欧),那么与万用表黑表笔相连接的一端是负极,另一端就是正极。

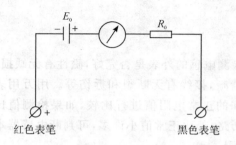

图 1-4 万用表电阻挡等效电路

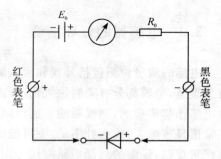

图 1-5 判断二极管极性电路

4.2.2 判别二极管质量的好坏

一个二极管的正、反向电阻差别越大,其性能就越好。如果双向电阻值都较小,说明二

极管质量差,不能使用;如果双向阻值都为无穷大,则说明该二极管内部已经断路。若反向电阻为零,表明二极管内部已被击穿。

利用数字万用表的二极管挡也可判别正、负极,此时红表笔(插在"V·Ω"插孔)带正电,黑表笔(插在"COM"插孔)带负电。用两支表笔分别接触二极管两个电极,若显示值在 1 V以下,说明管子处于正向导通状态,红表笔接的是正极,黑表笔接的是负极。若显示溢出符号"1",表明管子处于反向截止状态,黑表笔接的是正极,红表笔接的是负极。

测试注意事项:用数字式万用表的二极管挡测二极管时,红表笔接二极管的正极,黑表笔接二极管的负极,此时测得的阻值才是二极管的正向导通阻值,这与指针式万用表的表笔接法刚好相反。

4.2.3　检查整流桥堆(整流二极管)的质量

整流桥堆是把四只硅整流二极管接成桥式电路,再用环氧树脂(或绝缘塑料)封装而成的半导体器件。桥堆有交流输入端(A、B)和直流输出端(C、D),如图 1-6 所示。采用判定二极管的方法可以检查桥堆的质量。从图中可看出,交流输入端 A-B 之间总会有一只二极管处于截止状态使 A-B 间总电阻趋向于无穷大,直流输出端 D-C 间的正向压降则等于两只硅二极管的压降之和。因此,用数字万用表的二极管挡测 A-B 的正、反向电压时均显示溢出,而测 D-C 时显示大约 1 V,即可证明桥堆内部无短路现象。如果有一只二极管已经击穿短路,那么测 A-B 的正、反向电压时,必定有一次显示 0.5 V 左右。

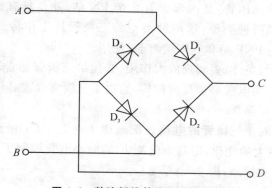

图 1-6　整流桥堆管脚及质量判别

4.3　变容二极管的基本知识

变容二极管是根据普通二极管内部 PN 结的结电容能随外加反向电压的变化而变化这一原理专门设计出来的一种特殊二极管。变容二极管在无绳电话机中主要用在手机或座机的高频调制电路上,实现将低频信号调制到高频信号上,并发射出去。在工作状态,变容二极管调制电压一般加到负极上,使变容二极管的内部结电容容量随调制电压的变化而变化。

变容二极管发生故障主要表现为漏电或性能变差。

(1)发生漏电现象时,高频调制电路将不工作或调制性能变差。

(2)变容性能变差时,高频调制电路的工作不稳定,使调制后的高频信号发送到对方,被对方接收后产生失真。

出现上述情况之一时,就应该更换同型号的变容二极管。

4.4 稳压二极管的基本知识

稳压二极管的特点就是击穿后,其两端的电压基本保持不变。这样,当把稳压管接入电路以后,若由于电源电压发生波动,或其他原因造成电路中各点电压变动时,负载两端的电压将基本保持不变。

故障特点:稳压二极管的故障主要表现在开路、短路和稳压值不稳定。在这 3 种故障中,前一种故障表现出电源电压升高;后两种故障表现为电源电压变低到零伏或输出不稳定。

第五节　半导体三极管

5.1 半导体三极管概述

半导体三极管(简称晶体管)是内部含有 2 个 PN 结,并且具有放大能力的特殊器件。它分 NPN 型和 PNP 型两种类型,这两种类型的三极管从工作特性上可互相弥补,所谓 OTL 电路中的对管就是 PNP 型和 NPN 型配对使用。

半导体三极管放大的条件:要实现放大作用,必须给三极管加合适的电压,即管子发射结必须具备正向偏压,而集电极必须反向偏压,这也是三极管放大必须具备的外部条件。

半导体三极管的主要参数:

(1)电流放大系数:对于三极管的电流分配规律 $I_e = I_b + I_c$,由于基极电流 I_b 的变化,使集电极电流 I_c 发生更大的变化,即基极电流 I_b 的微小变化控制了集电极电流较大变化,这就是三极管的电流放大原理,即 $\beta = \Delta I_c / \Delta I_b$。

(2)极间反向电流,集电极与基极的反向饱和电流。

(3)极限参数:反向击穿电压、集电极最大允许电流、集电极最大允许功率损耗。

半导体三极管具有三种工作状态:放大、饱和、截止,在模拟电路中一般使用放大作用。饱和和截止状态一般合用在数字电路中。

半导体三极管的分类:

(1)按频率分:高频管和低频管;

(2)按功率分:小功率管、中功率管和大功率管;

(3)按结构分:PNP 管和 NPN 管;

(4)按材质分:硅管和锗管;

(5)按功能分:开关管和放大管。

三极管是电流控制型器件,通过基极电流或发射极电流去控制集电极电流,又由于其多子和少子都可导电,称为双极型元件。三极管具有放大功能。

5.2 用万用表(指针式)判断半导体三极管的极性和类型

5.2.1 判别半导体三极管的基极

先选择万用表量程 R×100 或 R×1k 挡位,然后,万用表黑表笔固定三极管的某一个电极,红表笔分别接半导体三极管另外两个电极,观察指针偏转,若两次的测量阻值都大或都小,则该脚所接就是基极(两次阻值都小的为 NPN 型管,两次阻值都大的为 PNP 型管),若两次测量阻值一大一小,则用黑笔重新固定半导体三极管一个引脚极继续测量,直到找到基极。

5.2.2 判别半导体三极管的 c 极和 e 极

确定基极后,对于 NPN 管,用万用表两表笔接三极管另外两极,交替测量两次,若两次测量的结果不相等,则其中测得阻值较小的一次黑笔接的是 e 极,红笔接的是 c 极(若是 PNP 型管,则黑红表笔所接的电极相反)。

5.2.3 判别半导体三极管的类型

如果已知某个半导体三极管的基极,可以用红表笔接基极,黑表笔分别测量其另外两个电极引脚,如果测得的电阻值很大,则该三极管是 NPN 型半导体三极管;如果测量的电阻值都很小,则该三极管是 PNP 型半导体三极管。

现在常见的三极管大部分是塑封的,如何准确判断三极管的三只引脚 b、c、e?

这里推荐三种方法:

第一种方法:对于有测三极管 h_{FE} 插孔的指针表,先测出 b 极后,将三极管另外两个管脚随意插到 e、c 插孔中去(当然 b 极需准确插到 b 插孔中),测一下 h_{FE} 值,然后将管子倒过来再测一遍,测得 h_{FE} 值比较大的一次,各管脚插入的位置是正确的。

第二种方法:对无 h_{FE} 测量插孔的表,或管子太大不方便插入插孔,可以用这种方法。对 NPN 管,先测出 b 极(不管是 NPN 还是 PNP,其 b 脚都很容易先测出),将表置于 R×1 kΩ 挡,将红表笔接假设的 e 极(注意拿红表笔的手不要碰到表笔尖或管脚),黑表笔接假设的 c 极,同时用手指捏住表笔尖及这个管脚,将管子拿起来,用舌尖舔一下 b 极,表头指针应有一定的偏转,如果各表笔接得正确,指针偏转会大些;如果接得不对,指针偏转会小些,差别是很明显的,由此就可判定管子的 c、e 极。对 PNP 管,要将黑表笔接假设的 e 极(手不要碰到笔尖或管脚),红表笔接假设的 c 极,同时用手指捏住表笔尖及这个管脚,然后用舌尖舔一下 b 极,如果各表笔接得正确,表头指针会偏转得比较大。当然,测量时表笔要交换一下测两次,比较读数后才能最后判定。这个方法适用于所有外形的三极管,方便实用。根据表针的偏转幅度,还可以估计出管子的放大能力。

第三种方法:判定管子的 NPN 或 PNP 类型及其 b 极后,将表置于 R×10 kΩ 挡,对 NPN 管,黑表笔接 e 极,红表笔接 c 极时,表针可能会有一定偏转;对 PNP 管,黑表笔接 c 极,红表笔接 e 极时,表针可能会有一定的偏转,反过来都不会偏转。由此也可以判定三极管的 c、e 极。不过对于高耐压的管子,这个方法就不适用了。

以 PNP 型管为例,若用红表笔(对应表内电池的负极)接集电极 c,黑表笔接 e 极(相当 c、e 极间电源正确接法),如图 1-7 所示,这时万用表指针摆动很小,它所指示的电阻值反映管子穿透电流 I_{ceo} 的大小(电阻值大,表示 I_{ceo} 小)。如果在 c、b 间跨接一只 $R_b = 100k$ 电阻(也可用人体手指跨接代替 R_b),此时万用表指针将有较大摆动,它指示的电阻值较小,反映了集电极电流 $I_c = I_{ceo} + \beta I_b$ 的大小,电阻值减小愈多表示 β 愈大。如果 c、e 极接反(相当于 c-e 间电源极性反接),则三极管处于倒置工作状态,此时电流放大系数很小(一般<1),于是万用表指针摆动很小。因此,比较 c-e 极两种不同电源极性接法,便可判断 c 极和 e 极了。同时还可大致了解穿透电流 I_{ceo} 和电流放大系数 β 的大小,如万用表上有 h_{FE} 插孔,可利用 h_{FE} 来测量电流放大系数 β。

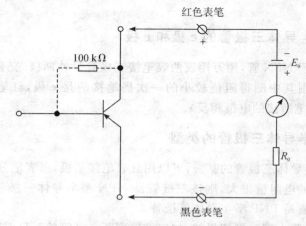

图 1-7　晶体三极管集电极 c、发射极 e 的判别

5.3　半导体三极管的好坏检测

(1)先选量程:R×100 或 R×1k 挡位。

(2)测量 PNP 型半导体三极管的发射极和集电极的正向电阻值:红表笔接基极,黑表笔接发射极,所测得阻值为发射极正向电阻值;若将黑表笔接集电极(红表笔不动),所测得阻值便是集电极的正向电阻值,正向电阻值愈小愈好。

(3)测量 PNP 型半导体三极管的发射极和集电极的反向电阻值:将黑表笔接基极,红表笔分别接发射极与集电极,所测得阻值分别为发射极和集电极的反向电阻,反向电阻愈小愈好。

(4)测量 NPN 型半导体三极管的发射极和集电极的正向电阻值的方法和测量 PNP 型半导体三极管的方法相反。

第六节 场效应管（MOS 管）

6.1 场效应管概述

场效应管英文缩写为 FET（field-effect transistor）。场效应管分结型场效应管和绝缘栅型场效应管。场效应管的三个引脚分别表示为 G（栅极）、D（漏极）、S（源极）。结型场效应管电路符号如图 1-8 所示，绝缘栅型场效应管电路符号如图 1-9 所示。

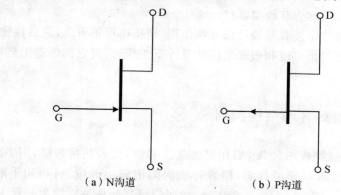

（a）N沟道　　　　　　　　　　　（b）P沟道

图 1-8　结型场效应管

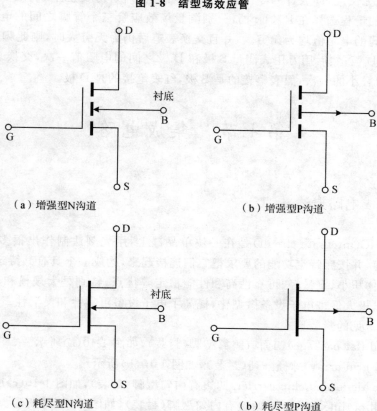

（a）增强型N沟道　　　　　　　　　　　（b）增强型P沟道

（c）耗尽型N沟道　　　　　　　　　　　（b）耗尽型P沟道

图 1-9　绝缘栅型场效应管

场效应管属于电压控制型元件,又利用多子导电,故称单极型元件,具有输入电阻高,噪声小,功耗低,无二次击穿现象等优点。

6.2 场效应管与晶体管的比较

(1)场效应管是电压控制元件,而晶体管是电流控制元件。在只允许从信号源取较少电流的情况下,应选用场效应管;而在信号电压较低,又允许从信号源取较多电流的条件下,应选用晶体管。

(2)场效应管利用多数载流子导电,所以称为单极型器件,而晶体管是既有多数载流子,也利用少数载流子导电,称为双极型器件。

(3)有些场效应管的源极和漏极可以互换使用,栅压也可正可负,灵活性比晶体管好。

(4)场效应管能在很小电流和很低电压的条件下工作,而且它的制造工艺可以很方便地把很多场效应管集成在一块硅片上。

6.3 场效应管好坏与极性判别

将万用表的量程选择在 R×1k 挡,用黑表笔接 D 极,红表笔接 S 极,用手同时触及一下 G、D 极,场效应管应呈瞬时导通状态,即表针摆向阻值较小的位置;再用手触及一下 G、S 极,场效应管应无反应,即表针回零位置不动,此时应可判断场效应管为好管。

将万用表的量程选择在 R×1k 挡,分别测量场效应管三个管脚之间的电阻值,若某脚与其他两脚之间的电阻值均为无穷大,并且交换表笔后仍为无穷大时,则此脚为 G 极,其他两脚为 S 极和 D 极;然后用万用表测量 S 极和 D 极之间的电阻值一次,交换表笔后再测量一次,其中阻值较小的一次,黑表笔接的是 S 极,红表笔接的是 D 极。

第七节   集成电路

7.1 集成电路概述

集成电路 IC(integrate circuit)是在一块单晶硅上,用光刻法制作出很多三极管、二极管、电阻和电容,并按照特定功能的要求把它们连接起来,构成一个具有某特定功能的电路。集成电路具有体积小、重量轻、可靠性高和性能稳定等优点,特别是大规模和超大规模的集成电路的出现,极大促进电子设备微型化,提高了电子设备可靠性和灵活性。

集成电路常见的封装形式:

QFP(quad flat package)四面有鸥翼型脚(封装),如图 1-10(a)所示。

BGA(ball grid array)球栅阵列(封装),如图 1-10(b)所示。

PLCC(plastic leaded chip carrier)四边有内勾型脚(封装),如图 1-10(c)所示。

SOJ(small outline junction)两边有内勾型脚(封装),如图 1-10(d)所示。

SOIC(small outline integrated circuit)两面有鸥翼型脚(封装),如图 1-10(e)所示。

（a）QFP　　　　　　（b）BGA

（c）PLCC

（d）SOJ　　　　　（e）SOIC

图 1-10　集成电路常见的封装形式

7.2　集成电路的脚位判别

(1)对于 BGA 封装(用坐标表示),在缺口或有颜色标示处逆时针开始数用英文字母 A,B,C,D,E……表示(其中 I,O 字母基本不用),顺时针用数字 1,2,3,4,5,6……表示,其中字母为横坐标,数字为纵坐标,如 A1、A2。

(2)对于其他的封装,在打点、有凹槽或有颜色标示处逆时针开始数,依次为第一脚、第二脚、第三脚……

7.3　集成电路好坏的检测方法

(1)非在线测量。非在线测量法是在集成电路未焊入电路时,通过测量其各引脚之间的直流电阻值与已知正常同型号集成电路各引脚之间的直流电阻值进行对比,以确定其是否正常。

(2)在线测量。在线测量法是利用电压测量法、电阻测量法及电流测量法等,通过在电路上测量集成电路的各引脚电压值、电阻值和电流值是否正常,来判断该集成电路是否损坏。

(3)代换法。代换法是用已知完好的同型号、同规格集成电路来代换被测集成电路,可以判断出该集成电路是否损坏。

第二章　电路图识读

第一节　电路图中基本电路元器件符号

　　能够说明各种电子设备工作原理的电原理图,简称电路图。电路图有两种,一种是说明模拟电子电路工作原理的。它用各种图形符号表示电阻器、电容器、电感器、电源、晶体管、开关等实物,用线条把元器件和单元电路按工作原理的关系连接起来。这种图一直以来就被叫作电路图。另一种是说明数字电子电路工作原理的。它用各种图形符号表示门、触发器和各种逻辑部件,用线条把它们按逻辑关系连接起来。它是用来说明各个逻辑单元之间的逻辑关系和整机的逻辑功能的。为了和模拟电路的电路图区别开来,就把这种图叫作逻辑电路图,简称逻辑图。除了这两种电路图外,常用的还有方框图。它用一个方框表示电路的一部分,能简洁清晰地说明电路各部分的关系和整机的工作原理。

　　一张电路图就好像一篇文章,各种单元电路就好比是句子,而各种元器件就是组成句子的单词。所以要想看懂电路图,还得从认识单词——元器件开始。以下把电路图中经常出现的各种元器件符号重述一遍,方便学习掌握。

1.1　电阻器与电位器

　　电阻器与电位器符号详见图 2-1,其中图 2-1(a)表示一般的阻值固定的电阻器,图 2-1(b)表示半可调或微调电阻器;图 2-1(c)表示电位器;图 2-1(d)表示带开关的电位器。电阻器的文字符号是"R",电位器是"RP",即在 R 的后面再加一个说明它有调节功能的字符"P"。

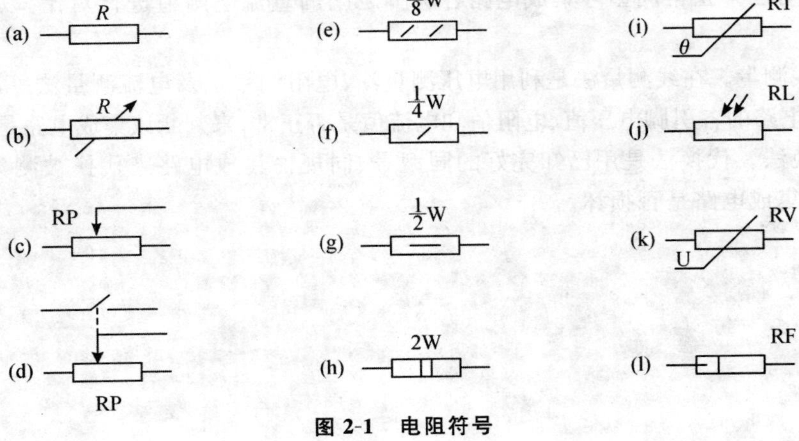

图 2-1　电阻符号

有些电路对电阻器的功率有一定要求,可分别用图2-1中(e)、(f)、(g)、(h)所示符号来表示。

几种特殊电阻器的符号:

图2-1(i)是热敏电阻符号,热敏电阻器的电阻值是随外界温度而变化的。有的是负温度系数的,用NTC来表示;有的是正温度系数的,用PTC来表示。用 θ 或 t 来表示温度。它的文字符号是"RT"。图2-1(j)是光敏电阻器符号,有两个斜向的箭头表示光线。它的文字符号是"RL"。图2-1(k)是压敏电阻器的符号。压敏电阻阻值是随电阻器两端所加的电压而变化的。用字符 U 表示电压。它的文字符号是"RV"。这三种电阻器实际上都是半导体器件,但习惯上仍把它们当作电阻器。

图2-1(l)是保险电阻符号,它兼有电阻器和熔丝的作用。当温度超过500 ℃时,电阻层迅速剥落熔断,把电路切断,能起到保护电路的作用。它的电阻值很小,目前在彩电中用得很多。文字符号是"RF"。

1.2　电容器的符号

电容器的文字符号是"C"。电容器在电路图中的图形符号如图2-2所示。其中图2-2(a)表示容量固定的电容器,图2-2(b)表示有极性电容器,如各种电解电容器,图2-2(c)表示容量可调的可变电容器。图2-2(d)表示微调电容器,图2-2(e)表示一个双连可变电容器。

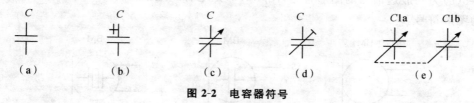

图 2-2　电容器符号

1.3　电感器与变压器的符号

电感线圈的文字符号是"L"。电感线圈在电路图中的图形符号如图2-3所示。其中图2-3(a)是电感线圈的一般符号,图2-3(b)是带磁芯或铁芯的线圈,图2-3(c)是铁芯有间隙的线圈,图2-3(d)是带可调磁芯的可调电感,图2-3(e)是有多个抽头的电感线圈。

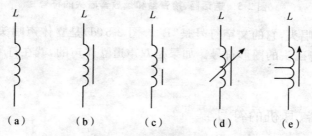

图 2-3　电感器符号

变压器的图形符号如图 2-4 所示。其中,图 2-4(a)是空芯变压器,图 2-4(b)是磁芯或铁芯变压器,图 2-4(c)是绕组间有屏蔽层的铁芯变压器,图 2-4(d)是次级有中心抽头的变压器,图 2-4(e)是耦合可变的变压器,图 2-4(f)是自耦变压器,图 2-4(g)是带可调磁芯的变压器,图 2-4(h)中的小圆点是变压器同名端标记。

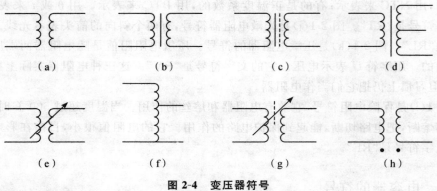

图 2-4　变压器符号

1.4　送话器、拾音器和录放音磁头的符号

送话器的文字符号是"BM"。送话器(话筒)的电路符号如图 2-5(a)、(b)、(c)所示。其中图 2-5(a)为一般送话器的图形符号,图 2-5(b)是电容式送话器,图 2-5(c)是压电晶体式送话器的图形符号。

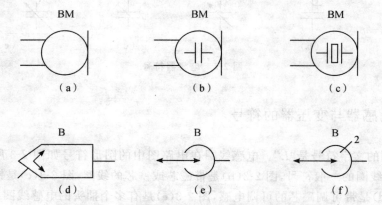

图 2-5　送话器、拾音器和录放音磁头的符号

拾音器俗称电唱头,它的文字符号是"B"。图 2-5(d)是立体声唱头的图形符号,图 2-5(e)是单声道录放音磁头的图形符号。如果是双声道立体声的,就在符号上加一个"2"字,如图(f)。

1.5　扬声器、耳机的符号

扬声器、耳机都是把电信号转换成声音的换能元件。耳机的符号如图 2-6(a),它的文字符号是"BE"。扬声器的符号如图 2-6(b)，它的文字符号是"BL"。

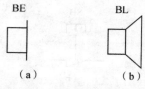

图 2-6　扬声器、耳机符号

1.6　接线元件的符号

电子电路中常常需要进行电路的接通、断开或转换，这时就要使用接线元件。接线元件有两大类：一类是开关，另一类是接插件。

1.6.1　开关的符号

在机电式开关中至少有一个动触点和一个静触点。当我们用手扳动、推动或旋转开关的机构，就可以使动触点和静触点接通或者断开，达到接通或断开电路的目的。动触点和静触点的组合一般有 3 种：①动合（常开）触点，符号如图 2-7(a)；②动断（常闭）触点，符号如图 2-7(b)；③动换（转换）触点，符号如图 2-7(c)。一个最简单的开关只有一组触点，而复杂的开关就有好几组触点。

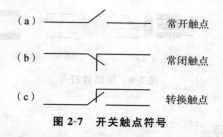

图 2-7　开关触点符号

开关在电路图中的图形符号如图 2-8 所示。其中图 2-8(a)表示一般手动开关；图 2-8(b)表示按钮开关，带一个动断触点；图 2-8(c)表示推拉式开关，带一组转换触点，图中把扳键画在触点下方表示推拉的动作；图 2-8(d)表示旋转式开关，带 3 极同时动合的触点；图 2-8(e)表示推拉式 1×6 波段开关；图 2-8(f)表示旋转式 1×6 波段开关的符号。开关的文字符号用"S"，对控制开关、波段开关可以用"SA"，对按钮式开关可以用"SB"。

1.6.2　接插件的符号

接插件的图形符号如图 2-9 所示。其中，图 2-9(a)表示一个插头和一个插座，有两种表示方式，左边表示插座，右边表示插头。图 2-9(b)表示一个已经插入插座的插头。图 2-9(c)表示一个 2 极插头座，也称为 2 芯插头座。图 2-9(d)表示一个 3 极插头座，也就是常用的 3 芯立体声耳机插头座。图 2-9(e)表示一个 6 极插头座。为了简化也可以用图 2-9(f)表示，在符号上方标上数字 6，表示是 6 极。接插件的文字符号是 X。为了区分，可以用"XP"表示插头，用"XS"表示插座。

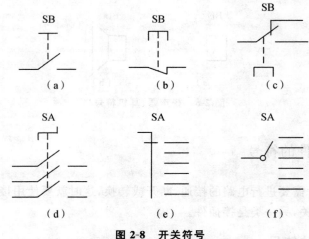

图 2-8　开关符号

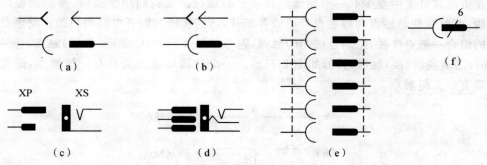

图 2-9　接插件符号

1.7　继电器的符号

因为继电器是由线圈和触点组两部分组成的,所以继电器在电路图中的图形符号也包括两部分:一个长方框表示线圈,一组触点符号表示触点组合。当触点不多电路比较简单时,经常把触点组直接画在线圈框的一侧,这种画法叫集中表示法,如图 2-10(a)所示。当触点较多而且每对触点所控制的电路又各不相同时,为了方便,常常采用分散表示法,就是把线圈画在控制电路中,把触点按各自的工作对象分别画在各个受控电路里。这种画法对简化和分析电路有利。但这种画法必须在每对触点旁注上继电器的编号和该触点的编号,并且规定所有的触点都应该按继电器不通电的原始状态画出。图 2-10(b)是一个触摸开关。当人手触摸到金属片 A 时,555 时基电路输出(3 端)高电位,使继电器 KR1 通电,触点闭合时灯点亮使电铃发声。555 时基电路是控制部分,使用的是 5 V 低压电。电灯和电铃是受控部分,使用的是 220 V 市电。

继电器的文字符号都是"K"。有时为了区别,交流继电器用"KA",电磁继电器和舌簧继电器可以用"KR",时间继电器可以用"KT"。

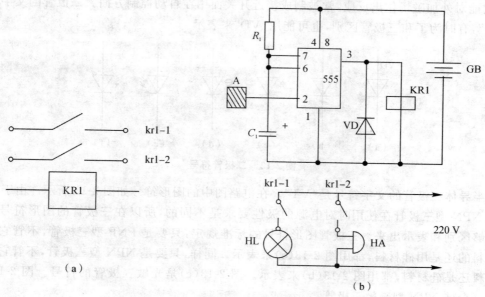

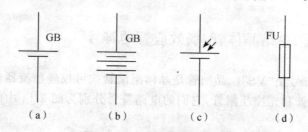

图 2-10 继电器符号

1.8 电池及熔断器符号

电池的图形符号如图 2-11 所示。长线表示正极,短线表示负极,有时为了强调可以把短线画得粗一些。图 2-11(b)表示一个电池组。有时也可以把电池组简化地画成一个电池,但要在旁边注上电压或电池的数量。图 2-11(c)是光电池的图形符号。电池的文字符号为"GB"。熔断器的图形符号如图 2-11(d)所示,它的文字符号是"FU"。

GB	GB			FU

（a） （b） （c） （d）

图 2-11 电池及熔断器符号

1.9 二极管、三极管符号

半导体二极管在电路图中的图形符号如图 2-12 所示。其中,图 2-12(a)为一段二极管的符号,箭头所指的方向就是电流流动的方向,就是说在这个二极管上端接正,下端接负电压时它就能导通。图 2-12(b)是稳压二极管符号。图 2-12(c)是变容二极管符号,旁边的电容器符号表示它的结电容是随着二极管两端的电压变化的。图 2-12(d)是热敏二极管符号。图 2-12(e)是光敏二极管符号,它能对光的作用作出反应。图 2-12(f)是磁敏二极管符号,它能对外加磁场作出反应,常被制成接近开关而用在自动控制方面。二极管的文字符号用"V",有时为了和三极管区别,也可能用"VD"来表示。

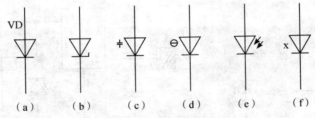

图 2-12　二极管符号

半导体三极管的文字符号是"VT"。在电路图中的图形符号如图 2-13 所示。由于 PNP 型和 NPN 型三极管在使用时对电源的极性要求是不同的,所以在三极管的图形符号中应该能够区别和表示出来。三极管图形符号的标准规定:只要是 PNP 型三极管,不管它是用锗材料的还是用硅材料,都用图 2-13(a)来表示。同样,只要是 NPN 型三极管,不管它是用锗材料还是硅材料,都用图 2-13(b)来表示。图 2-13(c)是光敏三极管的符号。图 2-13(d)表示一个硅 NPN 型磁敏三极管。

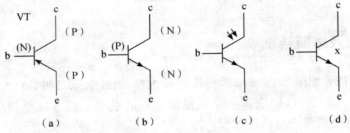

图 2-13　三极管符号

1.10　晶闸管、单结晶体管、场效应管的符号

晶闸管的文字符号是"VS"。晶闸管是晶体闸流管或可控硅整流器的简称,常用的有单向晶闸管、双向晶闸管和光控晶闸管,它们的电路符号分别为图 2-14 中的(a)、(b)、(c)。

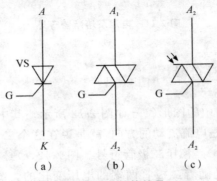

图 2-14　晶闸管符号

单结晶体管的电路符号如图 2-15 所示。

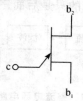

图 2-15　单结晶体管符号

利用电场控制的半导体器件,称为场效应管。它的电路符号如图 2-16 所示,其中图 2-16(a)表示 N 沟道结型场效应管,图 2-16(b)表示 N 沟道增强型绝缘栅场效应管,图 2-16(c)表示 P 沟道耗尽型绝缘栅场效应管。场效应管的文字符号也是"VT"。

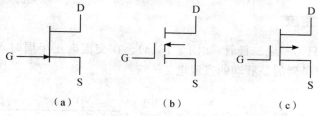

（a）　　　　　　　　（b）　　　　　　　　（c）

图 2-16　场效应管符号

第二节　电源电路

前面介绍了电路图中的元器件的作用和符号。一张电路图通常有几十乃至几百个元器件,它们的连线纵横交叉,形式变化多端,初学者往往不知道该从什么地方开始,怎样才能读懂它。其实电子电路本身有很强的规律性,不管多复杂的电路,经过分析可以发现,都是由少数几个单元电路组成的。因此初学者应先掌握常用的基本单元电路,再学习分析和分解复杂的电路,最终掌握电路图及应用。

按单元电路的功能可以把它们分成若干类,每一类又有好多种,全部单元电路大概总有几百种。下面选最常用的基本单元电路来介绍。

2.1　电源电路的功能和组成

每个电子设备都有一个供给能量的电源电路。电源电路有整流电源、逆变电源和变频器三种。常见的家用电器中多数要用到直流电源。直流电源的最简单的供电方法是用电池,但电池有成本高、体积大、需要经常更换(蓄电池则要经常充电)的缺点,因此最经济可靠而又方便的是使用整流电源。

电子电路中的电源一般是低压直流电,所以要想从 220 V 市电变换成直流电,应该先把 220 V 交流变成低压交流电,再用整流电路变成脉动的直流电,最后用滤波电路滤除脉动直流电中的交流成分后才能得到直流电。有的电子设备对电源的质量要求很高,所以还需要再增加一个稳压电路。因此整流电源的组成一般有四大部分,如图 2-17 所示。其中变压电路其实就是一个铁芯变压器,需要介绍的只是后面三种单元电路。

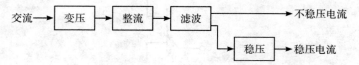

图 2-17 整流电源电路方框图

2.2 整流电路

整流电路是利用半导体二极管的单向导电性能把交流电变成单向脉动直流电的电路。

2.2.1 半波整流

半波整流电路只需一个二极管,如图 2-18(a)。在交流电正半周时 VD 导通,负半周时 VD 截止,负载 R 上得到的是脉动的直流电。

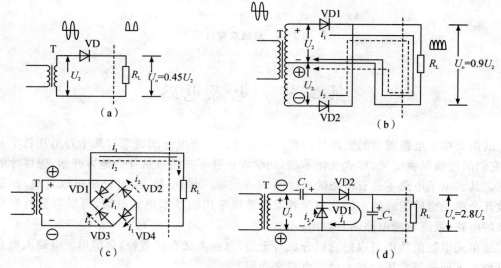

图 2-18 整流电路

2.2.2 全波整流

全波整流要用两个二极管,而且要求变压器有带中心抽头的两个圈数相同的次级线圈,如图 2-18(b)所示。负载 R_L 上得到的是脉动的全波整流电流,输出电压比半波整流电路高。

2.2.3 全波桥式整流

用 4 个二极管组成的桥式整流电路可以使用只有单个次级线圈的变压器,如图 2-18(c)所示。负载上的电流波形和输出电压值与全波整流电路相同。

2.2.4 倍压整流

用多个二极管和电容器可以获得较高的直流电压。如图 2-18(d) 是一个二倍压整流电路。当 U_2 为负半周时，VD1 导通，C_1 被充电，C_1 上最高电压可接近 $1.4U_2$；当 U_2 为正半周时，VD2 导通，C_1 上的电压和 U_2 叠加在一起对 C_2 充电，使 C_2 上电压接近 $2.8U_2$，是 C_1 上电压的 2 倍，所以叫倍压整流电路。

2.3 滤波电路

整流后得到的是脉动直流电，如果加上滤波电路滤除脉动直流电中的交流成分，就可得到平滑的直流电。

2.3.1 电容滤波

把电容器和负载并联，如图 2-19(a) 所示，正半周时电容被充电，负半周时电容放电，就可使负载上得到平滑的直流电。

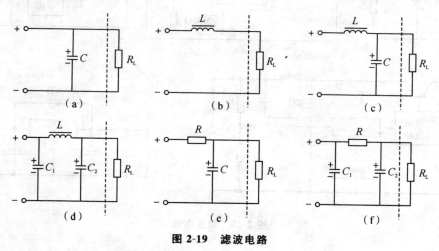

图 2-19 滤波电路

2.3.2 电感滤波

把电感和负载串联起来，如图 2-19(b) 所示，也能滤除脉动电流中的交流成分。

2.3.3 *LC* 滤波

用 1 个电感和 1 个电容组成的滤波电路因为像一个倒写的字母"L"，称为 L 型，如图 2-19(c) 所示。用 1 个电感和 2 个电容的滤波电路因为像字母"π"，称为 π 型，如图 2-19(d) 所示，这是滤波效果较好的电路。

2.3.4 *RC* 滤波

电感器的成本高，体积大，所以在电流不太大的电子电路中常用电阻器取代电感器而组

成 RC 滤波电路。同样,它也有 L 型,如图 2-19(e)所示;π 型滤波,如图 2-19(f)所示。

2.4 稳压电路

交流电网电压的波动和负载电流的变化都会使整流电源的输出电压和电流随之变动,因此要求较高的电子电路必须使用稳压电源。

2.4.1 稳压管并联型稳压电路

用一个稳压管和负载并联的电路是最简单的稳压电路,如图 2-20(a)所示。图中 R 是限流电阻。这个电路的输出电流很小,它的输出电压等于稳压管的稳定电压值 V_Z。

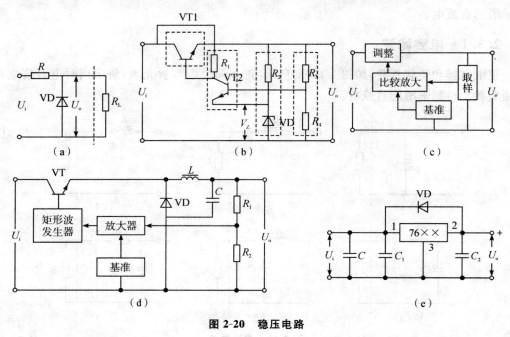

图 2-20　稳压电路

2.4.2 串联型稳压电路

有放大和负反馈作用的串联型稳压电路是最常用的稳压电路。它的电路和框图如图 2-20(b)、(c)所示。它是从取样电路(R_3、R_4)中检测出输出电压的变动,与基准电压 V_Z 比较并经放大器 VT2 放大后加到调整管 VT1 上,使调整管两端的电压随之变化。如果输出电压下降,就使调整管压降也降低,于是输出电压被提升;如果输出电压上升,就使调整管压降也上升,于是输出电压被降低,结果就使输出电压基本不变。在这个电路的基础上发展成很多变形电路或增加一些辅助电路,如用复合管作调整管,输出电压可调的电路,用运算放大器作比较放大的电路,以及增加辅助电源和过流保护电路等。

2.4.3 开关型稳压电路

近年来广泛应用的新型稳压电源是开关型稳压电源。它的调整管工作在开关状态,本身功耗很小,所以具有效率高、体积小等优点,但电路比较复杂。

开关稳压电源从原理上分有很多种。它的基本原理框图如图 2-20(d)所示。图中电感 L 和电容 C 是储能和滤波元件,二极管 VD 是调整管在关断状态时为 L、C 滤波器提供电流通路的续流二极管。开关稳压电源的开关频率都很高,一般为几千赫至几十千赫,所以电感器的体积不很大,输出电压中的高次谐波也不多。

它的基本工作原理是:从取样电路(R_1、R_2)中检测出取样电压经比较放大后去控制一个矩形波发生器。矩形波发生器的输出脉冲控制调整管 VT 的导通和截止时间。如果输出电压 U_o 因为电网电压或负载电流的变动而降低,就会使矩形波发生器的输出脉冲变宽,于是调整管导通时间增大,使 L、C 储能电路得到更多的能量,结果是使输出电压 U_o 被提升,达到了稳定输出电压的目的。

2.4.4　集成化稳压电路

现在已有大量集成稳压器产品问世,品种很多,结构也各不相同。目前用得较多的有三端集成稳压器,有输出正电压的 CW7800 系列和输出负电压的 CW7900 系列等产品。输出电流从 0.1～3 A,输出电压有 5 V、6 V、9 V、12 V、15 V、18 V、24 V 等多种。

这种集成稳压器只有三个端子,稳压电路的所有部分包括大功率调整管以及保护电路等都已集成在芯片内。使用时只要加上散热片后接到整流滤波电路后面就行了。外围元件少,稳压精度高,工作可靠,一般不需调试。

图 2-20(e)是一个三端稳压器电路。图中 C 是主滤波电容,C_1、C_2 是消除寄生振荡的电容,VD 是为防止输入短路烧坏集成块而使用的保护二极管。

2.5　电源电路识图要点和举例

电源电路是电子电路中比较简单但应用最广的电路。拿到一张电源电路图时,应该:①先按"整流—滤波—稳压"的次序把整个电源电路分解开来,逐级细细分析。②逐级分析时要分清主电路和辅助电路、主要元件和次要元件,弄清它们的作用和参数要求等。例如,开关稳压电源中,电感电容和续流二极管就是它的关键元件。③因为晶体管有 NPN 和 PNP 型两类,某些集成电路要求双电源供电,所以一个电源电路往往包括不同极性的不同电压值和好几组输出。读图时必须分清各组输出电压的数值和极性。在组装和维修时也要仔细分清晶体管和电解电容的极性,防止出错。④熟悉某些习惯画法和简化画法。⑤最后把整个电源电路从前到后全面综合贯通起来。这张电源电路图也就读懂了。

例 1　电热毯控温电路。

图 2-21 是一个电热毯电路。开关在"1"的位置是低温挡。220 V 市电经二极管后接到电热毯,因为是半波整流,电热毯两端所加的是约 100 V 的脉动直流电,发热不高,所以是保温或低温状态。开关扳到"2"的位置,220 V 市电直接接到电热毯上,所以是高温挡。

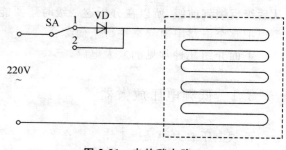

图 2-21　电热毯电路

例 2 高压电子灭蚊蝇器。

图 2-22 是利用倍压整流原理得到小电流直流高压电的灭蚊蝇器。220 V 交流经过四倍压整流后输出电压可达 1100 V,把这个直流高压加到平行的金属丝网上。网下放诱饵,当苍蝇停在网上时造成短路,电容器上的高压通过苍蝇身体放电把蝇击毙。苍蝇尸体落下后,电容器又被充电,电网又恢复高压。这个高压电网电流很小,因此对人无害。

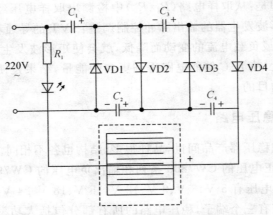

图 2-22 高压电子灭蚊蝇器电路

由于昆虫夜间有趋光性,因此如在这电网后面放一个 3 瓦荧光灯或小型黑光灯,就可以诱杀蚊虫和有害昆虫。

第三节 放大电路

放大器有交流放大器和直流放大器。交流放大器又可按频率分为低频、中源和高频;按输出信号强弱分成电压放大、功率放大等。此外,还有用集成运算放大器和特殊晶体管作器件的放大器。它是电子电路中最复杂多变的电路,但初学者经常遇到的也只是少数几种较为典型的放大电路。

读放大电路图时也还是按照"逐级分解、抓住关键、细致分析、全面综合"的原则和步骤进行。首先把整个放大电路按输入、输出逐级分开,然后逐级抓住关键进行分析,弄通原理。放大电路有它本身的特点:一是有静态和动态两种工作状态,所以有时往往要画出它的直流通路和交流通路才能进行分析;二是电路往往加有负反馈,这种反馈有时在本级内,有时从后级反馈到前级,所以在分析这一级时还要能"瞻前顾后"。在弄懂每一级的原理之后就可以把整个电路串通起来进行全面综合。

下面介绍几种常见的放大电路。

3.1 低频电压放大器

低频电压放大器是指工作频率在 20 Hz~20 kHz 之间、输出要求有一定电压值而不要求很强电流的放大器。

3.1.1 共发射极放大电路

图 2-23(a)是共发射极放大电路。C_1 是输入电容，C_2 是输出电容，三极管 VT 就是起放大作用的器件，R_B 是基极偏置电阻，R_C 是集电极负载电阻。1、3 端是输入，2、3 端是输出。3 端是公共点，通常是接地的，也称"地"端。静态时的直流通路见图 2-23(b)，动态时交流通路见图 2-23(c)。电路的特点是电压放大倍数从十几到一百多，输出电压的相位和输入电压是相反的，性能不够稳定，可用于一般场合。

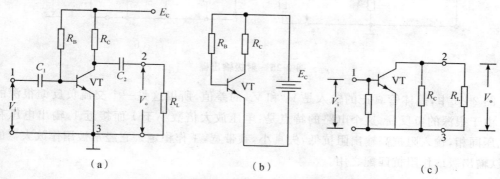

图 2-23 共发射极放大电路

3.1.2 分压式偏置共发射极放大电路

图 2-24 比图 2-23 多用 3 个元件。基极电压是由 R_{B1} 和 R_{B2} 分压取得的，所以称为分压偏置。发射极中增加电阻 R_E 和电容 C_E，C_E 称交流旁路电容，对交流是短路的；R_E 则有直流负反馈作用。所谓反馈是指把输出的变化通过某种方式送到输入端，作为输入的一部分。如果送回部分和原来的输入部分是相减的，就是负反馈。图中基极真正的输入电压是 R_{B2} 上电压和 R_E 上电压的差值，所以是负反馈。由于采取了上面两个措施，使电路工作稳定性能提高，是应用最广的放大电路。

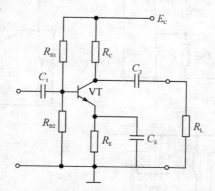

图 2-24 分压式偏置共发射极放大电路

3.1.3 射极输出器

图 2-25(a)是一个射极输出器。它的输出电压是从射极输出的。图 2-25(b)是它的交

流通路图,可以看到它是共集电极放大电路。

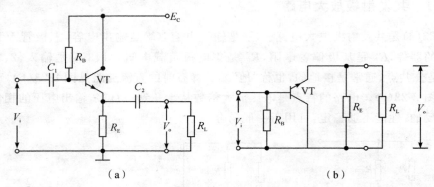

图 2-25 射极输出器

图 2-25 中,晶体管真正的输入是 V_i 和 V_o 的差值,所以这是一个交流负反馈很深的电路。由于很深的负反馈,这个电路的特点是:电压放大倍数小于 1 而接近 1,输出电压和输入电压同相,输入阻抗高输出阻抗低,失真小,频带宽,工作稳定。它经常被用作放大器的输入级、输出级或作阻抗匹配之用。

3.1.4 低频放大器的耦合

一个放大器通常有好几级,级与级之间的联系称为耦合。放大器的级间耦合方式有三种:①RC 耦合,见图 2-26(a)。优点是简单,成本低,但性能不是最佳。②变压器耦合,见图 2-26(b)。优点是阻抗匹配好,输出功率和效率高,但变压器制作比较麻烦。③直接耦合,见图 2-26(c)。优点是频带宽,可作直流放大器使用,但前后级工作有牵制,稳定性差,设计制作较麻烦。

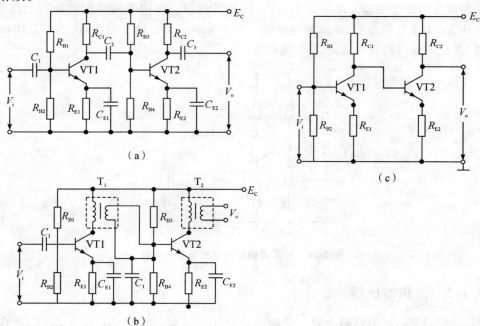

图 2-26 低频放大器的耦合方式

3.2　功率放大器

能把输入信号放大并向负载提供足够大的功率的放大器叫功率放大器。例如收音机的末级放大器就是功率放大器。

3.2.1　甲类单管功率放大器

图 2-27 是单管功率放大器，C_1 是输入电容，T 是输出变压器。它的集电极负载电阻 R_C' 是将负载电阻 R_L 通过变压器匝数比折算过来的：

$$R_C' = (N_1/N_2)^2 R_L = N^2 R_L$$

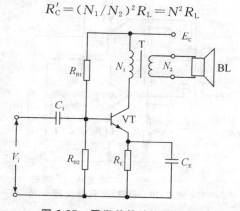

图 2-27　甲类单管功率放大器

负载电阻是低阻抗的扬声器，用变压器可以起到阻抗变换作用，使负载得到较大的功率。

甲类单管功率放大器不管有没有输入信号，晶体管始终处于导通状态，静态电流比较大，因此集电极损耗较大，效率不高，大约只有 35%。这种工作状态称为甲类工作状态。这种电路一般用在功率不太大的场合，它的输入方式可以是变压器耦合，也可以是 RC 耦合。

3.2.2　乙类推挽功率放大器

图 2-28 是常用的乙类推挽功率放大电路。它由两个特性相同的晶体管组成对称电路，在没有输入信号时，每个管子都处于截止状态，静态电流几乎是零，只有在有信号输入时管子才导通，这种状态称为乙类工作状态。当输入信号是正弦波时，正半周时 VT1 导通 VT2 截止，负半周时 VT2 导通 VT1 截止。两个管子交替出现的电流在输出变压器中合成，使负载上得到纯正的正弦波。这种两管交替工作的形式叫

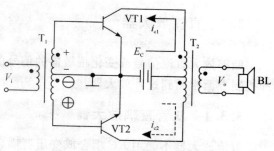

图 2-28　乙类推挽功率放大器

作推挽电路。

乙类推挽放大器的输出功率较大,失真也小,效率也较高,一般可达 60%。

3.2.3　OTL 功率放大器

目前广泛应用的无变压器乙类推挽放大器简称 OTL 电路,是一种性能很好的功率放大器。为了易于说明,先介绍一个有输入变压器没有输出变压器的 OTL 电路,如图 2-29 所示。

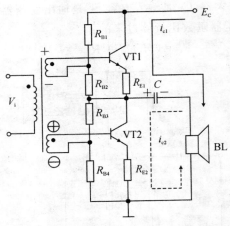

图 2-29　OTL 功率放大器

OTL 功率放大器电路使用两个特性相同的晶体管,两组偏置电阻和发射极电阻的阻值也相同。在静态时,VT1、VT2 流过的电流很小,电容 C 上充有对地为 $12\ \mathrm{V}\ E_c$ 的直流电压。在有输入信号时,正半周时 VT1 导通,VT2 截止,集电极电流 i_{c1} 方向如图 2-29 所示,负载 R_L 上得到放大了的正半周输出信号。负半周时 VT1 截止,VT2 导通,集电极电流 i_{c2} 的方向如图 2-29 所示,R_L 上得到放大了的负半周输出信号。这个电路的关键元件是电容器 C,它上面的电压就相当于 VT2 的供电电压。

以这个电路为基础,还有用三极管倒相不用输入变压器的真正 OTL 电路,用 PNP 管和 NPN 管组成的互补对称式 OTL 电路,用 PNP 管和 NPN 管组成的互补对称式双电源 OCL 电路,以及最新的桥接推挽功率放大器(简称 BTL 电路)等。

3.3　直流放大器

能够放大直流信号或变化很缓慢的信号的电路称为直流放大电路或直流放大器。测量和控制方面常用到这种放大器。

3.3.1　双管直耦放大器

直流放大器不能用 RC 耦合或变压器耦合,只能用直接耦合方式。图 2-30 是一个两级直接耦合放大器。直耦方式会带来前后级工作点的相互牵制,电路中在 VT2 的发射极加电阻 R_E 以提高后级发射极电位来解决前后级的牵制。直流放大器的另一个更重要的问题是零点漂移。所谓零点漂移是指放大器在没有输入信号时,由于工作点不稳定引起静态电位缓慢地变化,这种变化被逐级放大,使输出端产生虚假信号。放大器级数越多,零点漂移越严重。所以这种双管直耦放大器只能用于要求不高的场合。

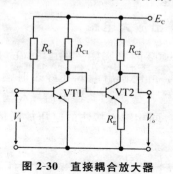

图 2-30　直接耦合放大器

3.3.2　差分放大器

　　解决零点漂移的办法是采用差分放大器,图 2-31 是应用较广的射极耦合差分放大器。它使用双电源,其中 VT1 和 VT2 的特性相同,两组电阻数值也相同,R_E 有负反馈作用。实际上这是一个桥形电路,两个 R_C 和两个管子是四个桥臂,输出电压 V_o 从电桥的对角线上取出。没有输入信号时,因为 $R_{C1} = R_{C2}$,两管特性相同,所以电桥是平衡的,输出是零。由于是接成桥形,零点漂移也很小。差分放大器有良好的稳定性,因此得到广泛的应用。

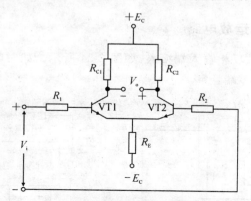

图 2-31　射极耦合差分放大器

3.4　集成运算放大器

　　集成运算放大器是一种把多级直流放大器做在一个集成片上,只要在外部接少量元件就能完成各种功能的器件。因为它早期是用在模拟计算机中做加法器、乘法器用的,所以叫作运算放大器。它有十多个引脚,一般用有 3 个端子的三角形符号表示,如图 2-32所示。它有两个输入端、1 个输出端,上面那个输入端叫作反相输入端,用"一"作标记;下面的叫同相输入端,用"+"

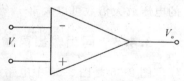

图 2-32　运算放大器原理图

作标记。

集成运算放大器可以完成加、减、乘、除、微分、积分等多种模拟运算,也可以接成交流或直流放大器应用。

3.4.1 带调零的同相输出放大电路

图 2-33(a)是最常用运放 F007 的管脚图。图 2-33(b)是带调零端的同相输出运放电路。引脚 1、5 是调零端,调整 R_W 可使输出端 6 在静态时输出电压为零。7、4 两脚分别接正、负电源。输入信号接到同相输入端 3,因此输出信号和输入信号同相。放大器负反馈经反馈电阻 R_f 接到反相输入端 2。同相输入接法的电压放大倍数总是大于 1 的。

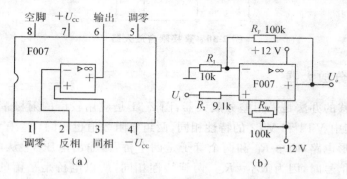

图 2-33 带调零的同相输出放大电路

3.4.2 反相输出运放电路

也可以使输入信号从反相输入端接入,如图 2-34 所示。如对电路要求不高,可以不用调零,这时可以把两个调零端悬空。

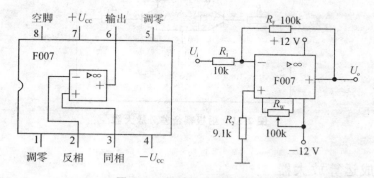

图 2-34 反相输出运放电路

输入信号从电阻 R_1 接入反相输入端,而同相输入端通过电阻 R_2 接地。反相输入接法的电压放大倍数可以大于 1,等于 1 或小于 1。

3.4.3 同相输出高输入阻抗运放电路(电压跟随器)

图 2-35 是图 2-33 中电路没有接入 R_1,相当于 R_1 阻值无穷大,这时电路的电压放大倍数等于 1,输入阻抗可达几百千欧。

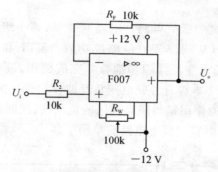

图2-35 同相输出高输入阻抗运放电路

3.5 放大电路读图要点和举例

放大电路是电子电路中变化较多和较复杂的电路。在拿到一张放大电路图时,首先要把它逐级分解开,然后一级一级分析弄懂它的原理,最后全面综合。读图时要注意:①在逐级分析时要区分主要元器件和辅助元器件。放大器中使用的辅助元器件很多,如偏置电路中的温度补偿元件,稳压稳流元器件、防止自激振荡的防振元件、去耦元件,及保护电路中的保护元件等。②在分析中最主要和困难的是反馈的分析,要能找出反馈通路,判断反馈的极性和类型,特别是多级放大器,往往以后级将负反馈加到前级,因此更要细致分析。③一般低频放大器常用 RC 耦合方式;高频放大器则常常和 LC 调谐电路有关,或用单调谐电路或用双调谐电路,而且电路里使用的电容器容量一般也比较小。④注意晶体管和电源的极性,放大器中常常使用双电源,这是放大电路的特殊性。

例1 助听器电路。

图2-36是一个助听器电路,实际上是一个4级低频放大器。VT1、VT2之间和VT3、VT4之间采用直接耦合方式,VT2和VT3之间则用 RC 耦合。为了改善音质,VT1和VT3的本级有并联电压负反馈(R_2 和 R_7)。由于使用高阻抗的耳机,所以可以把耳机直接接在VT4的集电极回路内。R_6、C_2 是去耦电路,C_6 是电源滤波电容。

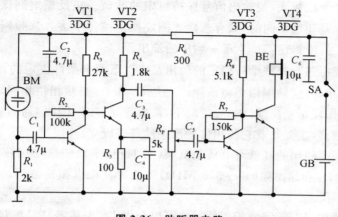

图2-36 助听器电路

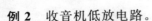

例2 收音机低放电路。

图2-37是普及型收音机的低放电路。电路共3级,第1级(VT1)前置电压放大,第2级(VT2)是推动级,第3级(VT3、VT4)是推挽功放。VT1和VT2之间采用直接耦合,VT2和VT3、VT4之间用输入变压器(T_1)耦合并完成倒相,最后用输出变压器(T_2)输出,使用低阻扬声器。此外,VT1本级有并联电压负反馈(R_1),T_2次级经R_5送回到VT2,有串联电压负反馈。电路中C_2的作用是增强高音区的负反馈,减弱高音以增强低音。R_3、C_4为去耦电路,C_3为电源的滤波电容。整个电路简单明了。

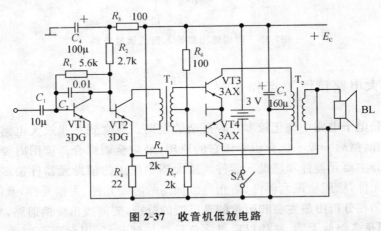

图2-37 收音机低放电路

第四节 振荡电路

不需要外加信号就能自动地把直流电能转换成具有一定振幅和一定频率的交流信号的电路称为振荡电路或振荡器,这种现象也叫作自激振荡。或者说,能够产生交流信号的电路就叫作振荡电路。

一个振荡器必须包括三部分:放大器、正反馈电路和选频网络。放大器能对振荡器输入端所加的输入信号予以放大,使输出信号保持恒定的数值。正反馈电路保证向振荡器输入端提供的反馈信号是相位相同的,只有这样才能使振荡维持下去。选频网络则只允许某个特定频率f_0能通过,使振荡器产生单一频率的输出。

振荡器能不能振荡起来并维持稳定的输出是由以下两个条件决定的:一是反馈电压U_f和输入电压U_i要相等,这是振幅平衡条件。二是U_f和U_i必须相位相同,这是相位平衡条件,也就是说必须保证是正反馈。一般情况下,振幅平衡条件往往容易做到,所以在判断一个振荡电路能否振荡,主要是看它的相位平衡条件是否成立。

振荡器根据振荡频率的高低可分成超低频(20 Hz以下)、低频(20 Hz~200 kHz)、高频(200 kHz~30 MHz)和超高频(10~350 MHz)等几种。根据振荡波形可分成正弦波振荡和非正弦波振荡两类。

正弦波振荡器按照选频网络所用的元件可以分成LC振荡器、RC振荡器和石英晶体振荡器三种。石英晶体振荡器有很高的频率稳定度,只在要求很高的场合使用。在一般家用电器中,大量使用着各种 *LC* 振荡器和 *RC* 振荡器。

4.1 *LC* 振荡器

LC 振荡器的选频网络是 *LC* 谐振电路。它们的振荡频率都比较高,常见电路有三种。

4.1.1 变压器反馈 *LC* 振荡电路

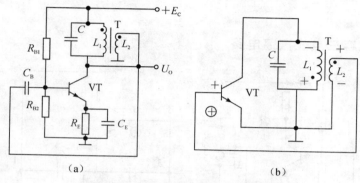

图 2-38　变压器反馈 *LC* 振荡电路

图 2-38(a)是变压器反馈 *LC* 振荡电路。晶体管 VT 是共发射极放大电路。变压器 T 的初级是起选频作用的 *LC* 谐振电路,变压器 T 的次级向放大器输入提供正反馈信号。接通电源时,*LC* 回路中出现微弱的瞬变电流,但是只有频率和回路谐振频率 f_0 相同的电流才能在回路两端产生较高的电压,这个电压通过变压器初次级 L_1、L_2 的耦合又送回到晶体管 VT 的基极。从图 2-38(b)看到,只要接法没有错误,这个反馈信号电压是和输入信号电压相位相同的,也就是说,它是正反馈。因此电路的振荡迅速加强并最后稳定下来。

变压器反馈 *LC* 振荡电路的特点是:频率范围宽,容易起振,但频率稳定度不高。它的振荡频率是:$f_0 = \dfrac{1}{2\pi\sqrt{LC}}$。常用于产生几十千赫到几十兆赫的正弦波信号。

4.1.2 电感三点式振荡电路

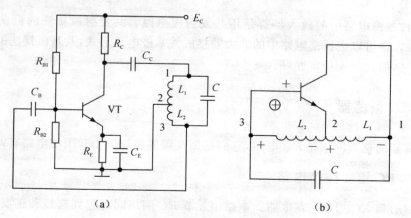

图 2-39　电感三点式振荡电路

图 2-39(a)是常用的电感三点式振荡电路。图中电感 L_1、L_2 和电容 C 组成起选频作用的谐振电路。从 L_2 上取出反馈电压加到晶体管 VT 的基极。从图 2-39(b)看到,晶体管的输入电压和反馈电压是同相的,满足相位平衡条件的,因此电路能起振。由于晶体管的 3 个极是分别接在电感的 3 个点上的,因此称为电感三点式振荡电路。

电感三点式振荡电路的特点是:频率范围宽,容易起振,但输出含有较多高次谐波,波形较差。它的振荡频率是:$f_0 = \dfrac{1}{2\pi\sqrt{LC}}$,其中 $L = L_1 + L_2 + 2M$。常用于产生几十兆赫以下的正弦波信号。

4.1.3 电容三点式振荡电路

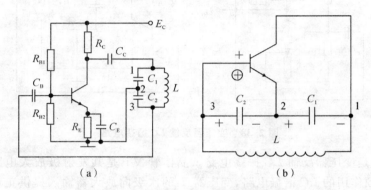

图 2-40 电容三点式振荡电路

还有一种常用的振荡电路是电容三点式振荡电路,如图 2-40(a)。图中电感 L 和电容 C_1、C_2 组成起选频作用的谐振电路,从电容 C_2 上取出反馈电压加到晶体管 VT 的基极。从图 2-40(b)看到,晶体管的输入电压和反馈电压同相,满足相位平衡条件,因此电路能起振。由于电路中晶体管的 3 个极分别接在电容 C_1、C_2 的 3 个点上,因此称为电容三点式振荡电路。

电容三点式振荡电路的特点是:频率稳定度较高,输出波形好,频率可以高达 100 兆赫以上,但频率调节范围较小,因此适合于作固定频率的振荡器。它的振荡频率是:$f_0 = \dfrac{1}{2\pi\sqrt{LC}}$,其中 $C = \dfrac{C_1 C_2}{C_1 + C_2}$。

上面三种振荡电路中的放大器都是用共发射极电路。共发射极接法的振荡器增益较高,容易起振。也可以把振荡电路中的放大器接成共基极电路形式,共基极接法的振荡器振荡频率比较高,而且频率稳定性好。

4.2 RC 振荡器

RC 振荡器的选频网络是 RC 电路,它们的振荡频率比较低。常用的电路有两种。

4.2.1 RC 相移振荡电路

图 2-41(a)是 RC 相移振荡电路。电路中 3 节 RC 网络同时起到选频和正反馈的作用。从图 2-41(b)的交流等效电路看到,因为是单级共发射极放大电路,晶体管 VT 的输出电压

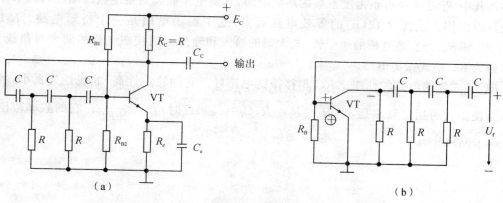

图 2-41 RC 相移振荡电路

U_o 与输入电压 U_i 在相位上相差 180°。当输出电压经过 RC 网络后,变成反馈电压 U_f 又送到输入端时,由于 RC 网络只对某个特定频率 f_0 的电压产生 180° 相移,所以只有频率为 f_0 的信号电压才是正反馈而使电路起振。可见 RC 网络既是选频网络,又是正反馈电路的一部分。

RC 相移振荡电路的特点是:电路简单、经济,但稳定性不高,而且调节不方便。一般都用作固定频率振荡器和要求不太高的场合。它的振荡频率是:当 3 节 RC 网络的参数相同时,$f_0 = \dfrac{1}{2\pi\sqrt{6}RC}$。频率一般为几十千赫。

4.2.2 RC 桥式振荡电路

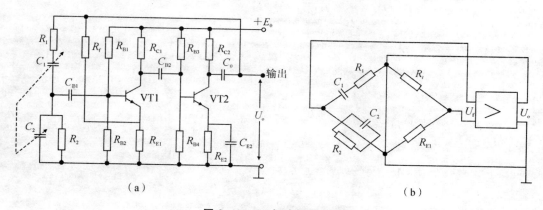

图 2-42 RC 桥式振荡电路

图 2-42(a)是一种常见的 RC 桥式振荡电路。图中左侧的 R_1C_1 和 R_2C_2 串并联电路就是它的选频网络。这个选频网络又是正反馈电路的一部分。这个选频网络对某个特定频率为 f_0 的信号电压没有相移(相移为 0°),其他频率的电压都有大小不等的相移。由于放大器有 2 级,从 V_2 输出端取出的反馈电压 U_f 是和放大器输入电压同相的(2 级相移 360°=0°)。因此,反馈电压经选频网络送回到 VT1 的输入端时,只有某个特定频率为 f_0 的电压才能满足相位平衡条件而起振,可见 RC 串并联电路同时起到了选频和正反馈的作用。

实际上为了提高振荡器的工作质量,电路中还加有由 R_t 和 R_{E1} 组成的串联电压负反馈电路。其中 R_t 是一个有负温度系数的热敏电阻,它对电路能起到稳定振荡幅度和减小非线性失真的作用。从图 2-42(b)的等效电路看到,这个振荡电路是一个桥形电路。$R_1 C_1$、$R_2 C_2$、R_t 和 R_{E1} 分别是电桥的 4 个臂,放大器的输入和输出分别接在电桥的两个对角线上,所以称为 RC 桥式振荡电路。

RC 桥式振荡电路的性能比 RC 相移振荡电路好。它的稳定性高,非线性失真小,频率调节方便。它的振荡频率是:当 $R_1 = R_2 = R$,$C_1 = C_2 = C$ 时,$f_0 = \dfrac{1}{2\pi RC}$。它的频率范围从 1 Hz～1 MHz。

第三章 手工制作印制电路板

印制电路板是电子电路的载体,它不仅为电子元器件提供了固定和装配的机械支撑,而且实现了电子元器件之间的布线和电气连接。下面介绍一种简单、快捷、低成本、高质量制作高精度的实验用电路板的方法,具体操作步骤如下:

1. 在计算机上用 Protel 软件画出电路板图。如果不懂 Protel 软件,可用 Windows 附件的画笔程序绘制电路板图。

2. 将电路板图用激光打印机直接打印到揭去保护贴的热转纸的光滑面上(如果是现成的电路板图,可通过复印机复印到热转印纸上)。

3. 用砂纸打磨敷铜板(将敷铜板表面的污垢和杂质清洗干净),以加强它对炭粉的附着性。

4. 将打印好的热转印纸平铺在敷铜板上,并用胶带固定两边,再将电熨斗的温度调到最高(约 140～170℃之间),用电熨斗在热转印纸上方加温约 3～5 分钟。

5. 待敷铜板完全冷却后,揭去热转印纸,此时印制电路板图就完全转印到敷铜板上,即在敷铜板上形成高精度的抗腐层;如果部分转印不完全,可以再次加热转印或用记号笔进行修补。

6. 将敷铜板放入三氯化铁腐蚀液中进行腐蚀(注意不要腐蚀过度)。

7. 用清洗剂清洗干净电路板上的黑色炭粉。

8. 最后钻孔,一块高精度的印制电路板就制作完成了。

如果制作的是双面电路板,可以按下述步骤进行:

1. 按上述方法制好 A 面,腐蚀前用胶纸将 B 面铜箔全部贴上保护起来。

2. 制好 A 面后,用小电钻将板上的所有孔(元件安插孔、过孔、固定安装孔等)打出来,并去掉孔边毛刺。

3. 将印版对准光源,把 B 面的转印纸通过孔透出的光线对准 B 面焊盘,再用不干胶纸将转印纸四边贴牢。

4. 再次用电熨斗把热转印纸转印到 B 面上。

5. 将转印好的印版再次投入腐蚀液,腐蚀前别忘了将 A 面用胶纸贴上保护起来。

6. 腐蚀完后,去除印版上的不干胶和墨粉,用细砂纸打磨干净,一个标准的、漂亮的电路板就制成了。

制作双面电路板需要说明的是,在业余条件下无法实现金属化过孔,替代的方法是用短接线将印版的 A、B 面过孔直接焊起来。因此,如果是业余制作双面电路板,设计时尽量用直插元件的引脚孔兼作过孔,这样可以减少单独过孔的数量。

第四章　手工焊接

第一节　焊接工具

1.1　电烙铁

电烙铁的功率应由焊接点的大小决定,焊点的面积大,焊点的散热速度也快,所以选用的电烙铁功率也应该大些。一般电烙铁的功率有 20W、25W、30W、35W、50W 等。选用 25W 左右的功率比较合适。

新烙铁使用前,应用细砂纸将烙铁头打光亮,通电烧热,蘸上松香后用烙铁头刃面接触焊锡丝,使烙铁头上均匀地镀上一层锡。这样做,便于焊接并防止烙铁头表面氧化。

电烙铁经过长时间使用后,烙铁头部会生成一层氧化物,就不容易吃锡,这时可以用锉刀锉掉氧化层,使其露出金属光泽后,将烙铁通电后等烙铁头部微热时插入松香,涂上焊锡即可继续使用。

1.2　焊锡和助焊剂

焊接时,还需要焊锡和助焊剂。

(1)焊锡:焊接电子元件,一般采用有松香芯的焊锡丝。这种焊锡丝,熔点较低,而且内含松香助焊剂,使用极为方便。

(2)助焊剂:常用的助焊剂是松香或松香水(将松香溶于酒精中)。使用助焊剂,可以帮助清除金属表面的氧化物,利于焊接,又可保护烙铁头。焊接较大元件或导线时,也可采用焊锡膏。但它有一定腐蚀性,焊接后应及时清除残留物。

1.3　辅助工具

为了方便焊接操作常采用尖嘴钳、偏口钳、镊子和小刀等作为辅助工具,应学会正确使用这些工具。

第二节　焊前处理

焊接前,应对元件引脚或电路板的焊接部位进行焊前处理,刮去氧化层,均匀镀上一层锡。

2.1　清除焊接部位的氧化层

可用断锯条制成小刀,刮去金属引线表面的氧化层,使引脚露出金属光泽。印刷电路板可用细纱纸将铜箔打光后,涂上一层松香酒精溶液。

2.2　元件镀锡

在刮净的引线上镀锡,可将引线蘸一下松香酒精溶液后,将带锡的热烙铁头压在引线上,并转动引线,即可使引线均匀地镀上一层很薄的锡层。导线焊接前,应将绝缘外皮剥去,再经过上面两项处理,才能正式焊接。若是多股金属丝的导线,打光后应先拧在一起,然后再镀锡。

第三节　焊接

做好焊前处理之后,就可正式进行焊接,主要是焊接、检查、剪短。

(1)右手持电烙铁,左手用尖嘴钳或镊子夹持元件或导线。焊接前,电烙铁要充分预热。烙铁头刃面上要吃锡,即带上一定量焊锡。

(2)将烙铁头刃面紧贴在焊点处,电烙铁与水平面大约成60°,以便于熔化的锡从烙铁头上流到焊点上。烙铁头在焊点处停留的时间控制在2～3 s。

(3)抬开烙铁头,左手仍持元件不动,待焊点处的锡冷却凝固后,才可松开左手。

(4)用镊子转动引线,确认不松动,然后可用偏口钳剪去多余的引线。

第四节　焊接质量与技巧

焊接时,要保证每个焊点焊接牢固,接触良好。好的焊点应是表面光亮,圆滑而无毛刺,锡量适中。锡和被焊物融合牢固,不应有虚焊和假焊。虚焊是焊点处只有少量锡焊住,造成接触不良,时通时断。假焊是指表面上好像焊住了,但实际上并没有焊上,有时用手一拔,引线就可以从焊点中拔出。这两种情况将给电子制作的调试和检修带来极大的困难。只有经过大量、认真的焊接实践,才能避免这两种情况。

焊接点上的焊锡数量不能太少,太少了焊接不牢,机械强度也太差,而太多容易造成外观一大堆而内部未接通的虚焊。焊锡应该刚好将焊接点上的元件引脚全部浸没,轮廓隐约可见为好。用电烙铁的搪锡面去接触焊接点,这样传热面积大,焊接速度快。

焊接电路板时,一定要控制好时间。太长,电路板将被烧焦,或造成铜箔脱落;太短,焊点的温度过低,焊点融化不充分,容易造成虚焊。

使用助焊剂(松香和焊油)是关键,新鲜的松香和无腐蚀性的焊油可以帮助很好地完成焊接,而且可以让表面光洁漂亮,使用的时候可以多用些助焊剂。

从电路板上拆卸元件时,可将电烙铁头贴在焊点上,待焊点上的锡熔化后,将元件拔出。

其对于新手来说吸锡器十分实用。初次使用电烙铁总是容易将焊锡弄得到处都是,吸锡器则可以把电路板上多余的焊锡处理掉。另外,吸锡器在拆除多脚集成电路器件时十分奏效有用,它能将焊点全部吸掉。现在的电路板大多做工精细,焊锡使用很少,很难熔掉,可以加点焊锡在管脚上再利用吸锡器就容易多了。而对于能熟练使用烙铁的人用烙铁完全可以代替其功能,将焊点熔掉就可以很容易将元件取出。

第五节 锡焊技术的基本训练方法

作为一种初学者掌握手工锡焊技术的训练方法,五步工序法是卓有成效的。如图 4-1 所示,其具体步骤如下:

焊锡 烙铁

图 4-1 锡焊五步工序法

(1)准备好焊锡丝和烙铁。此时特别强调的是烙铁头部要保持干净,烙铁头和焊锡丝指向连接点。

(2)烙铁头先接触连接点,注意首先要保持烙铁加热焊件各部分,例如印制板上引线和焊盘,都使之受热。其次要注意让烙铁头的扁平部分接触热容量较大的焊件,烙铁头的侧面或边缘部分接触热容量较小的焊件,以保持焊件均匀受热。

(3)焊锡丝接触焊接部位,熔化焊锡。

(4)当熔化适量的焊锡后将焊锡丝移开。

(5)在焊料流漫流整个焊接部位时,移开烙铁。移开烙铁的方法很重要,直接影响到焊接质量和焊点的外形。

上述过程,对一般焊点为 2~3 s。对于热容量较小的焊点,如印制电路板上的小焊盘,有时用三步法概括操作方法,即将上述步骤(2)、(3)合为一步,(4)、(5)合为一步。实际上还是五步,所以五步法有普遍性,是掌握手式烙铁焊接的基本方法,只有通过辛苦实践才能逐步掌握。

第五章　EDA 软件使用

第一节　EDA 技术概述

EDA 技术（Electronic Design Automatic，电子设计自动化）是在电子 CAD（Computer Aided Design，计算机辅助设计）技术基础上发展起来的计算机设计软件系统。它是计算机技术、信息技术和 CAM（计算机辅助制造）、CAT（计算机辅助测试）等技术发展的产物。

发达国家目前已经基本上不存在电子产品的手工设计了。一台电子产品的设计过程，从概念的确立，到包括电路原理、PCB 版图、单片机程序、机内结构、FPGA 的构建及仿真、外观界面、热稳定分析、电磁兼容分析在内的物理级设计，再到 PCB 钻孔图、自动贴片、焊膏漏印、元器件清单、总装配图等生产所需资料等全部在计算机上完成。EDA 技术借助计算机存储量大、运行速度快的特点，可对设计方案进行人工难以完成的模拟评估、设计检验、设计优化和数据处理等工作。EDA 已经成为集成电路、印制电路板、电子整机系统设计的主要技术手段。美国 NI 公司（美国国家仪器公司）的 Multisim 9 软件就是这方面很好的一个工具，而且 Multisim 9 计算机仿真与虚拟仪器技术（LABVIEW 8，也是美国 NI 公司的）可以很好地解决理论教学与实际动手实验相脱节的这一老大难问题，学生可以很好、很方便地把刚刚学到的理论知识用计算机仿真真实地再现出来，并且可以用虚拟仪器技术创造出真正属于自己的仪表，极大地提高了学习热情和积极性。

常用 EDA 软件：

（1）电子电路设计与仿真软件。电子电路设计与仿真工具包括 PSPICE（仿真）、Electronic Workbench、Multisim 等。

（2）PCB 设计软件。PCB（Printed Circuit Board）设计软件种类很多，如 Protel、OrCAD、TANGO、PowerPCB、PCB Studio 等，目前在我国较流行的是 Protel。

（3）PLD、FPGA 设计软件。最有代表性的 PLD 厂家为 Altera、Xilinx 和 Lattice 公司。常用软件有 MAX＋PLUS Ⅱ，quartus Ⅱ等。

下面介绍最常用的仿真软件 Multisim 及 PCB 设计软件 Protel。

第二节　Multisim 9 电路设计与仿真软件使用简介

2.1　Multisim 9 工作界面

2.1.1　工作主窗口

单击任务栏上"开始"→"程序"→"electronics workbench"→"multisim 9"文件夹→"multisim 9",进入 multisim 9 主窗口,如图 5-1 所示。主窗口主要由电路工作区、菜单栏、工具栏、元器件栏、仿真开关等组成。

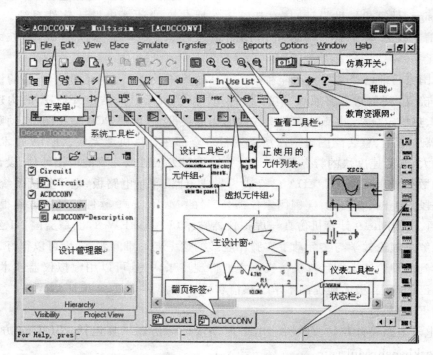

图 5-1　Multisim 9 主窗口

2.1.2　主要工具栏

1. 设计工具栏

设计工具栏如图 5-2 所示。

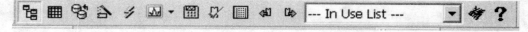

图 5-2　设计工具栏

各按钮功能依次为：

（1）显示或隐藏"设计工具箱"按钮。用于设计工具箱的开启和关闭。

（2）显示或隐藏"电子表格查看窗口"按钮。

（3）数据库按钮。可开启数据库管理对话框，对元件进行编辑。

（4）创建新元件按钮。可打开新建元件向导对话框，用于增加、创建新元件。

（5）仿真按钮。用于控制仿真的开始与结束。

（6）图表和分析列表按钮。按压左侧可显示分析图形和图表；按压右侧小三角则打开下拉的分析子菜单。

（7）后分析按钮。可打开后分析对话框，用于对仿真结果进行进一步的分析操作。

（8）电气规则检查按钮。可打开电气规则检查对话框，对创建的电路进行检查。

（9）面包板按钮。按该按钮，主电路窗口转换为可使用 3D 元件组成立体电路的面包板，同时自动打开设计工具箱窗口。

（10）由 PCB 设计程序返回的注释按钮。

（11）针对 PCB 设计程序的注释按钮。

（12）in use list. 正使用元件列表按钮。

（13）教育资源链接按钮。

（14）Multisim 帮助按钮。

2. 元器件库栏

元器件库栏有两种工业标准，即 ANSI(美国标准)和 DIN(欧洲标准)，每种标准采用不同的图形符号。Multisim 提供实际元器件和虚拟(理想)元器件，实际元器件是具有实际标称值或型号的元器件，一般提供元件封装；对理想元器件，用户可随意定义其数值或型号。

理想元器件和实际元器件在打开的部件箱中以不同的颜色显示，理想元器件默认为绿色。实际元器件工具栏如图 5-3 所示。

图 5-3 实际元器件工具栏

各按钮功能依次为：

（1）信号源库按钮；

（2）基本元件库；

（3）二极管库；

（4）晶体管库；

（5）模拟器件库；

（6）TTL 器件库；

（7）CMOS 器件库；

（8）MultiMCU 器件库；

（9）高级外围器件库；

（10）其他数字器件；

（11）模拟混合器件库；

(12)指示器件库；

(13)杂项器件库；

(14)射频器件库；

(15)电机器件库；

(16)梯形图样器件；

(17)放置层次块按钮；

(18)放置总线。

虚拟元器件工具栏如图 5-4 所示。

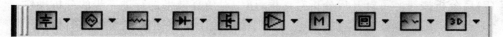

图 5-4　虚拟元器件工具栏

3. 仪表工具栏

仪表工具栏如图 5-5 所示，包括仿真分析常用的 16 种虚拟仪器，使用方法与真实仪器基本一样。另外还包括一组 LabView 仪器和一个测量探针。

图 5-5　仪表工具栏

仪表工具栏各按钮功能依次为：

(1)万用表；

(2)函数信号发生器；

(3)功率表；

(4)示波器；

(5)波特图仪；

(6)频率计；

(7)字发生器；

(8)逻辑分析仪；

(9)逻辑转换仪；

(10)失真分析仪；

(11)Agilent 万用表；

(12)LabView 仪器；

(13)测试探针。

2.2　创建仿真电路原理图

进行电路仿真实验前必须先搭接好线路，仿真电路的建立主要包括以下几个过程。

(1)新建电路文件。

(2)设置电路工作窗口。

（3）选择和放置元器件。

（4）连接线路。

（5）设置元器件参数。

（6）调用和连接仪器。

2.2.1　文件建立与打开

1. 新建电路文件

选择 File→New Schematic Capture 创建新电路原理图文件，系统自动产生"circuit♯"的电路文件，其中♯代表一个连续的数字，在电路文件未保存之前，其文件名为"circuit♯.ms9"。在该工作窗口内可以进行仿真电路的创建。

2. 打开已有文件

选择 File→Open 打开已有的电路文件，选择路径，选中文件并单击"打开"按钮即可打开该电路文件。

2.2.2　定制用户界面

若忽略此定制用户界面，系统按默认界面工作。

Multisim 允许自行对界面进行设置。

1. 设置图纸大小

选择 Options 菜单中的 Sheet Properties 命令，单击 Workspace 选项卡，屏幕弹出图 5-6 所示窗口。在 Sheet size 设置标准图纸大小；Custom size 用于自定义图纸大小；Inches（英寸）和 Centimeters（厘米）用于设置单位制；Orientation 用来设置图纸放置方向。

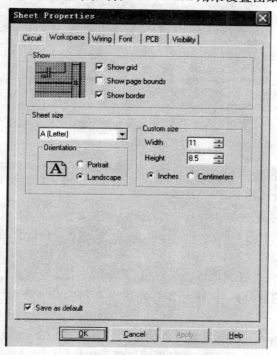

图 5-6　图纸尺寸设置

2. 设置栅格、页边缘和标题栏的显示状态

图 5-6 中,Show 栏设置电路图栅格、页边缘和标题栏显示状态,点击复选框打"√"后选中该项。

3. 设置电路图选项

选择 Options 菜单中的 Sheet Properties 命令,单击 Circuit 选项,屏幕弹出图 5-7 所示的电路图选项对话框。

其中 Show 区用于设置元器件标号、参考编号、属性、标称值和节点号显示状态;Color 区用于设置电路图颜色,在下拉列表框中可以选择四种固定配色方案或 Custom(定制),当选择 Custom,可自行进行电路图背景、连接线、元器件颜色设置。

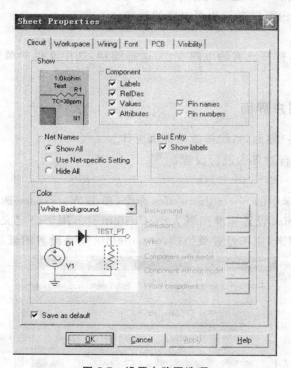

图 5-7 设置电路图选项

4. 设置字体、字号

在图 5-7 中单击 Font(字体)选项卡可以设置元器件标号、标称值、管脚号、节点号、说明文字等的字体和字号大小等。

5. 设置元器件符号标准

选择 Options 菜单中的 Global Preferences 命令,选择 Parts 页框,出现如图 5-8 所示对话框。

Symbol standard 区设置元器件符号标准,其中有 DIN(欧洲标准)和 ANSI(美国标准)两种标准。选择不同的符号标准,在元器件库中以不同的符号表示,其中 DIN 标准比较接近我国国标符号。

Place component mode 选择放置元件的方式。其中,Return to Component Browser after placement:放置完器件之后返回到元件浏览器。Place single component:选取一次元件

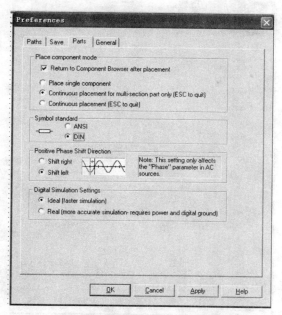

图 5-8 设置元器件符号标准

只能放置一次。Continuous placement for multi-section part only(ESC to quit)：对于复合封装在一起的元件，可以连续放置，直到全部放完；按 ESC 键可以结束放置。

Positive Phase Shift Direction：变换交流信号源的真实相位。有正弦和余弦两种选择。

Digital Simulation Settings：数字仿真设置。有理想和真实两种选择，默认为理想。

6. 设置自动备份

在图 5-8 中单击 Save 页框，选中 Auto backup 可以设置自动备份时间。

2.2.3 放置元器件

1. 放置理想元件

用鼠标单击工具栏中元器件所在库，即可打开相应的部件箱，其中背景为绿色的元件为理想元件。

在部件箱中找到所需的理想元件，双击该元件，移动光标到工作窗口合适的位置后，再次单击鼠标，元件就放置于工作区中，理想元件的标称值都是固定的。

(1)设置元件标称值

在工作窗口中，双击元件，屏幕上弹出图 5-9 所示元件特性设置对话框，单击图 5-9 中的 Value 选项卡，在 Resistance 栏中键入元件的标称值即可，理想元件的标称值可以任意设置。

(2)设置元器件标号

单击图 5-9 的 Label 选项卡，屏幕出现图 5-10 所示的对话框。Label(标号)可以由用户根据电路自行设定，RefDes(参考编号)由系统自动定义，而且必须是唯一的，一般情况下不要修改参考编号。

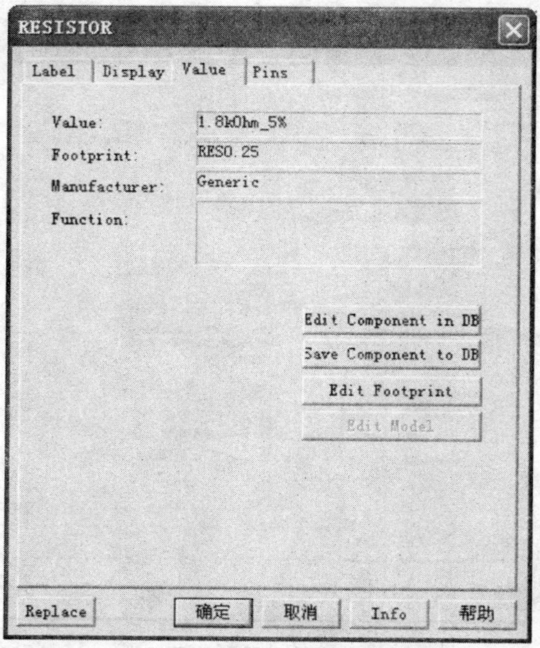

图 5-9　设置元件标称值

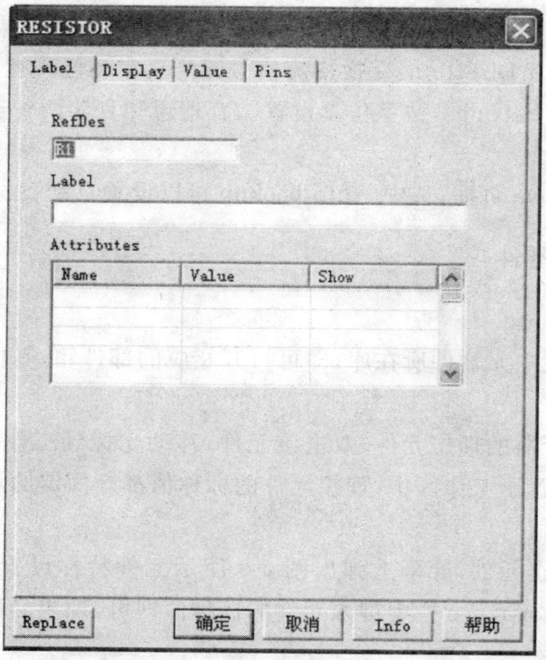

图 5-10　设置元器件标号

2. 放置实际元件

用鼠标双击元器件库中的实际元件,移动光标到工作窗口合适的位置后,再次单击鼠标,元件就放置于工作区中。

3. 放置多功能单元的元件

某些元器件(如某些集成电路)存在多个功能单元,放置这些元件时,屏幕将提示选择对应的功能单元。

如7400N共有四个与非门,放置元件时,屏幕上弹出选择功能单元菜单,如图5-11所示,从中选择功能单元 A(或 B、C、D)后即完成放置7400N的第1个与非门,元件的标号自动设置为U1A,表示选择的是第一个功能单元,此时可以继续选择放置功能单元B、C、D;若要取消放置状态,可以单击【Cancel】按钮,也可以用键盘上的 Esc 键停止放置。

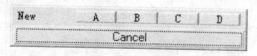

图 5-11　放置多功能单元元件

2.2.4　元器件的布局

1. 选中元器件

(1)选择某个元器件,可用鼠标左键单击该元器件;选中多个元器件,可在按住 Shift 键的同时,依次单击要选中的元器件;选中某一区域的元器件,可以在电路工作区中拖曳出一个矩形区域,该区域内的元器件同时被选中。

(2)采用 Find 菜单命令。当电路中元器件数目较多时,直接选中元件比较困难,可以执行菜单 View→Find(搜索)来选取。

2. 移动元器件

移动一个元器件,通过选中该元器件图标后拖动光标来实现;移动一组元器件,先选中这些元器件,然后用鼠标左键拖曳其中的任意一个元器件,则所有选中的元器件都会一起移动。

元器件移动后,与其相连接的导线会自动重新排列。

3. 元器件旋转和翻转

将光标移动到元件上,单击鼠标右键,屏幕弹出一个元器件调整快捷菜单,从中选择相应菜单即可完成相应功能。选中 Flip Horizontal 实现水平翻转;选中 Flip Vertical 实现垂直翻转;选中 90° Clockwise 实现顺时针旋转 90°;选中 90° Counter CW 实现逆时针旋转90°。

4. 元器件复制和删除

右击元器件,选中菜单 Copy 复制当前选中元件;执行菜单 Cut 剪切当前选中元件。

选中元件后,单击键盘上的 Delete 键可以删除选中的元件。

5. 调整可调元器件

对于电位器、可变电容、可变电感和开关等可调元件,在仿真过程中是通过键盘上的按键来控制的。

在工作区中放置一只电位器,元件中"50％"为当前阻值的百分比,元件中的"key＝A"中的"A"为改变数值控制键。

设置控制键:双击该电位器,屏幕弹出图 5-12 所示为电位器控制键设置窗口。更改"key＝A"中的控制键,一般设置为所需的字母,按键不能重复,以免多个元件同时受控于同一个按键；Increment 栏用于设置每次调整的百分比，图中设置为 5%。

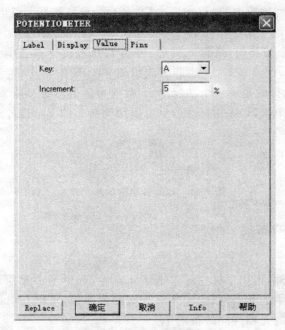

图 5-12　设置可调元器件

2.2.5　线路连接

1. 自动连线

自动连线时将光标指向第一个元器件的管脚上，光标变为"＋"号，单击鼠标左键开始连线，移动光标屏幕将自动拖出一条连线，将光标移动到下一个元器件管脚处，再次单击鼠标左键，系统自动产生一条连线。

2. 手工连线

在电路图比较大时，自动布线时可能会出现不必要的绕行，造成电路图比较复杂，读图困难，此时可以选择手工连线。

手工连线可以在光标移动过程中改变导线的路径，即每单击一次鼠标左键就可以改变一次导线路径。

3. 修改走线

某些线连接好后，想进行局部调整，可以单击该连线，连线上出现很多拖动点，单击两拖动点之间的连线，光标变成双箭头，拖动箭头实现修改；如果单击拖动点，实现任意角度的走线。

4. 连线颜色设置

对于复杂电路图，为了便于读识图和波形观测，通常将电路中某些特殊的连线及仪器的连接线设置为不同颜色。

用鼠标右击要改变颜色的连线，在弹出的菜单中选择 Color…，然后选择合适的颜色，单击【OK】按钮，完成导线颜色的设置。

5. 添加节点

在连线过程中,如果连线一端为元器件管脚,另一端为导线,则在导线交叉处系统自动打上节点。

若连线的起点不是元器件管脚或节点,则需要执行菜单 Place→Place Junction 在电路中手工添加节点。一个节点最多可以连接四个方向的连线。

6. 删除连线和节点

选中元器件,执行菜单 Edit→Delete 或按键盘上的"Delete"键,可实现元器件删除操作,元器件删除后,与其相连的导线自动消失。

2.3 虚拟仪器的使用

2.3.1 常用指示器件的使用

1. 电压表、电流表的使用

在工具栏的指示器件库(Indicators)中提供电压表(Voltmeter)和电流表(Ammeter)。放到工作窗口后,双击电压表或电流表,屏幕弹出仪表设置对话框,单击 Value 选项卡,设置仪表参数,其中"Resistance"栏用于设置内阻。一般为提高测量精度,电压表的内阻要设置大一些,电流表的内阻要设置小一些。"Mode"下拉列表框用于选择交流(AC)、直流(DC)工作方式。

2. 电压探测器、灯泡、条形光柱的使用

电压探测器(PROBE)相当于一个发光二极管,但它是一个单端元件,当其端电压大于设定值时,探测器被点亮。

灯泡(LAMP)的额定电压对交流信号而言是指其最大值,当加在灯泡两端的电压在额定电压的 50%~100% 时,灯泡一边亮;当在额定电压的 100%~150% 时,灯泡两边亮;当大于额定电压的 150% 时,灯泡被烧毁。对于直流而言,灯泡发出稳定的灯光;对于交流而言,灯泡将一闪一闪地发光。

条形光柱(BARGRAPH)类似于几个 LED 发光二极管的串联,当电压超过某个电压值时,相应 LED 之下的数个 LED 全部点亮。它可以指示当前的电平状态。

3. 数码管(HEX_DISPLAY)的使用

七段数码管的每一段与引脚之间有唯一的对应关系,在某一引脚上加高电平,其对应的数码段就发光显示,如果要用七段数码管显示十进制数,需加上一个译码电路。

带译码的 8421 数码管有 4 个引脚线,从左到右分别对应 4 位二进制数的高位至低位,可显示 0~F 之间的 16 个数。数码管有两类,即七段数码管(SEVEN_SEG_DISPLAY)和带译码的 8421 数码管(DCD_HEX)。

2.3.2 常用仪器的使用

1. 仪器的基本操作

仪器存放在仪器库工具栏,移动光标到适当位置单击放置该仪器。仪器的图标用于连接线路,双击仪器图标可打开仪器的面板。

2. 数字万用表（Multimeter）

数字万用表可以在电路两节点之间测量交直流电压、交直流电流、电阻和分贝值，它能自动调整量程。图 5-13 所示为数字万用表的面板图。

图 5-13 数字万用表

（1）参数设置

单击如图 5-13 面板上的【Set】（参数设置）按钮，屏幕弹出对话框，设置电压挡、电流挡的内阻及电阻挡的电流值等参数。

（2）测量电压、电流

选择面板上的【V】按钮或【A】按钮将万用表设置为测量电压或测量电流，测量电压时万用表与被测电路并联，测量电流时万用表串接在被测电路中。

根据测量的信号是交流还是直流，通过面板上的【～】按钮或【—】按钮来切换。

（3）测量电阻

测量某电路的电阻，需将万用表两表笔与被测电路相并联，选择面板上的【Ω】按钮，启动电路后，在面板上就可以读出测量的阻值。

在测量电阻时应注意：

①电路中必须有一个接地点，否则无法测出电阻阻值。

②测量的电路中不能存在交直流信号源，否则测量结果不准确。

③Multisim 提供的万用表电阻挡无法判断二极管、三极管的好坏。

3. 函数信号发生器（Function Generator）

函数信号发生器可以输出正弦波、三角波和方波三种波形，输出波形的频率、幅度、直流偏置电压及占空比等参数均可以调节，修改时可直接在面板上设置。

函数信号发生器有 3 个输出端：即"＋"端、"Common"端和"－"端，通常它与电路的连接有两种方式。

（1）单极性连接方式。

将"Common"端子与公共地 GND 连接，"＋"端或"－"端与电路的输入相连，这种方式适用于普通的电路。

（2）双极性连接方式。

将"＋"端与电路输入中的"＋"端相连，将"－"端与电路输入的"－"端相连，这种方式一般用于信号源与差分输入的电路相连，如差分放大器、运算放大器等。

2.4 电路分析方法

2.4.1 基本分析功能

Multisim 提供了多种分析功能。单击标准工具栏中的分析按钮或从菜单 Simulate 选择 Analysis,即弹出分析菜单,列出了所有分析类型。具体分析类型有:

(1)直流工作点分析(DC Operating Point Analysis);

(2)交流分析(AC Analysis);

(3)瞬态分析(Transient Analysis);

(4)傅里叶分析(Fourier Analysis);

(5)噪声分析(Noise Analysis);

(6)噪声系数分析(Noise Figure Analysis);

(7)失真分析(Distortion Analysis);

(8)直流扫描分析(DC Sweep Analysis);

(9)DC 和 AC 灵敏度分析(Sensitivity Analysis);

(10)参数扫描分析(Parameter Sweep Analysis);

(11)温度扫描分析(Temperature Sweep Analysis);

(12)转移函数分析(Transfer Function Analysis);

(13)最坏情况分析(Worst Case Analysis);

(14)极点—零点分析(Pole Zero Analysis);

(15)蒙特卡罗分析(Monte Carlo Analysis);

(16)布线宽度分析(Trace Width Analysis);

(17)批处理分析(Batched Analyses);

(18)用户自定义分析(User Defined Analysis);

(19)射频分析(RF Analysis)。

2.4.2 分析设置

每种分析都需要进行一些设置,如图 5-14 所示。从分析菜单中选择一种分析后,就会看到一个含有几个标签的对话框。根据选择的分析类型,对话框中包含下列部分或全部标签:

Analysis Parameters:为分析设置参数,所有参数都有默认值。

Output Variables:设置需要分析的节点和输出变量(必需的)。

Miscellaneous Options:为分析生成的图表选择一个标题,设置分析选项参数(可选)。

Summary:所有分析设置的汇总显示。

在分析对话框中单击 More,将显示所有可用选项。

各选项设置完成后,单击【Accept to default】按钮可保存当前设置为默认值。单击【Simulate】按钮可进行仿真分析。分析结果在图形窗口中显示出来,并被保存以用于后续处理。一些结果被写入查账索引,可以查看。

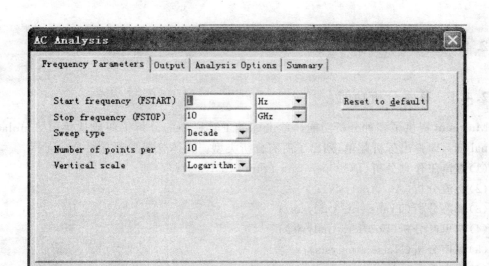

图 5-14　分析设置

2.4.3　分析结果

单击图 5-14 的【Simulate】按钮运行分析,分析结果就会显示在"Analysis Graphs"窗口。这是一个多用途的显示工具,允许用户观察、调整、保存和输出曲线图和图表。它可以用来以曲线或图表的形式显示各种分析的结果,还可以显示一些仪表的测量曲线。选择 View 菜单中 Grapher 命令或单击工具栏的按钮,即会出现 Analysis Graphs 窗口以便观察分析结果。

Multisim 提供了一些后续处理功能,可对电路测量、仿真和分析之后的结果进行进一步的处理。后续处理器可以对分析仿真的结果进行数学处理。文件转换功能可以将电路图和仿真数据文件转换成其他软件格式。报告功能可产生材料清单、元件细节报告和其他一些统计报告。

2.5　应用实例

为了进一步掌握基于 Multisim 辅助设计电路全过程的基本步骤,现以分立元件功放电路为实例进行分析。

本例采用一个标准的全对称甲乙类 OCL 互补推挽音频功率放大器,电路的第一级采用双互补对称差分电路,每管的静态工作电流约 1 mA,选用低噪声互补管 2SC1815、2SA1015 作差分对管,有较低的噪声和较高的动态范围。第二级电压放大采用互补推挽电路,仍然采用 2SC1815、2SA1015,工作电流约 5 mA。两管集电极串接的发光二极管为缓冲级提供 1.6~2.0 V 的偏置电压,避免末级产生交越失真。射随器缓冲驱动级由两只互补对管 2SB649、2SD669 构成。增设射随器缓冲驱动级是现代 OCL 电路的主要特点之一,它比主电压放大级具有较高的负载阻抗,有稳定而较高的增益。同时,它又为输出级提供较低的输出内阻,可加快对输出管结电容 C_{be} 的充电速度,改善电路的瞬态特性和频率特性。该级的工作电流也取得较大,一般为 $10\sim20$ mA,个别机型甚至高达 100 mA,与输出级的静态电流差不多,可使输出级得到充分驱动。其发射极电阻采用了悬浮接法(不接中点),可迫使该级处于完全的甲类工作状态,同时又为输出级提供了偏置电压。输出级为传统的互补 OCL 电路,采用了韩国 KEC 生产的大功率互补对管 TIP41C、TIP42C 对管,极限输出功率可达 65 W。电路使用大环路电压负反馈,电路总增益由反馈网络决定。本例设计增益为 33 倍。电路在 Multisim 中仿真表明,电源电压 ±20 V,输入信号 1 kHz 100 mV 时,电路总谐波失真 THD$<0.2\%$。

2.5.1　仿真电路搭建

在 Multisim 搭建电路原理图的骨架,先放置好元件的大概位置,然后连线。结果如图 5-15 所示。

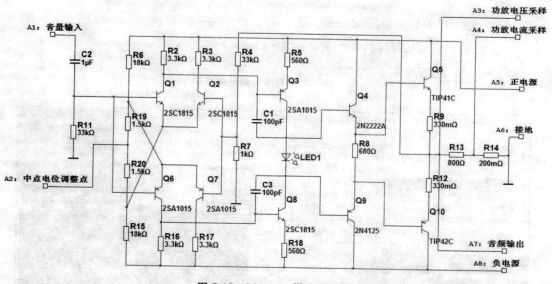

图 5-15　Multisim 搭建原理图

2.5.2　添加仪器

电路原理图搭好之后就加上仪器了,以便仿真。这个电路需要信号发生器 XFG1 产生信号;频率图示仪 XBP1 测试电路总的频率响应;示波器 XSC1 显示输入/输出波形;失真分析仪 XDA1 测试电路的总失真 THD;探针测试关键点电路的电压/电流等,如图 5-16 所示。搭好仪器之后,就能按工具栏的开关按钮开始仿真调试。调试时候观察每个仪器的状态,通过调整电路参数,使电路状态达到预期目标。

通过调整 R_1、R_4、R_{10}、R_{11} 的值,大概调好了电路。当然,调整值的元件最好落在标准值元件上面,比如 $R_1=18$k,而不是计算最佳值 18.56k,因为 18.56k 的电阻是买不到成品元件的。

调试之后,电路 THD≈0.15,频率响应在 20k 时候是 -0.933 dB,小于 -3 dB,示波器看出电压增益在 30 倍左右。如图 5-17 所示。

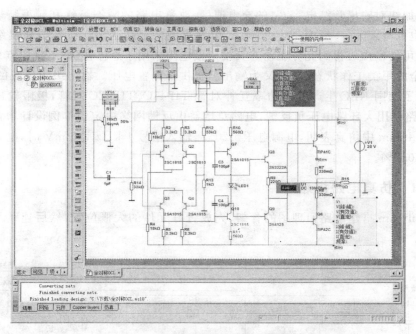

图 5-16 添加测试仪器后原理图

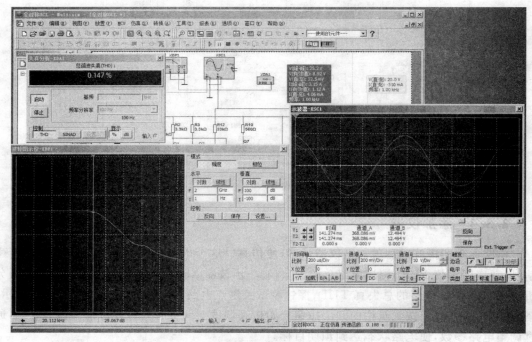

图 5-17 仿真调试

2.5.3 搭建实物电路和测试

有了仿真的数据支持之后,可以搭建实物电路了。实物电路如图 5-18 所示。

进行电路测试,各指标也大致在仿真值内。最后做电脑音箱功放试用,音质挺好,满足要求。

图 5-18 实物电路

第三节 Protel 99SE 印刷电路板设计软件

3.1 菜单介绍及建立项目文档

单击任务栏上"开始"→"程序"→"Protel 99 SE"→"Protel 99SE",打开 Protel 99SE,出现工作主窗口界面,如图 5-19 所示。

3.1.1 菜单栏

Protel 99SE 主窗口界面菜单栏是启动各种编辑器和设置系统参数的入口,主要包括 File(文件)、View(视图)、Help(帮助)三个主菜单,如图 5-19 所示。

File 菜单主要用于文件的管理,通常包括新建设计文件、打开已有的设计文件和保存当前设计文件等功能。如图 5-20 所示。

1. "File"菜单

"File"菜单中各菜单命令的功能如下:

图 5-19　Protel 99 SE 主窗口

图 5-20　File 菜单

　　(1)"New"(新建):执行该菜单命令可以新建一个设计数据库文件(Design database),文件的类型为"Protel Design File",文件后缀名为".ddb"。

　　(2)"Open"(打开):执行该菜单命令可以打开 Protel 99SE 可以识别的已有设计文件。

　　(3)"Exit"(退出):退出 Protel 99SE 主窗口界面。

　　2."View"菜单

　　"View"菜单用于"Design Manage"(设计管理器)、"Status Bar"(状态栏)和"Command Status"(命令栏)的打开与关闭。如图 5-21 所示。

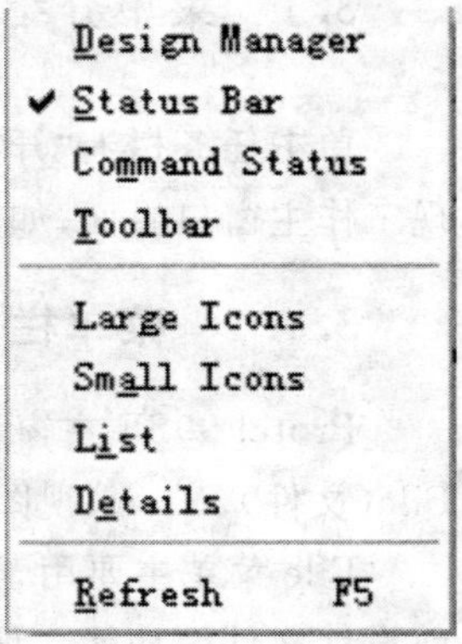

　　3."Help"菜单

　　"Help"菜单主要用于打开帮助文件。如图 5-22 所示。

```
Design Manager
✓ Status Bar
  Command Status
  Toolbar

  Large Icons
  Small Icons
  List
  Details

  Refresh      F5
```

图 5-21　View 菜单

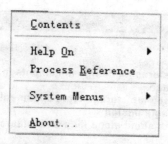

图 5-22　Help 菜单

3.1.2　工具栏

Protel 99SE 的工具栏：
工具栏各按钮的功能如下：

(1) ⊞ 按钮：打开或关闭浏览器（explorer）。

(2) ⊟ 按钮：打开一个设计文件。

(3) ? 按钮：打开帮助文件。

3.1.3　状态栏和命令状态行

状态栏和任务状态行用于显示当前的工作状态和正在执行的命令。状态栏和命令行的打开和关闭可以利用"View"菜单进行设置。

3.1.4　浏览器管理窗口和工作窗口

在 Protel 99SE 主窗口界面中，如果不激活任何涉及服务程序，则浏览器窗口和工作窗口将处于空闲状态，其内容不可编辑。只有当原理图设计、原理图符号设计、PCB 电路板设计或元器件封装库设计等服务程序被激活时，才可以在浏览器管理窗口中浏览图件，以及在工作窗口中进行设计。

3.1.5　创建一个设计数据库文件

通过创建一个新的设计数据文件、原理图设计文件、原理图库设计文件、PCB 电路板设计文件和元器件封装库文件来启动相应的编辑器。

1. 在图 5-19 主窗口中，执行主菜单命令"File"/"New"，出现"New Design Database"（新建设计数据库文件）对话框，如图 5-23 所示。

2. 选择文件存储方式。Protel 99SE 系统为用户提供了两种可选择的文件存储方式，"Windows File System"（文档方式）和"MS Access Database"（数据库方式），如图 5-23 所示。

"Windows File System"：当选择文档方式存储电路板设计文件时，系统将会首先创建一个文件夹，而后将所有的设计文件存储在该文件夹下。系统在存储设计文件时，不仅存储一个集成数据库文件，而且还会将数据库文件中的所有设计文件都独立地存储在该文件夹下。

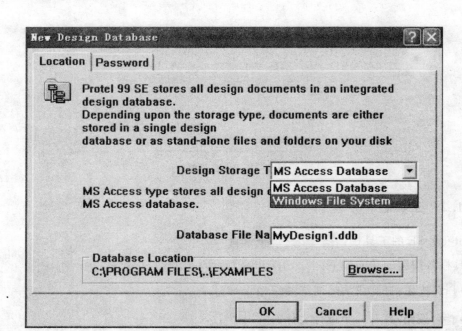

图 5-23　文件存储方式设置

"MS Access Database"：当选择设计数据库方式存储电路板设计文件时，系统只在使用者指定的硬盘空间上存储一个设计数据库文件。

不管选用哪一种文件存储方式，Protel 99SE 都是设计浏览器来组织设计文档，即在设计浏览器下创建文件，并将所有设计文件都存储在一个设计数据库文件中。

3. 保存设计数据库文件。在"Database File Name"（数据库文件名称）文本框中输入设计文件的名称，如图 5-23 所示，文件命名为"MyDesign1. ddb"。

4. 更改设计文件保存目录。单击"Browse…"按钮，打开"Save As"对话框，然后将存储位置定位到指定的硬盘空间上，如图 5-24 所示。单击"保存"按钮，回到新建设计数据库文件对话框，如图 5-23 窗口。

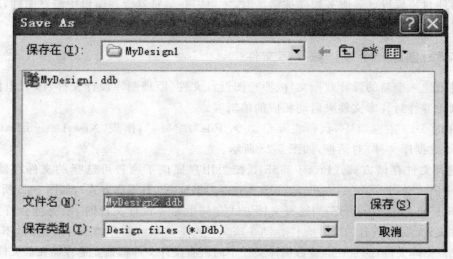

图 5-24　选择存储路径

5. 确认各项设置无误后单击【OK】按钮，即可创建一个新的设计数据库文件，如图 5-25
所示。

图 5-25　新建一个数据库设计文件后工作主窗口

3.1.6　文件自动存盘功能

电路板的设计过程往往很长，如果在设计过程中遇到一些突发事件，如停电、运行程序
出错等，就会使正在运行的设计工作被迫终止而又无法存盘，使得已经完成的工作全部丢
失。为了避免这种情况发生，就需要在设计过程中不断存盘。

Protel 99SE 有文件自动存盘功能，通过对自动存盘参数进行设置，就可以满足文件自
动备份的要求。这样既可以保证了设计文件的安全性，又可以省去了很多麻烦。设置自动
存盘参数步骤如下：

1. 单击菜单栏上的 ⬤ 按钮，选取菜单命令"Preferences…"，打开参数设置对话框，如
图 5-26 所示。

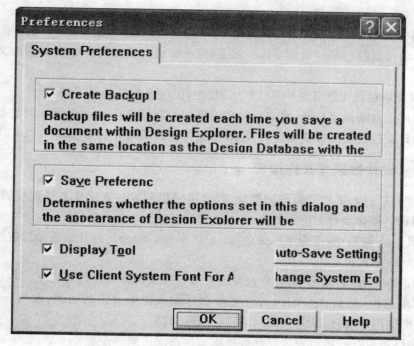

图 5-26　设置参数窗口

2. 单击【Auto-Save Setting】按钮,打开自动存盘参数设置对话框,如图 5-27 所示。各选项参数的意义如下:

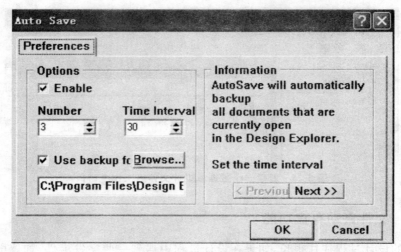

图 5-27 设置自动保存参数窗口

(1)选中"Enable"选项前的复选框,表示启用自动存盘功能,并且在后面的选项框中可以设定自动存盘的间隔时间。用户一旦启用了自动存盘功能,并且设定了相应的存储间隔时间,则系统将会在用户指定的时间内自动对当前工作窗口中激活的设计文件进行存盘。

(2)"Number":设计文件自动存盘的数目,系统提供的存盘数目最多可达 10 份,用户可以在文本框中直接输入数字或单击文本框后面的增加或减少按钮来设置该选项。

(3)"Time Interval":自动存盘操作的间隔时间,其设置方法与自动存盘数目的设置方法相同。

(4)选中"Use backup folder"该选项前的复选框,然后单击【Browse…】按钮,可以指定设计文件自动存盘的目录。如果不选中该项,则系统将会把文件存储到数据库文件所在的目录之下。

3. 完成自动存盘参数设置后单击【OK】按钮,关闭参数设置对话框。

一旦启用了自动存盘功能,系统就会在设定的时间间隔内自动将设计浏览器中处于打开状态的设计文件自动保存到指定目录下,其文件名的后缀分别为"BK1"、"BK2"等。

3.1.7 设计数据库文件加密

Protel 99SE 引入了权限管理的概念,设计者可以对设计数据库文件进行加密操作,以防止图纸泄密。操作步骤如下:

1. 在图 5-25 窗口中,选取菜单命令"File"/"New Design",打开新建设计数据库文件对话框,如图 5-28 所示。

2. 单击"Password"选项卡,打开设置设计数据库文件访问密码对话框。在该对话框中选中"Yes"单选框,然后在"Password"文本框总输入需要设定的密码,在"Confirm Password"文本框中再次输入上述密码进行确认,如图 5-29 所示。

3. 单击【OK】按钮,即可完成设计数据库文件访问密码的设置。

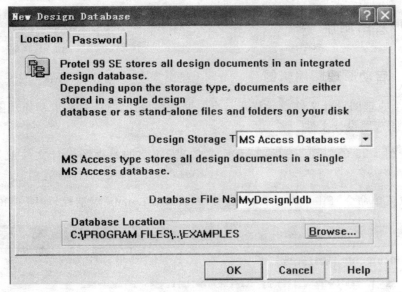

图 5-28　新建设计项目对话框

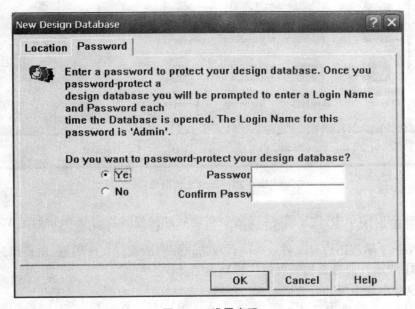

图 5-29　设置密码

　　一旦对一个设计数据库文件设定了访问密码,当再次打开该设计文件时会弹出一个对话框,要求输入用户名和访问密码。

3.2 原理图制作

3.2.1 启动原理图编辑器

新建一个原理图设计文件或者打开已有的原理图设计文件,就能启动原理图编辑器。

1. 新建原理图设计文件

(1)双击图 5-25 的 图标,打开该文件夹(新建的原理图设计文件放置在该文件夹下)。

(2)选取菜单命令"File"/"New…",出现"New Document"对话框,如图 5-30 所示。

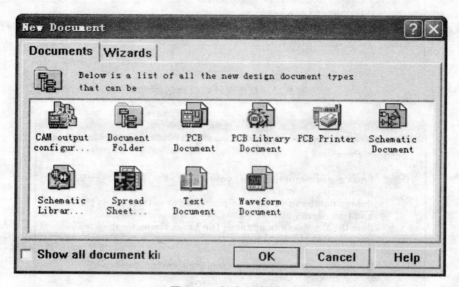

图 5-30 新建文件向导

(3)在图 5-30 中单击 Schematic Document 图标(即选中新建原理图设计文件选项),然后单击【OK】按钮,完成新建一个原理图设计文件(.sch)。双击该原理图设计文件图标,出现原理图设计窗口,如图 5-31 所示。通过添加元件等进行原理图设计。

(4)选取菜单命令"File"/"Save All"存储该设计文件。

2. 新建原理图元件库设计文件

(1)选取菜单命令"File"/"New…",出现如图 5-30 所示新建文件向导对话框。

(2)在图 5-30 中单击 Schematic Librar… 图标(即选中新建原理图库设计文件选项),然后单击【OK】按钮,系统将会新建一个原理图库设计文件(.lib)。双击该文件图标,出现原理图库设计窗口,如图 5-32 所示。

(3)选取菜单命令"File"/"Save All"存储该原理图库设计文件。

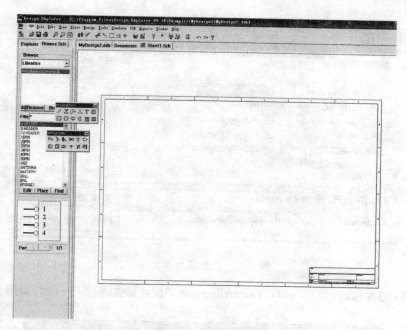

图 5-31　原理图设计窗口

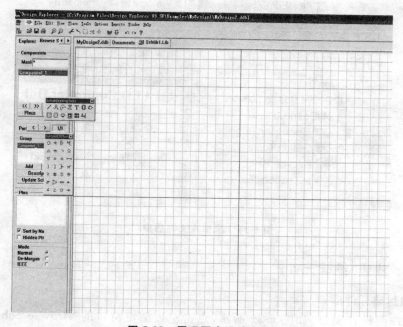

图 5-32　原理图库设计窗口

3.2.2　添加库文件

选取菜单命令 "File" / "Open"，在 Protel 99SE 的安装目录下找到并选中 "Design Explorer 99SE/Examples/LCD Controller. ddb"，如图 5-33 所示。

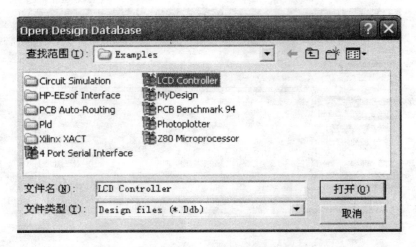

图 5-33　选择添加库文件

单击【打开】按钮，即可将"LCD Controller. ddb"设计数据库文件打开，如图 5-34 所示。

图 5-34　添加库文件后窗口

3.2.3　放置/编辑元件

1. 添加封装元件库

选择原理图设计窗口，如图 5-31 所示，点击左边浏览窗口的"Browse Sch"页框，点击【Add/Remove…】按钮出现添加元件库窗口，如图 5-35 所示。选择添加 Sim. ddb、Miscellaneous Devices. ddb、Protel DOS Schematiclibrary. ddb 等元件库。

2. 放置元件

点击原理图设计电路界面，从 Miscellaneous Devices. ddb 库中选中电阻 RES2，如图 5-36 所示，双击 RES2，然后把元件放置到原理图设计图中。

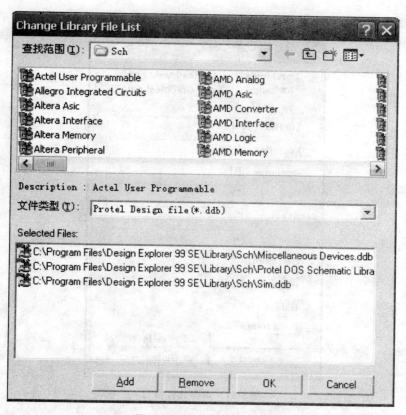

图 5-35　添加元件库窗口

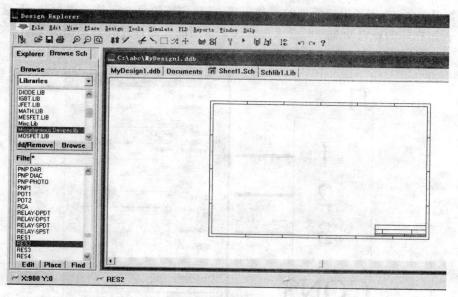

图 5-36　放置元件

3. 编辑元件属性

双击原理图设计图中的元件,出现编辑元件窗口,如图 5-37 所示。

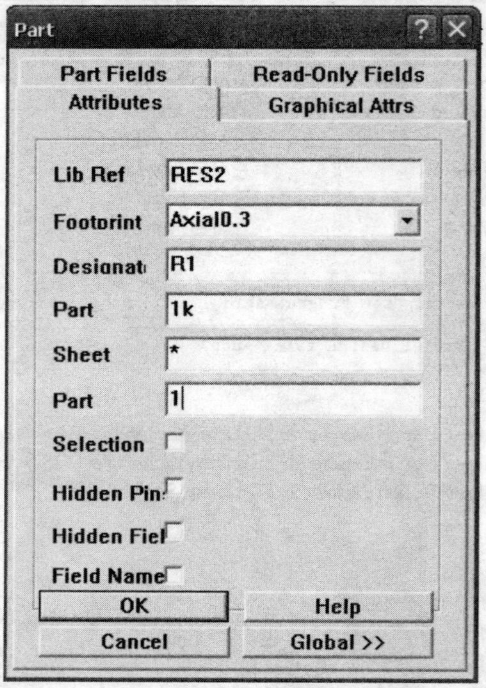

图 5-37　编辑元件窗口

Lib Ref 框中输入元件库中的元件名称(不能修改);Footprint 框设置元件的封装形式;Designator 框中输入在设计的原理图中元件标号;Part Type 框中输入标称值或元件型号。

注意:Footprint 用于设置元件的封装形式,通常应该给每个元件设置封装,而且名字必须正确,否则在印制板自动布局时会丢失元件。常用的元器件及其封装引脚见图 5-38 至图 5-41。

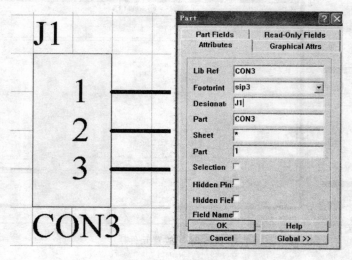

图 5-38　三列直插

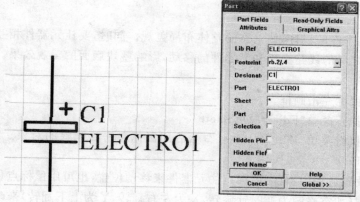

图 5-39　有极性电容

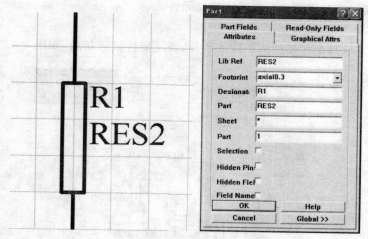

图 5-40　电阻

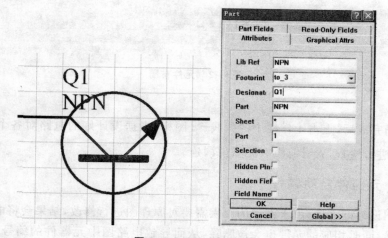

图 5-41　NPN 型三极管

3. 2. 4 布局连线

利用自身艺术性的设计,使电路的整体布局美观。同时,要让元器件相互靠近且不影响后面布线,避免之后的线路交叉和元器件的移动,影响整块版面的美观效果。

1. 添加元件

选择元件:鼠标左击画框。

取消选择:执行菜单"Edit"/"DESelete"。

删除元件:执行菜单"Edit"/"Delete",然后用鼠标左击要删除的对象。或先选择对象,然后执行菜单"Edit"/"Clear"。

在元器件放置过程中,可用鼠标点住元器件来移动位置,也可用鼠标点住元器件并同时按下键盘快捷键(如空格键为逆时针旋转,X 为左右翻转,Y 为上下翻转)来改变元件放置方向,也可用鼠标点住元器件并同时按下键盘"Tab"键来编辑元件参数,还可用鼠标点住元器件并同时按下键盘方向键来水平或垂直移动元件。

2. 布局

添加元件,完成每个元器件的引脚封装后,将元器件进行布局,如图 5-42 所示。

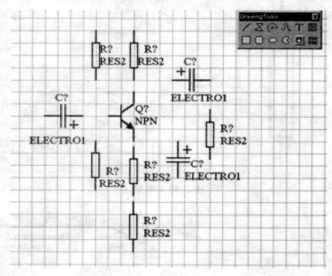

图 5-42 元件布局

3. 连线

元件布局完成后,点击工作栏中的画线 〜 图标,根据设计好的电路对各个元件进行连接,再对电路进行检查,看看有没有元器件漏连。

3. 2. 5 元器件自动编号

当原理图设计好之后,由于设计的原因需要对原理图进行修改,结果会将电路中的某些多余功能删除,同时相应的元件也会被删除,从而导致电路图中元器件的编号不连续,并有可能影响到后面的电路板的装配和调试工作。这种情况在原理图设计的初期经常发生,当

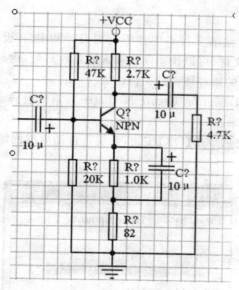

图 5-43 连线

出现这种情况时,通常需要对原理图设计进行重新编号。

利用系统提供的元器件自动编号功能对整个原理图上设计的元器件进行重新编号,既省时又省力,尤其适用于元器件数目众多的电路设计。在对原理图设计文件进行自动编号的同时,系统将会生成元器件自动编号报表文件。如图 5-44 所示。

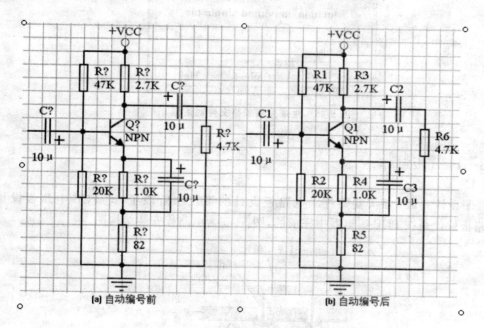

图 5-44 元器件自动编号

3.2.5　创建网络表

在 Protel 99SE 中,网络表文件是连接原理图设计和 PCB 设计的桥梁和纽带,在 PCB 编辑器中,利用网络表格文件,可以快速同步载入元器件封装,也是 PCB 自动布线的根据。

打开生成网络表文件的原理图设计文件。

1. 执行主菜单命令"Design"/"Create Netlist…",系统会弹出生成网络表格文件选项设置对话框,如图 5-45 所示。

2. 设置好各个选项之后单击【OK】按钮,系统将自动生成网络表格文件,并打开网络表格文本编辑器。

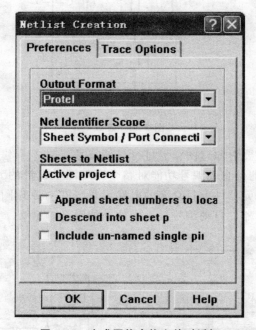

图 5-45　生成网络表格文件对话框

3.3　PCB 板制作

原理图设计完成之后,就要进入电路板设计的第二个阶段了,即 PCB 电路板设计。PCB 电路板设计是在 PCB 编辑器中完成的,图 5-46 为电路板安装结构图。

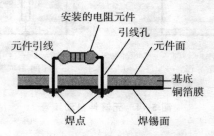

图 5-46　电路板安装结构图

3.3.1 创建设计文件

1. 新建 PCB 设计文件

进行 PCB 电路板设计，创建一个空白的 PCB 设计文件。执行"File"/"New"，出现如图 5-47 所示对话框，双击"PCB Document"进入 PCB 的工作界面，如图 5-48 所示。

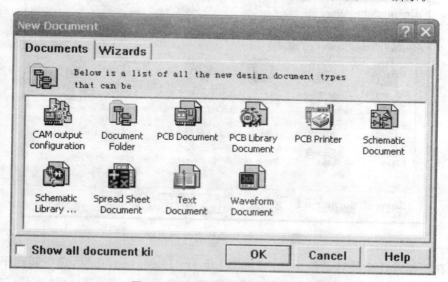

图 5-47　创建 PCB 设计文件对话框

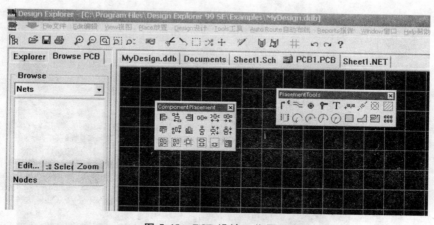

图 5-48　PCB 设计工作界面

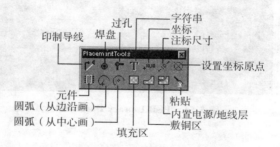

图 5-49　PCB 工具栏

2. 新建 PCB 元器封装库

若自己需要新建一个元器件封装库,则步骤如下:

(1)选取菜单命令"File"/"New…",打开新建设计文件对话框,如图 5-50 所示。

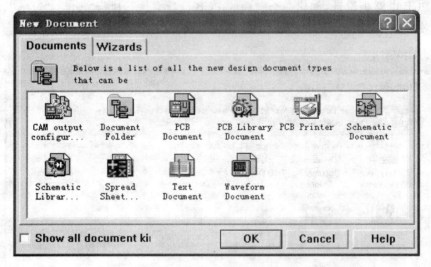

图 5-50 新建设计文件对话框

(2)在新建设计文件对话框中单击"PCB Library Document"图标,选中新建 PCB 库设计文件选项,然后单击【OK】按钮,系统将会新建一个元器件封装库设计文件,如图 5-51 所示。

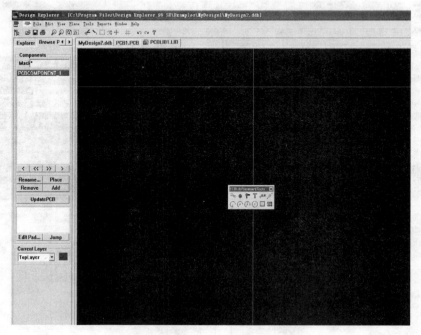

图 5-51 PCB Library Document

(3)将 PCB 库设计文件命名为"PCBLib. LIB"。

(4)编辑绘制 PCB 元器件封装库。封装尺寸如图 5-52 所示。

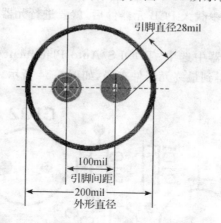

引脚直径28mil

100mil
引脚间距

200mil
外形直径

图 5-52 编辑绘制 PCB 元器封装库

(5)选取菜单命令"File"/"Save All"存储该设计文件。

3.3.2 加载网络表

打开 PCB 设计设计窗口,如图 5-48 所示,点击浏览窗口的"Browse PCB"页框。

(1)在 PCB 编辑器中执行主菜单命令"Design"/"Lode Nets…"。

(2)在载入网络表对话框中单击【Browse…】按钮,打开选择网络表文件对话框,选择网表文件"*.net",如图 5-53 所示。加载网络表格文件后,可以快速同步载入 PCB 元器件。

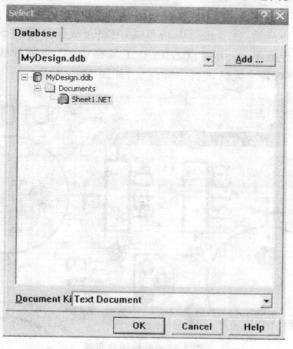

图 5-53 选择网表文件

3.3.3 布局

通过加载网络表格,同步载入 PCB 元器件后,就要进行元器件布局,元器件布局分为自动布局和手动布局两种。

自动布局在 PCB 编辑器中选中"TOOLS/Auto Placement/Auto Placer…"命令,自动布局和手动布局相结合就得到最终元器件布局,如图 5-54 所示。

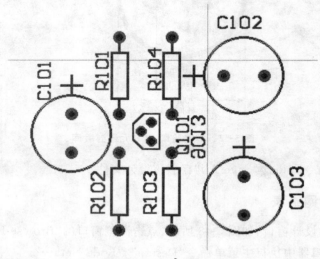

图 5-54　布局后元器件

3.3.4 布线

PCB 元器件合理布局后,就要进行电路布线,电路布线分为自动布线和手动布线两种。

手动布线可以执行菜单,也可以点击 PCB 工具栏中的"印制导线"图标,如图 5-49 所示,根据设计好的电路对各个元件进行手动连接,如图 5-55 所示。

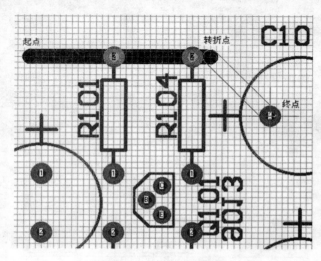

图 5-55　电路手动布线

自动布线通过执行菜单"设计—规则"对自动布线器进行参数设置,便可以自动布线了。当然可以根据实际需要对整体进行布线,也可以对指定的区域、网络、元器件进行布线。

自动布线和手动修改后相结合即可得到最终 PCB 设计板图,如图 5-56 所示。

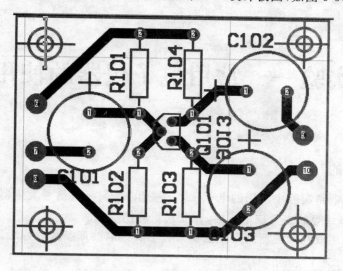

图 5-56　最终 PCB 设计板图

第二部分 基础实验

实验一 常用电子仪器的使用

一、实验目的

1. 学习电子电路实验中常用的电子仪器——示波器、函数信号发生器、直流稳压电源、交流毫伏表、频率计等的主要技术指标、性能及正确使用方法。

2. 初步掌握用双踪示波器观察正弦信号波形和读取波形参数的方法。

二、实验原理

在模拟电子电路实验中,经常使用的电子仪器有示波器、函数信号发生器、直流稳压电源、交流毫伏表及频率计等。它们和万用电表一起,可以完成对模拟电子电路的静态和动态工作情况的测试。

实验中要对各种电子仪器进行综合使用,可按照信号流向,以连线简洁,调节顺手,观察与读数方便等原则进行合理布局,各仪器与被测实验装置之间的布局与连接如图1-1所示。接线时应注意,为防止外界干扰,各仪器的公共接地端应连接在一起,称共地。信号源和交流毫伏表的引线通常用屏蔽线或专用电缆线,示波器接线使用专用电缆线,直流电源的接线用普通导线。

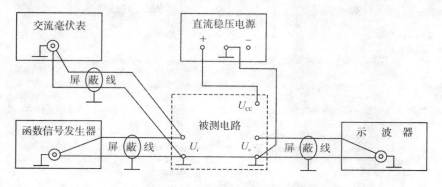

图 1-1 模拟电子电路中常用电子仪器布局图

1. 示波器

(1)面板介绍

①示波管(CRT)

电源(POWER)：电源开关，此开关接通时仪器通电，LED 指示灯亮。

辉度(INTEN)：控制光点或扫迹的亮度。

聚焦(FOCUS)：供调节出最佳清晰度。

扫迹旋转(TRACE ROTATION)：机械地控制扫迹与水平刻度线成平行位置。

②垂直偏转系统(Vertical Axis)

通道1【X】(CH1【X】)：通道 1 输入端，X-Y 显示方式下的 X 轴偏转信号输入端。

通道2【Y】(CH2【Y】)：通道 2 输入端，X-Y 显示方式下的 Y 轴偏转信号输入端。

交流—地—直流(AC-GND-DC)：用以选择输入信号与垂直放大器的耦合方式。

  AC：交流耦合；

  GND：垂直放大器输入端接地，且输入信号与垂直放大器输入端断开；

  DC：直流耦合。

伏特/格(VOLT/DIV)：从 5 mV/格到 5 V/格选择垂直偏转灵敏度。

微调(VARIABLE)：提供"伏特/格"开关各校正挡位之间连续可调的偏转因数，当其置于"校正(CAL)"位置时，测量灵敏度就是"伏特/格"旋钮所在挡位的标称值；当此钮拉出时扩展 5 倍，即灵敏度增大 5 倍。

CH1 & CH2 DC BAL：用于衰减器平衡调整。

位移(⬍POSITION)：控制显示的垂直位移。

垂直方式(VERT MODE)：选择通道 1 和通道 2 放大器的工作方式。

  CH1：单踪显示通道 1 信号；

  CH2：单踪显示通道 2 信号；

  DUAL：双踪显示通道 1、通道 2 信号；

  ADD：显示两通道信号的代数和(CH1＋CH2 或 CH1－CH2)；当按下按钮 CH2 INV 时，显示两信号之差。

交替/断续(ALT/CHOP)：在双踪模式下，此按钮置于 ALT 时，通道 1、通道 2 信号交替显示(适于观测频率较高的信号波形)；此按钮置于 CHOP 时，通道 1、通道 2 信号断续显示(适于观测频率较低的信号波形)。

通道 2 极性开关(CH2 INV)：按此开关后，通道 2 显示反相电压波形。

③触发(Triggering)

外触发输入插座(EXT TRIG IN)：用于外触发信号的输入。

触发源选择开关(SOURCE)：选择触发信号源。

  CH1：当 VERT MODE 开关置于 DUAL 或 ADD 时，选择通道 1 的输入信号作为触发信号；

  CH2：当 VERT MODE 开关置于 DUAL 或 ADD 时，选择通道 2 的输入信号作为触发信号；

  LINE：选择电源频率信号作为触发信号；

  EXT：选择 EXT TRIG IN 插座输入的外部信号作为触发信号；

  TRIG. ALT：当 VERT MODE 开关置于 DUAL 或 ADD 时，且 SOURCE 开关置于 CH1 或 CH2，接通此开关，将交替选择通道 1 和通道 2 输入信号作为触发信号。

触发极性按钮(SLOPE):用于选择信号的上升沿或下降沿触发。

"+":选择触发信号的上升沿触发;

"—":选择触发信号的下降沿触发。

触发电平(LEVEL):用于调节被测信号在某一电平触发同步,以显示稳定(同步)的波形。

触发方式(TRIGGER MODE):用于选择触发方式。

AUTO:无触发信号或触发信号频率低于25 Hz时,扫描电路处于自激状态,自动进行扫描;

NORM:无触发信号时,扫描电路处于等待状态,无扫描线显示。用于观察频率低于25 Hz的信号。

TV-V:用于观察电视场信号波形;

TV-H:用于观察电视行信号波形。

④时基(Time Base)

时间/格(TIME/DIV):在0.2 μs/div～0.5 s/div范围选择扫描速率,共20挡。

X-Y:用于X-Y显示。

扫描微调(SWP. VAR):扫描时间微调,提供在"TIME/DIV"开关各校正挡位之间连续可调的扫描速度,当其置于"校正(CAL)"位置时,扫描时间被校正到"TIME/DIV"旋钮所在挡位的标称值。

位移(◀POSITION▶):控制显示的水平位移。

10倍扩展(×10MAG):按下此按钮扩展10倍。

⑤其他(Others)

校正信号(CAL):提供2 V_{P-P},1 kHz正的方波信号。

接地端(GND):示波器总(机架)接地端。

(2)示波器测量方法

①观察被测信号波形

当被测信号未接入前,应将灵敏度选择开关V/DIV置较大量程挡,避免发生过载危险。接入被测信号,分别调节灵敏度选择开关V/DIV、微调和扫描速率开关TIME/DIV及其微调,使荧光屏上显示有合适的高度(一般为4格以上)和适当个数(一般为3～5个)的波形。

②测量信号电压

为了定量读数,应将垂直(Y轴)灵敏度微调旋钮置于"CAL"位置,这时V/DIV选择开关所指刻度就是屏幕上纵向每格的电压数,所以被测信号峰峰值电压等于屏幕上显示波形高度(格数)乘以V/DIV开关所指刻度值。当采用10∶1衰减探头时,电压峰峰值为上述确定值再乘以10。

③测量信号时间参数

为了定量读数,应将水平(X轴)扫描速率微调旋钮置于"CAL"位置,这时,TIME/DIV开关所指刻度就是屏幕上横向每格的时间数,所以被测信号所占据的时间等于屏幕上显示波形的水平距离(格数)乘以TIME/DIV所指的刻度值。

④测量信号频率

一般可用测量时间的方法先测出被测信号的周期,取其倒数即为信号频率。此外,还可采用"X-Y"法利用观察李萨如图形来测量频率。采用"X-Y"法测量频率时,将已知频率 f 的信号(由信号发生器提供)加到通道 1,被测频率 f_x 的信号从通道 2 输入,这时,屏幕上便显示出被测信号频率与已知频率信号合成的图形,这种图形称为李萨如图形。图 1-2 表示两个信号频率相等时的李萨如图形。

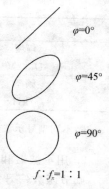

$f : f_x = 1 : 1$

图 1-2 李萨如图形

2. 函数信号发生器

函数信号发生器按需要输出正弦波、方波、三角波三种信号波形。输出电压最大可达 20 V_{P-P}。通过输出衰减开关和输出幅度调节旋钮,可使输出电压在毫伏级到伏级范围内连续调节。函数信号发生器的输出信号频率可以通过频率分挡开关进行调节。

函数信号发生器作为信号源,它的输出端不允许短路。

3. 交流毫伏表

交流毫伏表只能在其工作频率范围之内,用来测量正弦交流电压的有效值。为了防止过载而损坏,测量前一般先把量程开关置于量程较大位置上,然后在测量中逐挡减小量程。

三、实验设备与器件

1. 函数信号发生器;

2. 双踪示波器;

3. 交流毫伏表。

四、实验内容

1. 用机内校正信号对示波器进行自检

(1)扫描基线调节

将示波器的显示方式开关置于"单踪"显示(CH1 或 CH2),输入耦合方式开关置"GND",触发方式开关置于"自动"。开启电源开关后,调节"辉度"、"聚焦"、"辅助聚焦"等旋钮,使荧光屏上显示一条细而且亮度适中的扫描基线。然后调节"X 轴位移"和"Y 轴位移"旋钮,使扫描线位于屏幕中央,并且能上下左右移动自如。

(2)测试"校正信号"波形的幅度、频率

将示波器的"校正信号"通过专用电缆线引入选定的 Y 通道(CH1 或 CH2),将 Y 轴输入耦合方式开关置于"AC"或"DC",触发源选择开关置"内",内触发源选择开关置"CH1"或"CH2"。调节 X 轴"扫描速率"开关(t/div)和 Y 轴"输入灵敏度"开关(V/div),使示波器显示屏上显示出一个或数个周期稳定的方波波形。

①校准"校正信号"幅度

将"Y 轴灵敏度微调"旋钮置"校准"位置,"Y 轴灵敏度"开关置适当位置,读取校正信号幅度,记入表 1-1。

②校准"校正信号"频率

将"扫速微调"旋钮置"校准"位置,"扫速"开关置适当位置,读取校正信号周期,记入表1-1。

表 1-1 校准"校正信号"记录表

	标准值	实测值
幅度 U_{P-P}/V		
频率 f/kHz		

注:不同型号示波器标准值有所不同,请按所使用示波器将标准值填入表格中。

2. 用示波器和交流毫伏表测量信号参数

调节函数信号发生器有关旋钮,使输出频率分别为 100 Hz、1 kHz、10 kHz、100 kHz,有效值均为 1 V(交流毫伏表测量值)的正弦波信号。

改变示波器"扫速"开关及"Y 轴灵敏度"开关等位置,测量信号源输出电压频率及峰峰值,记入表 1-2。

表 1-2 测量信号源参数记录表

信号电压频率	示波器测量值		信号电压毫伏表读数/V	示波器测量值	
	周期/ms	频率/Hz		峰峰值/V	有效值/V
100 Hz					
1 kHz					
10 kHz					
100 kHz					

3. 测量两波形间相位差

(1)观察双踪显示波形"交替"与"断续"两种显示方式的特点

CH1、CH2 均不加输入信号,输入耦合方式置"GND",扫速开关置扫速较低挡位(如 0.5 s/div 挡)和扫速较高挡位(如 5 μs/div 挡),把显示方式开关分别置"交替"和"断续"位置,观察两条扫描基线的显示特点,记录之。

(2)用双踪显示测量两波形间相位差

①按图 1-3 连接实验电路,将函数信号发生器的输出电压调至频率为 1 kHz,幅值为 2 V 的正弦波,经 RC 移相网络获得频率相同但相位不同的两路信号 U_i 和 U_R,分别加到双踪示波器的 CH1 和 CH2 输入端。

为便于稳定波形,比较两波形相位差,应使内触发信号取自被设定作为测量基准的一路信号。

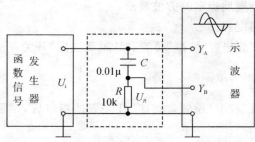

图 1-3 两波形间相位差测量电路

②把显示方式开关置"交替"挡位,将 CH1 和 CH2 输入耦合方式开关置"GND"挡位,调节 CH1、CH2 的上下移位旋钮,使两条扫描基线重合。

③将 CH1、CH2 输入耦合方式开关置"AC"挡位,调节触发电平、扫速开关及 CH1、CH2 灵敏度开关位置,使在荧屏上显示出易于观察的两个相位不同的正弦波形 U_i 及 U_R,如图 1-4 所示。根据两波形在水平方向差距 X 及信号周期 X_T,则可求得两波形相位差。

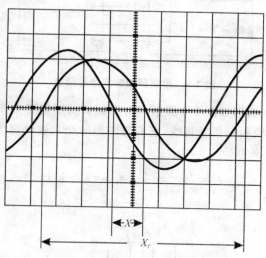

图 1-4　双踪示波器显示两相位不同的正弦波

$$\theta = \frac{X(\text{div})}{X_T(\text{div})} \times 360°$$

式中,X_T——一周期所占格数;

　　　　X——两波形在 X 轴方向差距格数。

记录两波形相位差于表 1-3。

表 1-3　测量相位差记录表

一周期格数	两波形 X 轴差距格数	相位差	
		实测值	计算值
$X_T=$	$X=$	$\theta=$	$\theta=$

为读数和计算方便,可适当调节扫速开关及微调旋钮,使波形一周期占整数格。

4. 示波器测量信号频率的方法

用示波器测量频率方法建立在时间测量的基础之上,即测出信号周期 T 后按公式 $f = 1/T$ 求取。

对于频率较低又具有简单图形的正弦波、方波、三角波、锯齿波等,或要求测量精度较高时,可采用李萨如图形法。

其测量方法如下:图 1-5 中信号发生器(Ⅱ)作为未知频率 f_y 的信号,从示波器输 CH1 入端输入,信号发生器(Ⅰ)作为已知频率 f_x 的信号,用开路电缆从"CH2"插座输入(这时扫描速率开关应置于"X-Y"挡)。调节信号发生器Ⅰ的频率 f_x,当 f_x 和 f_y 之间成一定倍数关系时,屏幕上就显示出李萨如图形。根据李萨如图形和 f_x 的读数,即可定出被测信号的频

率 f_y。

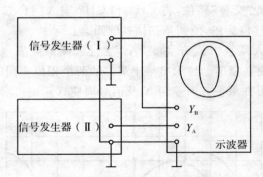

图 1-5 用李萨如测定信号频率

例如,显示的李萨如图形如图 1-6 所示。由李萨如图形确定未知频率的方法是这样的:若在图形上画一条水平线和一条垂直线,它们与图形的交点数分别为 $n_x=6,n_y=2$,若 $f_x=2.5\ \text{kHz}$,则被测信号频率为

$$f_y=\frac{n_x}{n_y}f_x=\frac{6}{2}\times 2.5=7.5\ \text{kHz}$$

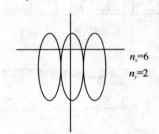

图 1-6 由李萨如图形确定频率

为了便于从李萨如图形确定未知频率,$\dfrac{n_x}{n_y}$ 应成简单倍数,一般取 1、2、3 等值。本实验建议 f_y 选在 6 kHz 左右。将测量结果记入表 1-4。

表 1-4 示波器测量信号频率记录表

f 读数/kHz			
李萨如图形			
$\dfrac{f_y}{f_x}=\dfrac{n_x}{n_y}$			
f_y/kHz			

五、实验总结

1. 整理实验数据,并进行分析。

2. 问题讨论

(1)如何操纵示波器有关旋钮,以便从示波器显示屏上观察到稳定、清晰的波形?

(2)用双踪显示波形,并要求比较相位时,为在显示屏上得到稳定波形,应怎样选择下列开关的位置?

①显示方式选择(CH1,CH2,CH1+CH2,交替,断续);

②触发方式(常态,自动);

③触发源选择(内,外);

④内触发源选择(CH1,CH2,交替)。

3. 函数信号发生器有哪几种输出波形? 它的输出端能否短接,如用屏蔽线作为输出引线,则屏蔽层一端应该接在哪个接线柱上?

4. 交流毫伏表是用来测量正弦波电压还是非正弦波电压? 它的表头指示值是被测信号的什么数值? 它是否可以用来测量直流电压的大小?

六、预习要求

1. 阅读附录中有关示波器部分内容。

2. 已知 $C=0.01\ \mu F$, $R=10\ k\Omega$,计算图 1-3 中 RC 移相网络的阻抗角 θ。

实验二　基础电子元件的识别与检测

2.1　电阻器

在电工和电子技术中应用的具有电阻性能的实体元件称为电阻器。它一般由骨架、电阻体、引出线及保护层四部分组成。它的主要用途是稳定和调节电路中的电流和电压,组成分流器和分压器,调节时间常数及作为电路中的匹配元件或消耗电能的负载。常用电阻有碳膜电阻和金属膜电阻。

1. 电阻器的型号命名方法

电阻器主称、材料和分类符号意义见表 2-1 所示。

表 2-1　电阻器命名方法

第一部分		第二部分		第三部分		
符号	意义	符号	意义	符号	意义	
R	电阻器	T	碳膜	1	普通	普通
W	电位器	J	金属膜	2	普通	普通
		Y	氧化膜	3	超高频	—
		H	合成膜	4	高阻	—
		C	沉积膜	5	高温	—
		S	有机实芯	6	—	
		N	无机实芯	7	精密	精密
		X	线绕	8	高压	特殊函数
		I	玻璃釉膜	9	特殊	特殊
				G	高功率	
				T	可调	
				W	微调	
				D	多圈	
				X	小型	

根据国家标准,电阻器和电位器的型号由以下几部分组成:第一部分用字母表示产品主称(用 R 表示电阻器,用 W 表示电位器);第二部分用字母表示产品材料;第三部分一般用数字表示分类,个别类型也可用字母表示;第四部分用数字表示序号。

第一部分　主称,用字母表示。如 R 表示电阻器。

第二部分　材料,用字母表示。

第三部分　分类,用阿拉伯数字表示。个别类型也用字母表示。

第四部分　序号,用数字表示。

示例:精密金属膜电阻器

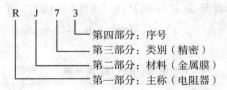

2. 电阻器的主要性能参数

(1)标称阻值和允许误差

①电阻系列值(或额定值、标称值)

任何固定式电阻器的标称阻值应符合表列数值或表列数值乘以10^n,其中 n 为正整数或负整数。如表 2-2 所示。

表 2-2　电阻系列值

误差等级	系列值
Ⅲ级 20%	10　15　22　33　47　68
Ⅱ级 10%	10　12　15　18　22　27　33　39　47　56　68
Ⅰ级 5%	10　11　12　13　15　16　18　20　22　24　27　30　33　36　39　43　47　51　56　62　68　75　82　91

②电阻器的允许偏差

电阻器标称阻值和实测值之间允许的最大偏差范围叫作电阻器的允许偏差。通常电阻器的允许偏差分为:±5%(Ⅰ级)、±10%(Ⅱ级)、±20%(Ⅲ级)等。

电阻器的标称阻值和允许误差一般都标注在电阻体上,常用标注方法有以下几种:

①直标法。用阿拉伯数字和单位符号(Ω、kΩ、MΩ)在电阻体表面直接标出阻值,用百分数直接标出允许偏差的方法为直标法。如图 2-1 所示,表示该电阻器的阻值为 5.1 kΩ,允许偏差±5%。若电阻体表面未标出其允许偏差则表示允许偏差为±20%;若直标法未标出阻值单位,则其单位为 Ω。

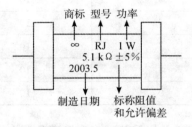

图 2-1　电阻器的直标法

②文字符号法。用阿拉伯数字和文字符号有规律地组合,表示标称阻值和允许误差的方法称为文字符号法。其标称阻值的组合规律是:阻值单位用文字符号,即用 R 表示欧姆,用 k 表示千欧,用 M 表示兆欧;阻值的整数部分写在阻值单位标志符号前面,阻值的小数部分写在阻值单位标志符号后面。阻值单位符号位置代表标称阻值有效数字中小数点所在位置。例如,5.1 Ω 的电阻值用文字符号表示为 5R1;0.51 Ω 的电阻器用文字符号表示为 R51;51 Ω 的电阻器用文字符号表示为 51R;5.1 kΩ 的电阻器用文字符号表示为 5k1;51 kΩ 的电阻器用文字符号表示为 51k。3M3K 表示 3.3 MΩ,K 表示允许偏差为 ±10%,允许偏差与字母的对应关系见表 2-3。

表 2-3　电阻(电容)器偏差标志符号表

允许偏差	标志符号	允许偏差	标志符号	允许偏差	标志符号
±0.001	E	±0.1	B	±10	K
±0.002	Z	±0.2	C	±20	M
±0.005	Y	±0.5	D	±30	N
±0.01	H	±1	F		
±0.02	U	±2	G		
±0.05	W	±5	J		

③色标法。用不同的色环标注在电阻体上,表示电阻器的标称阻值和允许偏差的一种方法称为色标法,常见有四色环和五色环两种。其颜色规定见表 2-4。

表 2-4　色环表示的数字大小

颜色	有效数字	乘数	允许误差
银	—	10^{-2}	±10%
金	—	10^{-1}	±5%
黑	0	10^{0}	—
棕	1	10^{1}	±1%
红	2	10^{2}	±2%
橙	3	10^{3}	—
黄	4	10^{4}	—
绿	5	10^{5}	±0.5%
蓝	6	10^{6}	±0.2%
紫	7	10^{7}	±0.1%
灰	8	10^{8}	
白	9	10^{9}	

a.四色环电阻器色环标注意义如下:第一、第二道色环表示电阻标称的第一、二有效值,第三道色环表示再乘以 10^n(或加上 0 的个数),第四道色环表示阻值允许误差(等级)。例

如,由图 2-2 所标注的各道色环颜色可知:第一道为红色代表数字 2,第二道为紫色代表数字 7,第三道色环为橙色表示 3,相当于乘以 10^3(即有效数字后加三个 0),第四道色环为银色,表示该电阻器为 Ⅱ 级电阻器,允许偏差 ±10%。该电阻阻值为:$27 \times 10^3 = 27000\ \Omega = 27\ k\Omega$ 或 27 后加 000,即 27000 $\Omega = 27\ k\Omega$。

b. 五位色环电阻器色环标注意义如下:其含义和读取阻值与一般电阻完全相同,从左至右的第一、二、三位色环表示有效值,第四位色环表示乘数,第五位色环表示允许偏差。如图 2-3 所示,该电阻的第一位色环是红色,其有效值为 2;第二位色环为紫色,其有效值为 7;第三位色环为黑色,其有效值为 0;第四位色环为棕色,其乘数为 10^1;第五位色环为银色,其允许偏差为 ±1%,则该电阻的阻值为 2700 Ω(2.70 kΩ),允许偏差为 ±1%。

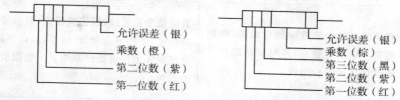

图 2-2 阻值色环表示法　　　图 2-3 五色环电阻器的标注

③额定功率

电流流过电阻器时会使电阻器产生热量,在规定温度下,电阻器在电路中长期连续工作所允许消耗的最大功率称为额定功率。电阻在使用中除了阻值大小外,还应注意其额定功率是否能满足电路要求。额定功率共分 19 个等级,其中常用的有以下几种:$\frac{1}{20}$ W、$\frac{1}{8}$ W、$\frac{1}{4}$ W、$\frac{1}{2}$ W、1 W、2 W、4 W、5 W 等。

一般几瓦以上大功率电阻的额定功率、阻值和误差都标注在电阻上,小功率电阻没有标注,可从其体积大小凭经验予以识别。

3. 可变电阻器——电位器

电位器是阻值可变的电阻器,制作的材料与电阻器相同。它有三个引出端,一个为滑动端,另两个为固定端,滑动端运动使其阻值在标称电阻值范围内连续变化。

电位器的阻值和额定功率一般用数字标于外壳上。其标称值是指最大值。

电位器在调节时,根据其阻值随触点变化的规律分为直线式电位器、指针式电位器、对数式电位器三种。其阻值变化规律如图 2-4。

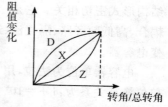

图 2-4 电位器阻值变化规律

①X 型——直线式,改变触点位置时,阻值按线性规律变化。常用于偏置调整、仪表指示等需要线性变化的电路中。

②Z 型——指数式,改变触点位置时,阻值按指数规律变化。常用于音量控制的电路中,因为人耳对小音量变化很灵敏,而对大声音变化感觉却不大。

③D 型——对数式,改变触点位置时,阻值按对数规律变化。常用于音调控制的电路中。

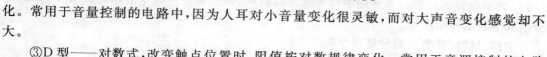

常用电位器有线绕电位器、有机实芯电位器、合成碳膜电位器、多圈电位器等,其结构和特点见表 2-5。

表 2-5 常用电位器的结构及特点

名称	结构	特点
线绕电位器	用合金电阻线在绝缘骨架上绕制成电阻体,滑动端簧片可在电阻丝上滑动。线绕电位器有单圈、多圈、多联等几种	有精度易于控制、稳定性好、电阻温度系数小、噪声小、耐压高等优点。但阻值范围较窄,一般在几欧到几十千欧之间。根据阻值变化规律,有线性、对数和指数型几种
合成碳膜电位器	在绝缘基体上涂敷一层合成膜,经加温聚合成后碳膜片,再与滑动端簧片等其他零件组合而成	其阻值变化连续,阻值范围宽;对温度和湿度的适应性差,使用寿命较短,成本低,广泛用于收音机,电视机等家用电器产品中。一般阻值误差精度为 $\pm 20\%$
有机实芯电位器	由导电材料与有机填料、热固性树脂配制成电阻粉,经过热压,在基座上形成实芯电阻体	优点是结构简单,耐高温,体积小,寿命长,可靠性高;缺点是耐压偏低,噪声较大,转动力矩大等。多用于对可靠性要求较高的电子仪器中
多圈电位器	调节方式有螺旋(指针)式、螺杆式等不同形式	属于精密电位器,调整阻值需使滑动端簧片旋转多圈,固调整精度高,分辨力高

2.2 电容器

电容器是由两个金属电极和夹在中间的电介质构成的二端器件。电容器的结构可以分为平板型、叠片型、圆管型、卷绕型等。电容器的性能与所选用的介质类型、性质及电容器的结构形式密切相关。它是一种储能元件,主要用于电源滤波、谐振回路调谐、输入输出回路耦合、高低频旁路、隔直流、运算电路中的微分和积分元件等。电容器分为固定电容器和可变电容器。

电容器单位为法拉,用 F 表示。常用单位有微法(μF)、纳法(nF)、皮法(pF)。电容量单位换算关系为:$1\ \text{F} = 10^6\ \mu\text{F} = 10^9\ \text{nF} = 10^{12}\ \text{pF}$。

1. 电容器的命名方法

根据国家标准规定,电容器的命名由以下几部分组成:第一部分用字母表示产品主称(用 C 表示电容器);第二部分用字母表示产品材料;第三部分用数字表示产品分类;第四部分用数字表示产品序号。

主称、材料、分类和符号见表 2-6。

表 2-6 电容器命名方法

主称		材料		分类				
符号	意义	符号	意义	符号	意义			
					瓷介电容	云母电容	电解电容	有机电容
C	电容器	C	高频瓷介		瓷介电容	云母电容	电解电容	有机电容
		Y	云母	1	圆片	非密封	箔式	非密封
		Z	纸介	2	管形	非密封	箔式	非密封
		J	金属化纸介	3	叠片	密封	烧结粉固体	密封
		B	聚苯乙烯有机薄膜	4	独石	密封	烧结粉固体	密封
		L	聚酯涤纶膜	5	穿心	—	—	穿心
		D	铝电解质	6	支柱	—	—	—
			钽电解质	7	—	—	—	无极性
			铌电解质	8	高压	高压	—	高压
				9	—	—	特殊	特殊
				G	高功率			
				W	微调			

示例:铝电解电容器

第四部分:序号
第三部分:特征分类(箔式)
第二部分:材料(铝)
第一部分:主称(电容器)

2. 标称容量和额定电压

(1)标称容量

电容器的品种很多,标称容量除了少数特殊和精密的产品对电容器有特殊要求外,一般均按照优选系列进行生产。固定式电容器标称容量系列标准如表 2-7 所示。

表 2-7 电容器特性及应用

名称	型号	容量范围	耐压/V	误差/%	适用频率范围/MHz
瓷介电容器	CC	1 pF～1 μF	63～630	±(2～20)	50～30000
云母电容器	CY	10 pF～0.051 μF	100～7000	±(2～20)	75～250
独石电容器	—	22 pF～0.1 μF	63～500	±(5～20)	高、低频
金属壳密封纸介电容器	CZ3	0.0 pF1～10 μF	250～1600	±(3～20)	8
陶瓷电容器		1 pF～1 μF	63～630	±(2～20)	—
铝电解电容器	CD	1 pF～10000 μF	4～500	±(2～20)	25 kHz

续表

名称	型号	容量范围	耐压/V	误差/%	适用频率范围/MHz
钽、铌电解电容器	CA\CN	0.47 pF～1000 μF	6.3～160	±(2～20)	25 kHz
瓷介微调电容器	CCW	2/7 pF～7/5 pF	250～500	±(2～20)	高频
可变电容器	CB	7 pF～1000 pF	100	±(2～20)	高、低频

电容器的容量和误差都标注在电容体上。容量标注方法如下：

①数字标注法。对于体积较小的电容器，一般用三位数字表示，第一、第二位为电容器标称容量的有效数字，第三位表示有效数字后面零的个数，单位为 pF。如 102 表示容量为 10×10^2 pF＝1000 pF；103 表示容量为 10×10^3 pF＝0.01 μF；223 表示容量为 22×10^3 pF＝0.022 μF；474 表示容量为 47×10^4 pF＝0.47 μF。但有一特例要注意，即当第三位为 9 时，如 229，表示容量是 22×10^{-1} pF（即 2.2 pF），而不是 22×10^9 pF。

数字标注法的另一种形式用于国产的小型瓷介电容器，多数直接标注容量。凡是标注的数大于 1，单位为 pF，如 220 pF 标为 220；如标注的数小于 1，单位为 μF，如 0.01 μF 标为 0.01，0.47 μF 标为 0.47 等。

②文字标注法。比较繁杂，一般是将电容量的整数写在单位或者单位标志符（n＝1000）的前面，小数点放在其后。例如，4.7 pF 写成 4p7,2200 pF 写成 2n2,2.2 μF 写成 2μ2 等。

③电解电容的容量和耐压都直接标注在电容体上，如 25V100μF 或 47μF10V 等。

（2）额定电压

电容器的额定电压（工用电压）是电容器在长期使用下能正常工作可承受的最高直流电压。固定电容器的额定直流工作电压（单位：V）系列标准为：6.3,10,16,25,32 * ,40,50,63,100,125,160,250,300,400,450 * ,500 等（带"*"者只限电解电容器使用）。

3. 根据各种电容器的特点，在选用电容器时，应根据不同的电路、不同的要求来进行。例如，在电源滤波、退耦电路中选用铝电解电容器；在高频、高压电路中选用瓷介电容器、云母电容器；在谐振电路中，选用云母电容器、陶瓷电容器、有机薄膜电容器；作隔直流用时可选用涤纶电容器、云母电容器、铝电解电容器等。

4. 用数字万用表估测电容量的方法

利用数字万用表观察电容器的充电过程时，只能以离散的数字量反映充电电压的变化情况。如果数字万用表的测量速率为 n 次/秒，每秒钟即可看到 n 个彼此独立且依次增大的读数。根据这一显示特点，可用来估测电容量。下面介绍估测电容量的两种方法，对于设置电容挡的数字万用表均具有实用价值。第一种方法是采用电阻挡直接测量法，适于测量 0.1 μF 至几千微法的大容量电容器；第二种是用直流电压挡间接测量法，可测量 220 pF～1 μF 的小容量电容器，并且能精确测出电容器漏电流的大小。

（1）直接测量法的测量原理

将数字万用表拨至合适的电阻挡，红表笔和黑表笔分别接触被测电容器 C_x 的两个电极，这时显示值将从 000 开始逐渐增加，直至显示溢出符号"1"。若始终显示 000，说明电容器内部短路;若始终显示溢出,则可能是电容器内部极间开路,但也可能是所选择的电阻挡不合适。检查电解电容器时需要注意用红表笔(带正电)接电容器正极,黑表笔接电容器负极。

（2）间接测量法的测量原理

测量电容器的电路如图 2-5 所示,E 为外接 1.5 V 干电池。将数字万用表拨到直流 2 V 挡,红表笔接被测电容 C_X 的一个电极,黑表笔接电池负极。2 V 挡的输入电阻 $R_{IN} = 10$ MΩ。接通电源后,电池 E 经过 R_{IN} 向 C_X 充电,开始建立电压 U_C。U_C 与充电时间 t 的关系式为:

$$U_C(t) = E(1 - e^{\frac{-t}{R_{IN}C_X}}) \tag{1}$$

R_{IN} 在这里起到取样电阻的作用,因为它两端的电压就是仪表输入电压 U_{IN}。显然,

$$U_{IN}(t) = E - U_C(t) = Ee^{\frac{-t}{R_{IN}C_X}} \tag{2}$$

而 $U_{IN}(t)$ 与 $U_C(t)$ 的变化过程正好相反,如图 2-6 所示。$U_{IN}(t)$ 的变化曲线随时间的增加而降低,$U_C(t)$ 是电容器的充电曲线,它随时间的增加而升高。仪表显示的虽然是 $U_{IN}(t)$ 的变化情况,却间接地反映出被测电容器 C_X 的充电情况。如果 C_X 内部短路,显示值就总是电池电压 E;如果 C_X 开路,显示值就恒为零,均不随时间改变。

由式（2）可知,刚接通电路时 $t = 0$,$U_{IN} = E$,数字万用表最初显示值即为电池电压,这以后随着 $U_C(t)$ 的升高,$U_{IN}(t)$ 逐渐降低,直至 $U_{IN} = 0$ V,C_X 充电过程结束,此时 $U_{CX}(t) = E$。采用本方法不但能检查 220 pF～1 μF 的小容量电容器,还能同时测出电容器漏电流的大小。设仪表最后显示的稳定值为 N(单位是 V),则 $I_{漏} = N/R_{IN}$。

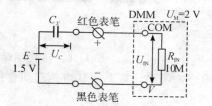

图 2-5　测量电容器容量的电路图

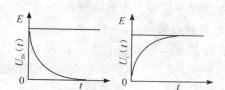

图 2-6　$U_{IN}(t)$ 与 $U_C(t)$ 的变化曲线图

2.3　电感器

电路中产生电感作用的二端元件称为电感器。电感器也是一种储能元件,在电路中有阻交流、通直流的作用,可以在交流电路中起阻流、降压、阻抗等作用,与电容器配合可用于调谐、振荡、耦合、滤波、分频等电路中。电感器的应用范围很广泛,在电子线路中可作为实现调谐、振荡、耦合匹配、滤波、延迟、补偿及偏转聚焦等功能的主要器件。由于用途、工作频率段、功率工作环境和尺寸大小等不同,因此对电感器的基本参数和结构形式的要求也不同。

1. 电感器种类及用途

电感器的类型和结构多种多样,一般称为电感线圈。按工作特征分成固定电感线圈和可变电感线圈(变感器);按磁导体性质分为空芯线圈和磁芯线圈;按结构特征分为单层、多层、蜂房式或特殊绕组线圈,有骨架或无骨架线圈,带屏蔽或不带屏蔽线圈,密封或不密封线

圈等。正因为电感线圈的类型和结构的多种多样,很难建立系列标准。

(1)空芯线圈

用导线绕制在纸筒、胶木筒、塑料筒上的线圈或绕制后脱胎而成的线圈称空芯线圈。这类线圈在绕制时,线圈中间不加介质材料。空芯线圈的绕制方法多种多样,常见有密绕法、间绕法、脱胎法以及蜂房式绕法等。

密绕法绕制的空芯线圈可用于音响系统中音频输出端的分频线圈;脱胎绕制的空芯线圈可用于电视机或收音机高频调谐器;蜂房绕法的空芯线圈可用于中波段收音机的高频阻流圈等。

(2)磁芯线圈

将导线在磁芯、磁环上绕制成线圈或在空芯线圈中装入磁芯而成的线圈均为磁芯线圈。小型固定电感磁芯线圈广泛用于电视机、收音机等家用电子设备中的滤波、振荡、频率补偿等电路中。

(3)可调电感线圈

可调电感线圈是在空芯线圈中插入位置可变的磁芯或铁氧体芯材料而构成。当旋动磁芯或铁氧体芯时,改变了磁芯或铁氧体芯在线圈中相对位置,即改变了电感量。可调磁芯线圈在无线电接收设备的中、高频调谐电路中被广泛采用。

(4)扼流线圈

扼流线圈又称阻流线圈,有高频扼流线圈和低频扼流线圈之分。高频扼流线圈是在空芯线圈中插入磁芯组成,主要用来阻止电路中高频信号的通过;低频扼流线圈是在空芯线圈中插入硅钢片等铁芯材料组成,用来阻止电路中低频信号的通过。低频扼流线圈常与电容器一起构成电子设备中电源滤波网络。

2. 电感器参数

电感器的基本参数有电感量 L、品质因数 Q 和分布电容 C_0。L、Q、C_0 与线圈结构形状、尺寸大小有关,也与导线的线径有关,不同的经验公式可以计算上述参数。起耦合作用的线圈的基本参数还有互感 M 或耦合系数 K。

(1)电感量及精度

电感量是表述载流线圈中磁通量大小与电流关系的物理量。电感量的基本单位是亨利,简称亨(H)。常用的单位有毫亨(mH)、微亨(μH)和纳亨(nH)。其关系为:

$$1\ H = 10^3\ mH = 10^6\ \mu H = 10^9\ nH$$

一般固定电感器误差为Ⅰ级、Ⅱ级、Ⅲ级,分别表示误差为 $\pm 5\%$、$\pm 10\%$、$\pm 20\%$。精度要求较高的振荡线圈,误差为 $\pm 0.2\% \sim \pm 0.5\%$。

(2)分布电容

电感器线圈与线圈之间、层与层之间都存在分布电容,使电感线圈的品质因数下降,并使电感线圈工作频率低于理想线圈的固有频率。为减少电感线圈的分布电容,可采用线径较细的导线绕制线圈,或采用减少线圈骨架的直径,以及采用间绕或蜂房绕等方法来解决。

(3)品质因数(Q 值)

品质因数是电感线圈的重要参数,通常称为 Q 值。Q 值大小反映了电感线圈损耗的大小、质量的高低。品质因数的大小与绕制线圈的导线线径粗细、绕法、绕制线圈的股数等因数有关。

（4）额定电流

额定电流是电感线圈中允许通过的最大电流，额定电流大小与绕制线圈的线径粗细有关。国产色码电感器通常用在电感器体上印刷字母的方法来表示最大直流工作电流，字母A、B、C、D、E 分别表示最大工作电流为 50 mA、150 mA、300 mA、700 mA、1600 mA。

2.4　利用数字万用表检测晶体管的方法

利用数字万用表测量晶体管比模拟万用表更为方便，它们不同之处是，模拟万用表是通过判断 PN 结的正向、反向电阻来判断管子的好坏及极性，而判断时必须单独对管子进行测量，不宜在电路板上进行判断，而数字万用表则是通过直接测量 PN 结的正向和反向偏压来判断的，由于其所需电流很小，可以直接在电路板上进行检测。

1. 判断二极管

测试时，将数字万用表置于标有二极管符号的挡位，红表笔接触一个管脚，黑表笔接触另一个管脚；当表头显示 $0.5 \times \times \times \sim 0.7 \times \times \times$ 表示 PN 结正偏，显示的为正向偏压数值，单位为伏，此时红表笔接触的管脚为正极，同时说明该管为硅管；再将表笔反过来测量，若显示值的首位为"1"其后无任何数字，说明表内已溢出，表示 PN 结反偏，说明该管完好。

若测量的正向偏压为 0.2～0.3 V 时，说明此管是锗管。

利用此法也可以对发光二极管进行判断。发光二极管一般由磷化钾、磷砷化镓等材料制成，也是一个 PN 结，具有单向导电性，判断方法与二极管的判断方法完全相同，只不过正向导通时，显示的数值在 $1. \times \times \times \sim 1.9 \times \times$ 之间，且二极管发光。

2. 判断三极管

（1）判断基极

将数字万用表拨至二极管挡，红表笔固定接某个电极，用黑表笔依次接触另外两个电极，若两次显示值基本相等（均在 1 V 以下，或都显示溢出），就证明红表笔所接的是基极。如果两次显示值中有一次在 1 V 以下，另一次溢出，证明红表笔接的不是基极，应改换其他电极重新测量。

（2）鉴别 NPN 管与 PNP 管

在确定基极之后，用红表笔接基极，黑表笔依次接触其他两个电极。如果都显示 0.550～0.700 V，属于 NPN 型；假如两次显示都溢出，则管子属于 PNP 型。

（3）判断集电极和发射极，同时测量 h_{FE} 值

进一步判断集电极与发射极需借助于 h_{FE} 插口。假定被测管是 NPN 型，需将仪表拨至 NPN 挡。把基极插入 B 孔，剩下两个电极分别插入 C 孔和 E 孔中，测出的 h_{FE} 为几十至几百，说明管子属于正常接法，放大能力较强，此时 C 孔内插的是集电极，E 孔插的是发射极，参见图 2-7(a)。倘若测出的 h_{FE} 值只有几倍至十几倍，证明管子的集电极、发射极插反了，这时 C 孔插的是发射极，E 孔插的是集电极，参见图 2-7(b)。

判别理由：对于质量良好的晶体管，按正常接法加上电源（对 NPN 管，集电结应加反向偏置电压，发射结加正向偏置电压），这时放大系数较高。如将集电极与发射极的位置接反了，管子无法正常工作，放大系数就大为降低。根据这一点可以准确判定 C、E 极，其准确程度远高于指针万用表。

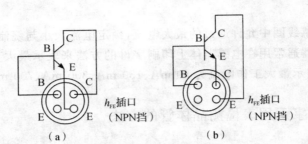

（a） （b）

图 2-7 测量 h_{FE} 值

检测 PNP 管的步骤同上，但必须拨至 PNP 挡。

注意：模拟万用表的电阻挡可用来检查二极管，数字万用表的电阻挡不宜检查二极管，其原因在于数字万用表电阻挡所提供的测试电流太小，通常为 0.1 μA～0.5 mA。

2.5 利用数字万用表检测整流桥的方法

整流桥分两种：全波整流桥和半波整流桥。全波整流桥简称全桥，它是将 4 只硅整流二极管接成桥路形式，再用塑料或金属壳封装而成的半导体器件。全桥具有内部整流管参数一致性好、体积小、使用方便等优点，可广泛用于单相桥式整流电路。

1. 检测整流桥的方法

整流桥一般有 4 个引出端：交流输入端（A、B）和直流输出端（C、D），如图 2-8 所示。采用判断二极管的方法可以检查桥堆的质量。从图中可看出，交流输入端 A-B 之间总会有一只二极管处于截止状态，使 A-B 间总电阻趋向于无穷大。直流输出端 D-C 间的正向压降则等于两只硅二极管的压降之和。因此，用数字万用表的二极管挡测 A-B 的正、反向电压时均显示溢出，而测 D-C 的正向压降时显示大约 1 V，即可证明桥堆内部无短路现象。如果有一只二极管已经击穿短路，那么测 A-B 的正、反向电压时，必定有一次显示 0.5 V 左右。

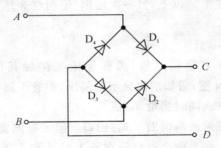

图 2-8 整流桥堆管脚及质量判别

2. 注意事项

（1）整流二极管属于非线性元件，其正向压降与正向测试电流有关，因此测出来的 U_{DC} 值并不等于 $U_1 + U_4$（或 $U_2 + U_3$）之和。另外，硅整流二极管的工作电流很大，而数字万用表二极管挡的测试电流仅为 1 mA，因此所测出的正向压降只有 0.5 V 左右，比测量小功率二极管的正向压降要偏低一些。

（2）本方法也适用于检查半波整流桥（简称半桥），半桥内部包含两只整流二极管。

2.6 利用万用表检测场效应管的方法

场效应管(FET)属于电压控制型半导体器件,它具有输入电阻高、噪声小、功耗低、安全工作区范围宽,无二次击穿现象等优点。场效应管分结型、绝缘栅型两大类。结型场效应管(JFET)因有两个 PN 结而得名,绝缘栅型场效应管则因栅极与其他电极完全绝缘而得名。目前在绝缘栅型场效应管中,应用最为广泛的是 MOS 场效应管,简称 MOS 管(即金属—氧化物—半导体场效应管 MOSFET);此外还有 PMOS、NMOS、πMOS 场效应管和 VMOS、DMOS 功率场效应管。

下面介绍用数字万用表判断场效应管的电极以及估测跨导的方法。

1. 检测结型场效应管

(1)判断栅极

单栅结型场效应管的结构及符号如图 2-9 所示,三个电极分别为栅极 G、源极 S、漏极 D。国产 N 沟道管典型产品为 3DJ2、3DJ4、3DJ6 和 3DJ7,P 沟道管有 CS1～CS4。由图可见,在 G-S 和 G-D 极之间均有一个 PN 结,栅极对源极和漏极呈对称结构。根据这一特点很容易识别栅极。具体方法是将数字万用表拨至二极管挡,用红表笔固定接某一电极,黑表笔依次接触另外两个电极。如果两次均显示 0.7 V 左右,说明红表笔接的就是栅极,并属于 N 沟道管。如果两次均显示溢出,说明红表笔所接的也是栅极,但属于 P 沟道管。假如有一次显示 0.3～0.6 V,另一次显示溢出,证明红表笔接的不是栅极,应改换其他电极重新测量。

结型场效应管的源极和漏极呈对称结构,基本上能互换使用,因此很难用电阻挡区分 S、D 电极,可用 h_{FE} 挡来判定 S、D 电极。

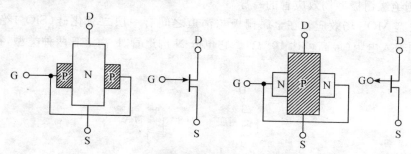

图 2-9 结型场效应管的结构与符号

(2)估测跨导兼区分 S、D 极

场效应管的放大能力用跨导 g_m 表示,它反映栅—源电压 U_{GS} 对漏极电流 I_D 的控制能力。在漏—源电压 U_{DS} 不变的情况下,跨导由下式确定:

$$g_m = \Delta I_D / \Delta U_{GS} \qquad (1)$$

式中,ΔU_{GS} ——栅—源电压的变化量;

ΔI_D ——漏极电流的相应变化量。

跨导的单位与电导相同,在国际单位制中用西门子(S)来表示。

利用数字万用表的 h_{FE} 插口,不仅可以估测结型场效应管的跨导,还能同时区分出 S、D 极。但需注意,测量 N 沟道管时 D 极应插电源正极,S 极接电源负极,P 沟道管则相反。对于 N 沟道管应拨至 NPN 挡,这时 C 孔带正电,E 孔带负电。对于 P 沟道管应改变电源极性。下面以 N 沟道管为例,并假定已经知道 S 极和 D 极的位置。

把漏极 D 插入 C 孔,源极 S 插入 E 孔,如图 2-10 所示。首先将栅极悬空,因漏—源极间电阻一般为几百欧至几千欧,所以 h_{FE} 挡的显示值 N_1 为几十至一百几十。然后把栅极插入 B 孔,由 h_{FE} 测量电路中的基极偏置电阻给栅极提供电压,使场效应管进入放大状态(工作在伏安特性曲线中的饱和区),I_D 明显增大,显示值也增加到某一数值 N_2,且读数稳定,增加的数值愈多,说明管子的跨导愈大。

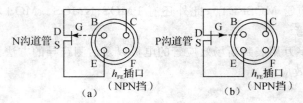

图 2-10 估测场效应管的跨导

判定理由:未插入栅极时可近似认为 $U_G = 0$ V,设显示值 N_1 对应于漏极电流 I_{D1},插入栅极后,因结型场效应管的输入电阻 $R_{GS} > 10$ MΩ,远远大于 h_{FE} 挡的基极偏置电阻 R_B(R_B 通常为 220 kΩ 或 270 kΩ),故经过 R_B、R_{GS} 分压后的栅极电压 $U_G = U_{DS}$,这里的 U_{DS} 就是 $3^{1/2}$ 位单片 A/D 转换器 ICL7106 内部的 2.8 V 基准电压源 $E_。$

因 $U_G > 0$ V,管子进入饱和区,漏极电流迅速增加到 I_{D2},所对应的显示值 $N_2 > N_1$,由此可估算出跨导值

$$g_m = I_D / U_{GS} = (I_{D2} - I_{D1}) / E_。 = (N_2 - N_1) / E_。 \tag{2}$$

2. 估测绝缘栅极型场效应管的跨导

绝缘栅型 MOS 场效应管在金属栅极与沟道之间有一层二氧化硅(SiO_2)绝缘层,因此具有很高的输入电阻(最高可达 10^{15} Ω)。它也分 N 沟道管、P 沟道管两种类型,符号如图 2-11 所示。

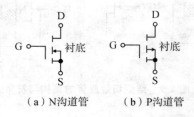

（a）N沟道管　　　　（b）P沟道管

图 2-11 MOS 场效应管的符号

测量方法:

对于国产 3DO 系列 N 沟道 MOS 场效应管,可将仪表拨至 NPN 挡,利用 h_{FE} 插口来估测管子的跨导。例如,实测一只 3DO1F 管,其管脚底视图为按顺时针方向依次排列 S 极、D 极、G 极。将 D、S 极分别插入 C 孔和 E 孔,当 G 极悬空时显示值为 95;再把 G 极插入 C 孔,显示值就变成 773。由此估算跨导

$$g_m = (773 - 95) \div 100 / 2.8 = 2.42 \text{ mA/V} = 2.42 \text{ mS}$$

因为 $g_m > 1$ mS,跨导值很高,证明管子性能良好。

实验三　二极管及其应用电路

一、实验目的

1. 掌握二极管的单向导电性；
2. 熟悉二极管的常见应用电路；
3. 了解二极管电路的测试方法。

二、实验原理

二极管的基本特性就是 PN 结的基本特性,既单向导电性。当二极管正向偏置时,正向电流较大,当二极管反向偏置时,反向电流很小。除了单向导电性,PN 结还有其他特性,利用 PN 结的各种特性,可以制造出各种具有特殊功能的二极管,如稳压二极管、变容二极管、隧道二极管等。本实验主要研究普通二极管,它的符号如图 3-1 所示。

图3-1　二极管符号

1. 二极管的伏安特性

通过二极管的电流 I 随着二极管的二端电压 V 变化的规律就是二极管的伏安特性,也是 PN 结的电压电流关系,可用式 3-1 表示:

$$i_D = I_S(e^{\frac{qV}{kT}} - 1) \tag{3-1}$$

式中,I_S—反向饱和电流;

$\dfrac{kT}{q}$—温度电压当量;

k—波尔兹曼常数;

q—电子量。

由上式可画出二极管的伏安特性曲线,如图 3-2 所示。

图中 V_T 称二极管的门限电压,锗管的 $V_T \approx 0.2 \sim 0.3$ V,硅管的 $V_T \approx 0.6 \sim 0.7$ V。当二极管的正向偏压小于 V_T 时,

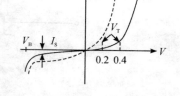

图3-2　二极管的伏安特性曲线

二极管处于截止状态,只有当正向偏压大于 V_T 时电流 i_D 才显著增加,这时二极管导通。正向导通时,二极管电流最大值不得超过手册规定的最大允许值 I_M,以免管子过热而损坏。二极管加反向偏置电压时处于截止状态,但仍有一定的反向电流 I_S 流过,当反向电压继续增大至二极管的击穿电压 V_B 时,电流骤增,表现为曲线突然向下弯曲,这种现象称反向击穿。反向击穿可能导致二极管因温度升高而烧坏,除了一些专门制造的稳压管,一般均不能

工作在这一状态。

三、二极管的主要参数

1. 直流电阻 R_{DC}

二极管两端的直流电压 V 与通过二极管的直流电流 I 之比称为二极管的直流电阻 R_{DC} $= \dfrac{V}{I}$。处于不同的工作状态时，对应的直流电阻大小不相同。

2. 交流电阻 r_{AC}

二极管在其工作状态附近的电压微变量和电流微变量之比称为二极管的交流电阻 $r_{AC} = \dfrac{dV}{dI}$。当二极管正偏时，其交流电阻值很小。

3. 额定电流 I_M

I_M 指二极管所允许流过的最大正向电流。二极管工作时，应保证流过二极管的电流不超过额定电流值。

4. 反向击穿电压 V_B

使二极管 PN 结击穿的反向电压称为二极管的反向击穿电压 V_B。在一般情况下，二极管的反向电压最大值应不超过它的击穿电压，否则二极管容易损坏。

5. 极间电容

二极管极间电容主要是 PN 结电容。一般均比较小，仅为几到几十微微法，只有在高频应用时才考虑二极管极间电容。

四、二极管应用电路举例

1. 二极管限幅器

所谓限幅器是指输入波形中的一部分振幅传到输出端，而其余部分被阻挡了。实际的二极管限幅电路如图 3-3 所示。

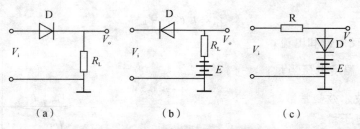

（a）　　　　　　（b）　　　　　　（c）

图 3-3　二极管限幅器电路举例

图 3-3(a)中的电路是一种二极管与负载电阻串联的限幅器。当正输入信号到来时，二极管导通，输出信号为 $V_o = \dfrac{V_i - V_T}{R + r_D} \cdot R$。如果输入信号 V_i 远远大于 V_T，且管子内阻 $r_D \ll R$ 时，上式可近似 $V_o \approx V_i$。当输入负脉冲时，二极管反偏，通常认为反向电阻 $r_D \gg R$，这时，输出电压 $V_o = 0$，表示输入信号负半周传不到输出端，这部分输入波形被限幅了。此电路为零电平负向限幅器，若输入为正弦波形，输出波形见图 3-4(a)。

图 3-3(b)中，当没有信号时，$V_i = 0$，二极管 D 被反偏而截止，输出电压 $V_o = -E$。当输

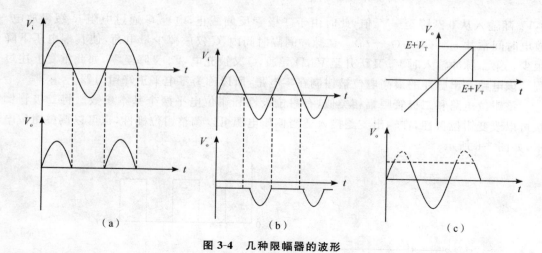

（a）　　　　　　　　（b）　　　　　　　　（c）

图 3-4　几种限幅器的波形

入正信号时，D 更加反偏，因而信号无法传到输出端，只有输入负信号，并且电位低于 $-E$ 以后，二极管 D 才能到导通，这时输入波形才能传到输出端，因而这是一种限幅电平为 $-E$ 的正向限幅器。输出波形如图 3-4(b)所示。

　　图 3-3(c)中，假定输入信号 $V_i < E + V_T$ 时，二极管 D 截止，输出电压 $V_o = V_i$。当 $V_i > E + V_T$ 后，D 导通，当 $R \gg r_D$ 时，输出 $V_o \approx E + V_T$，图 3-4(c)中画出了该电路的传输特性曲线和输出波形。

　　由对以上几个限幅电路的分析可知，要限幅得干净，限幅电阻 R 应选得大一些。利用普通二极管限幅，被限幅的波形要有足够大的振幅，至少要比二极管门限电压 V_T 大若干倍，限幅才有显著的效果。

　　2. 二极管钳位器

　　将输出信号的初始电位加以固定（也叫钳定）就是钳位电路要解决的问题。最简单的钳位电路如图 3-5(a)所示。

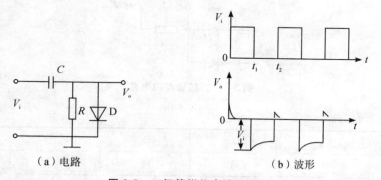

（a）电路　　　　　　　　　　（b）波形

图 3-5　二极管钳位电路及波形

　　假定电容 C 起始电荷为零，在 $t=0$ 时刻，输入信号正跳变幅度为 V_i，由于电容上电压不能突变，故输出电压起始跃升至 V_i。由于二极管正向导通，电容通过二极管内阻充电，充电时间常数为 $\tau_1 = C \cdot r_D$，由于二极管正向内阻很小，充电过程很快结束，电容器两端电压能迅速充到输入脉冲最大幅度 V_i，输出电压 V_o 则相应降为 0 V。在 $t=t_1$ 时刻，输入突变为

$0,V_o$ 随输入从 0 跃降至 $-V_i$ 值,此时由于二极管反偏截止,电容 C 通过电阻 R 缓慢放电,放电时间常数 $\tau_2=CR\gg(t_2-t_1)$。在脉冲间隔时间内,C 仅放掉少量电荷,使其端电压下降很少。第二脉冲输入时 V_i 又跃升至 V_i,D 导通,C 又被充电,V_o 又降至零,如此重复上述过程。该电路输出脉冲的最高电位被钳制在零电平,所以称为零电平正峰钳门器。

该钳位电路和二极管限幅相类似,有钳位极性和钳位电平两个基本参数。将二极管倒接可以改变钳位极性,在输出支路接入适当偏压电源可以调整钳位极性,也可以调整钳位电平,如图 3-6 所示。

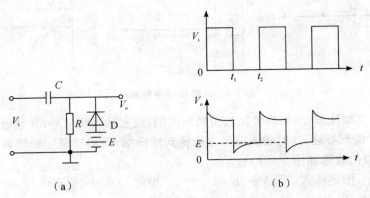

图 3-6　正电平负峰钳位器

工作过程请自己分析。

3. 二极管门电路

由于二极管使用在很多情况下很像一个开关,当其两端电压低于阈值电压互感器时,二极管截止,相当于开关关断;当其两端电压互感器超过阈值电压时,二极管导通,相当于开关接通。利用这种特性可以组成二极管门电路,实现一定逻辑关系。二极管与门电路如图 3-7 所示:

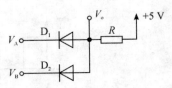

图 3-7　二极管与门电路

其逻辑关系表为:

V_A	V_B	D_1	D_2	V_o/V	逻辑电平
0	0	通	通	0.7	0
0	3	通	断	0.7	0
3	0	断	通	0.7	0
3	3	断	断	3.7	1

二极管或门电路如图 3-8 所示：

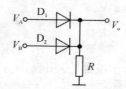

图 3-8　二极管或门电路

其逻辑关系表为：

V_A	V_B	D_1	D_2	V_o/V	逻辑电平
0	0	断	断	0	0
0	3	断	通	2.3	1
3	0	通	断	2.3	1
3	3	通	通	2.3	1

五、实验内容

1. 按图 3-9(a)、(b)、(c)、(d)接各种限幅电路，其中 $R=10\ \text{k}\Omega$。输入 $f=1\ \text{kHz}$ 的正弦信号，输入波形幅值为 5 V，记录输入、输出波形并分析之。

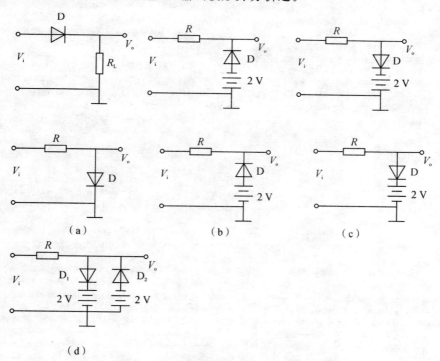

图 3-9　限幅实验电路

2. 按图 3-7 和图 3-8 接成二极管与门和或门门电路,验证逻辑关系,填入自拟表格中。输入低电平加 0 V,输入高电平时加 3 V。

六、实验仪器

面包板;低频信号源;稳压电源;示波器;万用表。

七、实验报告

1. 整理实验记录,画出波形图。
2. 简单分析其结果。
3. 讨论一下这次实验中认为值得注意的地方。
4. 画出各种电路的输入输出传输曲线。

八、思考题

1. 图 3-3 中的限幅电路对输入信号的幅度有何要求?
2. 图 3-5 钳位电路中,R 的大小应如何选取?
3. 图 3-6 钳位电路中,外加直流电压 E 值有没有什么限制和要求?

实验四　晶体管共射极单管放大器

一、实验目的

1. 学会放大器静态工作点的调试方法，分析静态工作点对放大器性能的影响。
2. 掌握放大器电压放大倍数、输入电阻、输出电阻及最大不失真输出电压的测试方法。
3. 熟悉常用电子仪器及模拟电路实验设备的使用。

二、实验原理

图 4-1 为电阻分压式工作点稳定单管放大器实验电路图。它的偏置电路采用由 R_{B1} 和 R_{B2} 组成的分压电路，并在发射极中接有电阻 R_E，以稳定放大器的静态工作点。当在放大器的输入端加入输入信号 U_i 后，在放大器的输出端便可得到一个与 U_i 相位相反，幅值被放大了的输出信号 U_o，从而实现了电压放大。

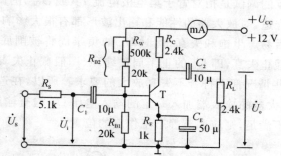

图 4-1　共射极单管放大器实验电路

在图 4-1 电路中，当流过偏置电阻 R_{B1} 和 R_{B2} 的电流远大于晶体管 T 的基极电流 I_B 时（一般 5～10 倍），则它的静态工作点可用下式估算：

$$U_B \approx \frac{R_{B1}}{R_{B1}+R_{B2}}U_{CC}$$

$$I_E = \frac{U_B - U_{BE}}{R_E} \approx I_C$$

$$U_{CE} = U_{CC} - I_C(R_C + R_E)$$

电压放大倍数：

$$A_V = -\beta \frac{R_C /\!/ R_L}{r_{be}}$$

输入电阻：
$$R_i = R_{B1} \parallel R_{B2} \parallel r_{be}$$

输出电阻：
$$R_o = R_C$$

由于电子器件性能的分散性比较大,因此在设计和制作晶体管放大电路时,离不开测量和调试技术。在设计前应测量所用元器件的参数,为电路设计提供必要的依据;在完成设计和装配以后,还必须测量和调试放大器的静态工作点和各项性能指标。一个优质放大器必定是理论设计与实验调整相结合的产物。因此,除了学习放大器的理论知识和设计方法外,还必须掌握必要的测量和调试技术。

放大器的测量和调试一般包括:放大器静态工作点的测量与调试,消除干扰与自激振荡,及放大器各项动态参数的测量与调试等。

1. 放大器静态工作点的测量与调试

(1)静态工作点的测量

测量放大器的静态工作点应在输入信号 $U_i=0$ 的情况下进行,即将放大器输入端与地端短接,然后选用量程合适的直流毫安表和直流电压表,分别测量晶体管的集电极电流 I_C 以及各电极对地的电位 U_B、U_C 和 U_E。一般实验中,为了避免断开集电极,采用测量电压 U_E 或 U_C,然后算出 I_C 的方法,例如,只要测出 U_E,即可用 $I_C \approx I_E = \dfrac{U_E}{R_E}$ 算出 I_C(也可根据 $I_C = \dfrac{U_{CC}-U_C}{R_C}$,由 U_C 确定 I_C),同时也能算出 $U_{BE}=U_B-U_E$,$U_{CE}=U_C-U_E$。为了减小误差,提高测量精度,应选用内阻较高的直流电压表。

(2)静态工作点的调试

放大器静态工作点的调试是指对管子集电极电流 I_C(或 U_{CE})的调整与测试。

静态工作点是否合适,对放大器的性能和输出波形都有很大影响。如工作点偏高,放大器在加入交流信号以后易产生饱和失真,此时 U_o 的负半周将被削底,如图 4-2(a)所示;如工作点偏低则易产生截止失真,即 U_o 的正半周被缩顶(一般截止失真不如饱和失真明显),如图 4-2(b)所示。这些情况都不符合不失真放大的要求。所以,在选定工作点以后还必须进行动态调试,即在放大器的输入端加入一定的输入电压 U_i,检查输出电压 U_o 的大小和波形是否满足要求。如不满足,则应调节静态工作点的位置。

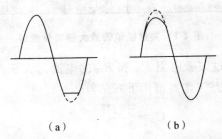

(a)　　　　　　　(b)

图 4-2　静态工作点对 U_o 波形失真的影响

改变电路参数 U_{CC}、U_C、$U_{CE}=U_C-U_E$ 都会引起静态工作点的变化,如图 4-3 所示。但通常多采用调节偏置电阻 R_{B2} 的方法来改变静态工作点,如减小 R_{B2},则可使静态工作点提高等。

最后还要说明的是,上面所说的工作点"偏高"或"偏低"不是绝对的,应该是相对信号的幅度而言,如输入信号幅度很小,即使工作点较高或较低也不一定会出现失真。所以确切地说,产生波形失真是信号幅度与静态工作点设置配合不当所致。如需满足较大信号幅度的要求,静态工作点最好尽量靠近交流负载线的中点。

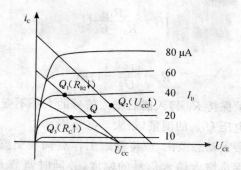

图 4-3 电路参数对静态工作点的影响

2. 放大器动态指标测试

放大器动态指标包括电压放大倍数、输入电阻、输出电阻、最大不失真输出电压(动态范围)和通频带等。

(1)电压放大倍数 A_V 的测量

调整放大器到合适的静态工作点,然后加入输入电压 U_i,在输出电压 U_o 不失真的情况下,用交流毫伏表测出输入电压和输出电压的有效值 U_i 和 U_o,则

$$A_V = \frac{U_o}{U_i}$$

(2)输入电阻 R_i 的测量

为了测量放大器的输入电阻,按图 4-4 电路在被测放大器的输入端与信号源之间串入一已知电阻 R,在放大器正常工作的情况下,用交流毫伏表测出 U_S 和 U_i,则根据输入电阻的定义可得

$$R_i = \frac{U_i}{I_i} = \frac{U_i}{\dfrac{U_R}{R}} = \frac{U_i}{U_S - U_i} R$$

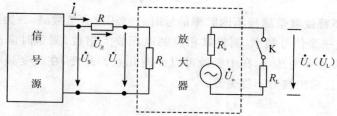

图 4-4 输入、输出电阻测量电路

测量时应注意下列几点:

①由于电阻 R 两端没有电路公共接地点,所以测量 R 两端电压 U_R 时必须分别测出 U_S 和 U_i,然后按 $U_R = U_S - U_i$ 求出 U_R 值。

②电阻 R 的值不宜取得过大或过小,以免产生较大的测量误差,通常取 R 与 R_i 为同一数量级为好,本实验可取 $R = 1 \sim 2 \ \text{k}\Omega$。

(3)输出电阻 R_o 的测量

按图 4-4 电路,在放大器正常工作条件下,测出输出端不接负载 R_L 的输出电压 U_o 和接入负载后的输出电压 U_L,根据

$$U_L = \frac{R_L}{R_o + R_L} U_o$$

即可求出

$$R_o = (\frac{U_o}{U_L} - 1)R_L$$

在测试中应注意,必须保持 R_L 接入前后输入信号的大小不变。

(4)最大不失真输出电压 U_{OPP} 的测量(最大动态范围)

如上所述,为了得到最大动态范围,应将静态工作点调在交流负载线的中点。为此,在放大器正常工作情况下,逐步增大输入信号的幅度,并同时调节 R_W(改变静态工作点),用示波器观察 U_o。当输出波形同时出现削底和缩顶现象(如图 4-5)时,说明静态工作点已调在交流负载线的中点。然后反复调整输入信号,使波形输出幅度最大,且无明显失真时,用交流毫伏表测出 U_o(有效值),则动态范围等于 $2\sqrt{2}U_o$,或用示波器直接读出 U_{OPP} 来。

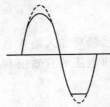

图 4-5　静态工作点正常,输入信号太大引起的失真

(5)放大器幅频特性的测量

放大器的幅频特性是指放大器的电压放大倍数 A_V 与输入信号频率 f 之间的关系曲线。单管阻容耦合放大电路的幅频特性曲线如图 4-6 所示,A_{Vm} 为中频电压放大倍数,通常规定电压放大倍数随频率变化下降到中频放大倍数的 $1/\sqrt{2}$ 倍,即 $0.707 A_{Vm}$ 所对应的频率分别称为下限频率 f_L 和上限频率 f_H,则通频带

$$f_{BW} = f_L - f_H$$

放大器的幅率特性就是测量不同频率信号时的电压放大倍数 A_V。为此,可采用前述测 A_V 的方法,每改变一个信号频率,测量其相应的电压放大倍数,测量时应注意取点要恰当,在低频段与高频段应多测几点,在中频段可以少测几点。此外,在改变频率时,要保持输入信号的幅度不变,且输出波形不得失真。

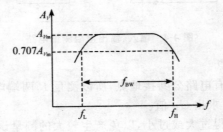

图 4-6　幅频特性曲线

(6)干扰和自激振荡的消除

参考实验附录。

三、实验设备与器件

1. ＋12 V 直流电源；
2. 函数信号发生器；
3. 双踪示波器；
4. 交流毫伏表；
5. 直流电压表；
6. 直流毫安表；
7. 频率计；
8. 万用电表；
9. 晶体三极管 3DG6×1（β＝50～100）或 9011×1（管脚排列如图 4-7 所示）；
10. 电阻器、电容器若干。

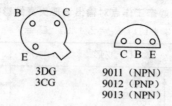

3DG
3CG

9011（NPN）
9012（PNP）
9013（NPN）

图 4-7 晶体三极管管脚排列

四、实验内容

实验电路如图 4-1 所示。各电子仪器可按实验中图 4-1 所示方式连接，为防止干扰，各仪器的公共端必须连在一起，同时信号源、交流毫伏表和示波器的引线应采用专用电缆线或屏蔽线，如使用屏蔽线，则屏蔽线的外包金属网应接在公共接地端上。

1. **调试静态工作点**

接通直流电源前，先将 R_W 调至最大，接通＋12 V 电源，调节 R_W，使 $I_C＝2.0$ mA（即 $U_E＝2.0$ V），用直流电压表测量 U_B、U_E、U_C 及用万用电表测量 R_{B2} 值，记入表 4-1。

表 4-1 调试静态工作点

$I_C＝2$ mA

测量值				计算值		
U_B/V	U_E/V	U_C/V	$R_{B2}/k\Omega$	U_{BE}/V	U_{CE}/V	I_C/mA

2. **测量电压放大倍数**

在放大器输入端加入频率为 1 kHz 的正弦信号 U_S，调节函数信号发生器的输出旋钮使放大器输入电压 $U_i≈15$ mV，同时用示波器观察放大器输出电压 U_o 波形，在波形不失真的条件下用交流毫伏表测量下述三种情况下的 U_o 值，并用双踪示波器观察 U_o 和 U_i 的相位关系，记入表 4-2。

表 4-2　测量电压放大倍数记录表

$I_C = 2.0$ mA　　　　$U_i =$ 　　　mV

$R_C / k\Omega$	$R_L / k\Omega$	U_o / V	A_v	观察记录一组 U_o 和 U_i 波形
2.4	∞			
1.2	∞			
2.4	2.4			

3. 观察静态工作点对输出波形失真的影响

置 $R_C = 2.4$ kΩ，$R_L = 2.4$ kΩ，$U_i = 0$，调节 R_w 使 $I_C = 2.0$ mA，测出 U_{CE} 值，再逐步加大输入信号，使输出电压 U_o 足够大但不失真。然后保持输入信号不变，分别增大和减小 R_w，使波形出现失真，绘出 U_o 的波形，并测出失真情况下的 I_C 和 U_{CE} 值，记入表 4-3 中。每次测 I_C 和 U_{CE} 值时都要将信号源的输出旋钮旋至零。

表 4-3　静态工作点对输出波形失真的影响测试

$R_C = 2.4$ kΩ　$R_L = 2.4$ kΩ　$U_i =$ 　　　mV

I_C / mA	U_{CE} / V	U_o 波形	失真情况	管子工作状态
2.0				

4. 测量输入电阻和输出电阻

置 $R_C = 2.4$ kΩ，$R_L = 2.4$ kΩ，$I_C = 2.0$ mA，输入 $f = 1$ kHz 的正弦信号，在输出电压 U_o 不失真的情况下，用交流毫伏表测出 U_S、U_i 和 U_L，记入表 4-4。

保持 U_S 不变，断开 R_L，测量输出电压 U_o，记入表 4-4。

表 4-4　测量输入电阻和输出电阻记录表

$I_C = 2$ mA　　　$R_C = 2.4$ kΩ　　　$R_L = 2.4$ kΩ

U_S /mV	U_i /mV	$R_i / k\Omega$		U_L / V	U_o / V	$R_o / k\Omega$	
		测量值	计算值			测量值	计算值

5. 测量幅频特性曲线

取 $I_C = 2.0$ mA，$R_C = 2.4$ kΩ，$R_L = 2.4$ kΩ，保持输入信号 U_i 的幅度不变，改变信号源频率 f，逐点测出相应的输出电压 U_o，记入表 4-5。

表 4-5　测量幅频特性曲线记录表

$U_i =$		mV	f_L	f_0	f_H

f/kHz					
U_o/V					
$A_V = U_o/U_i$					

为了信号源频率 f 取值合适，可先粗测一下，找出中频范围，然后再仔细读数。

五、实验总结

1. 列表整理测量结果，并把实测的静态工作点、电压放大倍数、输入电阻、输出电阻之值与理论计算值进行比较（取一组数据进行比较），分析产生误差原因。

2. 总结 R_C、R_L 及静态工作点对放大器电压放大倍数、输入电阻、输出电阻的影响。

3. 讨论静态工作点变化对放大器输出波形的影响。

4. 分析讨论在调试过程中出现的问题。

六、Multisim 9 仿真电路

使用 Multisim 建立仿真电路，如图 4-8 所示，从图中可观察数据及仿真结果。

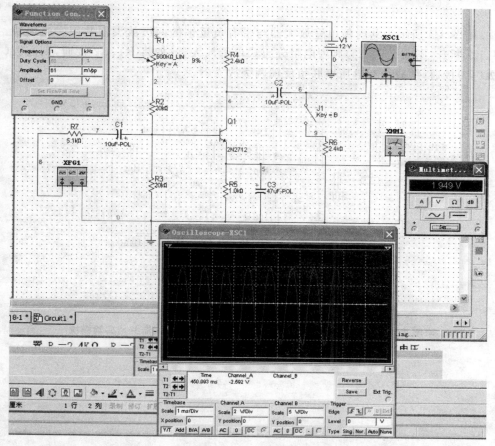

图 4-8　Multisim 9 仿真电路

七、预习要求

1. 阅读教材中有关单管放大电路的内容并估算实验电路的性能指标。

假设 3DG6 的 $\beta=100$，$R_{B1}=20\ k\Omega$，$R_{B2}=60\ k\Omega$，$R_C=2.4\ k\Omega$，$R_L=2.4\ k\Omega$，估算放大器的静态工作点、电压放大倍数 A_V、输入电阻 R_i 和输出电阻 R_o。

2. 阅读实验附录中有关放大器干扰和自激振荡消除内容。

3. 能否用直流电压表直接测量晶体管的 U_{BE}？为什么实验中要采用测 U_B、U_E，再间接算出 U_{BE} 的方法？

4. 怎样测量 R_{B2} 阻值？

5. 当调节偏置电阻 R_{B2}，使放大器输出波形出现饱和或截止失真时，晶体管的管压降 U_{CE} 怎样变化？

6. 改变静态工作点对放大器的输入电阻 R_i 有无影响？改变外接电阻 R_L 对输出电阻 R_o 有无影响？

7. 在测试 A_V、R_i 和 R_o 时怎样选择输入信号的大小和频率？为什么信号频率一般选 1 kHz，而不选 100 kHz 或更高？

8. 测试中，如果将函数信号发生器、交流毫伏表、示波器中任一仪器的两个测试端子接线换位（即各仪器的接地端不再连在一起），将会出现什么问题？

注：附图 4-1 所示为共射极单管放大器与带有负反馈的两级放大器共用实验模块。如将 K1、K2 断开，则前级（Ⅰ）为典型电阻分压式单管放大器；如将 K1、K2 接通，则前级（Ⅰ）与后级（Ⅱ）接通，组成带有电压串联负反馈两级放大器。

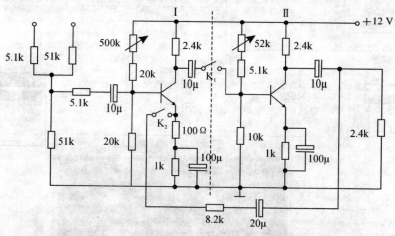

附图 4-1　共射极单管放大器与带有负反馈的两级放大器共用实验模块

实验五 场效应管共源极单管放大电路

一、实验目的

1. 了解结型场效应管的性能和特点。
2. 进一步熟悉放大器动态参数的测试方法。

二、实验原理

场效应管是一种电压控制型器件,按结构可分为结型和绝缘栅型两种类型。由于场效应管栅源之间处于绝缘或反向偏置,所以输入电阻很高(一般可达上百兆欧),又由于场效应管是一种多数载流子控制器件,因此热稳定性好,抗辐射能力强,噪声系数小,加之制造工艺较简单,便于大规模集成,因此得到越来越广泛的应用。

1. 结型场效应管的特性和参数

场效应管的特性主要有输出特性和转移特性。图 5-1 所示为 N 沟道结型场效应管 3DJ6F 的输出特性和转移特性曲线。其直流参数主要有饱和漏极电流 I_{DSS}、夹断电压 U_P 等;交流参数主要有低频跨导

$$g_m = \frac{\Delta I_D}{\Delta U_{GS}} \bigg|_{U_{DS} = 常数}$$

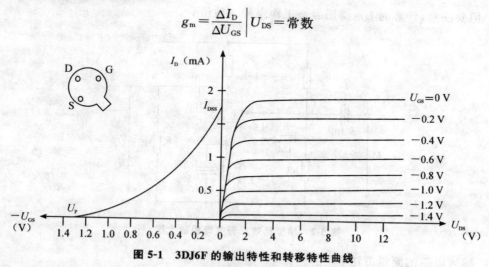

图 5-1 3DJ6F 的输出特性和转移特性曲线

表 5-1 列出了 3DJ6F 的典型参数值及测试条件。

表 5-1 3DJ6F 的典型参数值及测试条件

参数名称	饱和漏极电流 I_{DSS}/mA	夹断电压 U_P/V	跨导 $g_m/(\mu A/V)$
测试条件	$U_{DS}=10\ V$ $U_{GS}=0\ V$	$U_{DS}=10\ V$ $I_{DS}=50\ \mu A$	$U_{DS}=10\ V$ $I_{DS}=3\ mA$ $f=1\ kHz$
参数值	$1\sim3.5$	$<|-9|$	>100

2. 场效应管放大器性能分析

图 5-2 为结型场效应管组成的共源极放大电路。

静态工作点:

$$U_{GS}=U_G-U_S=\frac{R_{g1}}{R_{g1}+R_{g2}}U_{DD}-I_DR_S$$

$$I_D=I_{DSS}(1-\frac{U_{GS}}{U_P})^2$$

中频电压放大倍数: $A_V=-g_mR_L'=-g_mR_D/\!/R_L$

输入电阻: $R_i=R_G+R_{g1}/\!/R_{g2}$

输出电阻: $R_o\approx R_D$

式中跨导 g_m 可由特性曲线用作图法求得,或用公式

$$g_m=-\frac{2I_{DSS}}{U_P}(1-\frac{U_{GS}}{U_P})$$

计算。但要注意,计算时 U_{GS} 要用静态工作点处之数值。

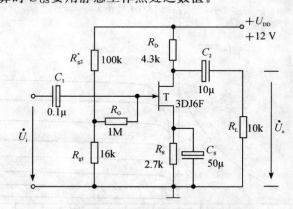

图 5-2 结型场效应管共源极放大器

3. 输入电阻的测量方法

场效应管放大器的静态工作点、电压放大倍数和输出电阻的测量方法与实验四中晶体管放大器的测量方法相同。其输入电阻的测量,从原理上讲,也可采用实验四中所述方法,但由于场效应管的 R_i 比较大,如直接测输入电压 U_S 和 U_i,则限于测量仪器的输入电阻有限,必然会带来较大的误差。因此,为了减小误差,常利用被测放大器的隔离作用,通过测量输出电压 U_o 来计算输入电阻。测量电路如图 5-3 所示。

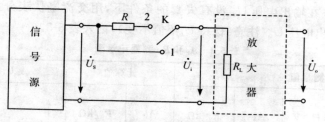

图 5-3　输入电阻测量电路

在放大器的输入端串入电阻 R，把开关 K 掷向位置 1（即使 $R=0$），测量放大器的输出电压 $U_{o1}=A_v U_s$；保持 U_s 不变，再把 K 掷向 2（即接入 R），测量放大器的输出电压 U_{o2}。由于两次测量中 A_v 和 U_s 保持不变，故

$$U_{o2}=A_v U_i=\frac{R_i}{R+R_i}U_s A_v$$

由此可以求出

$$R_i=\frac{U_{o2}}{U_{o1}-U_{o2}}R$$

式中，R 和 R_i 不要相差太大，本实验可取 $R=100\sim200$ kΩ。

三、实验设备与器件

1. $+12$ V 直流电源；
2. 函数信号发生器；
3. 双踪示波器；
4. 交流毫伏表；
5. 直流电压表；
6. 结型场效应管 3DJ6F×1；
7. 电阻器、电容器若干。

四、实验内容

1. 静态工作点的测量和调整

（1）接图 5-2 连接电路，令 $U_i=0$，接通 $+12$ V 电源，用直流电压表测量 U_G、U_S 和 U_D。检查静态工作点是否在特性曲线放大区的中间部分，如合适则把结果记入表 5-2。

（2）若不合适，则适当调整 R_{g2} 和 R_S，调好后，再测量 U_G、U_S 和 U_D，记入表 5-2。

表 5-2　静态工作点测量记录表

测量值						计算值		
U_G/V	U_S/V	U_D/V	U_{DS}/V	U_{GS}/V	I_D/mA	U_{DS}/V	U_{GS}/V	I_D/mA

2. 电压放大倍数 A_v、输入电阻 R_i 和输出电阻 R_o 的测量

（1）A_v 和 R_o 的测量

在放大器的输入端加入 $f=1$ kHz 的正弦信号 U_i（≈50～100 mV），并用示波器监视输

出电压 U_o 的波形。在输出电压 U_o 没有失真的条件下,用交流毫伏表分别测量 $R_L=\infty$ 和 $R_L=10\ \text{k}\Omega$ 时的输出电压 U_o (注意:保持 U_i 幅值不变),记入表 5-3。

表 5-3 A_V 和 R_o 测量记录表

	测量值				计算值		U_i 和 U_o 波形	
	U_i/V	U_o/V	A_V	$R_o/\text{k}\Omega$	A_V	$R_o/\text{k}\Omega$		
$R_L=\infty$								
$R_L=10\ \text{k}\Omega$								

用示波器同时观察 U_i 和 U_o 的波形,描绘出来并分析它们的相位关系。

（2）R_i 的测量

按图 5-3 改接实验电路,选择合适大小的输入电压 U_S（约 50～100 mV）,将开关 K 掷向 "1",测出 $R=0$ 时的输出电压 U_{o1}；然后将开关掷向 "2",（接入 R),保持 U_S 不变,再测出 U_{o2},根据公式

$$R_i=\frac{U_{o2}}{U_{o1}-U_{o2}}R$$

求出 R_i,记入表 5-4。

表 5-4 R_i 的测量记录表

测量值			计算值
U_{o1}/V	U_{o2}/V	$R_i/\text{k}\Omega$	$R_i/\text{k}\Omega$

五、实验总结

1. 整理实验数据,将测得的 A_V、R_i、R_o 和理论计算值进行比较。

2. 把场效应管放大器与晶体管放大器进行比较,总结场效应管放大器的特点。

3. 分析测试中的问题,总结实验收获。

六、预习要求

1. 复习有关场效应管部分内容,并分别用图解法与计算法估算管子的静态工作点（根据实验电路参数）,求出工作点处的跨导 g_m。

2. 场效应管放大器输入回路的电容 C_1 为什么可以取得小一些（可以取 $C_1=0.1\ \mu\text{F}$)？

3. 在测量场效应管静态工作电压 U_{GS} 时,能否用直流电压表直接并在 G、S 两端测量?为什么?

4. 为什么测量场效应管输入电阻时要用测量输出电压的方法？

附:场效应管的其他应用

复合互补源极跟随器

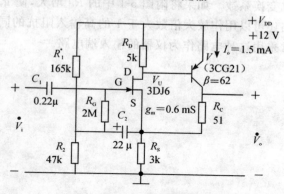

附图 5-1 复合互补源极跟随器

场效应晶体管源极跟随器的输入电阻可以做得很高,而输出电阻不是很低,且比晶体管射极跟随器的输出电阻要大得多。因为受互导 g_m 的限制,输出电阻一般为几百欧姆。如果采用附图 5-1 所示的复合互补源极跟随器电路,可获得较低的输出电阻,其电阻变换系数 R_i/R_o 比图 5-2 所示的场效应晶体管源极跟随器要大得多。

对于附图 5-1 所示的电路,利用微变等效电路分析表明,电路的输入电阻 R_i、输出电阻 R_o 及电压放大倍数 A_V 的表达示如下:

$$R_1 = R_G \left[1 + (1+\beta') g_m R' \right]$$

$$R' = R_S \parallel R_1 \parallel R_2$$

$$\beta' = \frac{\beta R_D}{R_D + r_{be}}$$

$$R_o = \frac{R_C + (1+g_m R_C) R'}{1 + (1+\beta') g_m R'}$$

$$A_V = \frac{g_m \beta' R_C + (1+\beta') g_m R'}{1 + (1+\beta') g_m R'}$$

如果 $g_m \beta' R_C = 1$,则 $A_V \approx 1$。

利用上述表达式,可以计算出附图 5-1 所示电路的输入电阻 R_i、输出电阻 R_o 及电压放大倍数 A_V。因为 3DG21 晶体管输入电阻为

$$r_{be} = 300\ \Omega + \beta \frac{26\ \text{mV}}{I_E} \approx 1.4\ \text{k}\Omega$$

式中,I_E 的单位为 mA。

由公式可得　　　　　　　　　$$\beta' = \frac{\beta R_D}{R_D + r_{be}} = 48$$

由公式可得　　　　　　　　　$$R' = R_S \parallel R_1 \parallel R_2 \approx 3\ \text{k}\Omega$$

由公式可得　　　　　　　　　$$R_o = \frac{R_C + (1+g_m R_C) R'}{1 + (1+\beta') g_m R'} \approx 33\ \Omega$$

因为 $g_m R_C \beta' \approx 1$,所以 $A_V \approx 1$。

电路的阻抗变换系数 $\dfrac{R_i}{R_o} \approx 6 \times 10^4$，而图所示的场效应晶体管源极跟随器的阻抗变换系数 $\dfrac{R_i}{R_o} \approx 4.8 \times 10^3$。由此可见，场效应管—晶体管复合互补源极跟随器可以获得较低的输出阻抗，大大提高了阻抗变换系数。如果将附图 5-1 中的 R_C 增大，使 $g_m R_C \beta' \gg 1$，电压放大倍数 $A_V > 1$，说明该电路还可以用作放大倍数大于 1 的高输入阻抗的同相放大器。在一些高灵敏的测量仪器中，常采用这种电路作为仪器的输入端电路。

实验六　晶体管共集电极单管放大电路

一、实验目的

1. 掌握晶体管共集电极单管放大电路(射极跟随器)的特性及测试方法。
2. 进一步学习放大器各项参数测试方法。

二、实验原理

晶体管共集电极单管放大电路(常称射极跟随器)的原理如图 6-1 所示。它是一个电压串联负反馈放大电路,具有输入电阻高,输出电阻低,电压放大倍数接近于 1,输出电压能够在较大范围内跟随输入电压作线性变化以及输入、输出信号同相等特点。

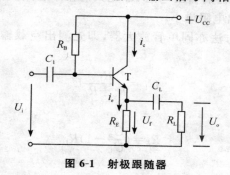

图 6-1　射极跟随器

射极跟随器的输出取自发射极,故也称其为射极输出器。

1. 输入电阻 R_i

如图 6-1 电路

$$R_i = r_{be} + (1+\beta)R_E$$

如考虑偏置电阻 R_B 和负载 R_L 的影响,则

$$R_i = R_B /\!/ [r_{be} + (1+\beta)(R_E /\!/ R_L)]$$

由上式可知射极跟随器的输入电阻 R_i 比共射极单管放大器的输入电阻 $R_i = R_B /\!/ r_{be}$ 要高得多,但由于偏置电阻 R_B 的分流作用,输入电阻难以进一步提高。

输入电阻的测试方法同单管放大器,实验线路如图 6-2 所示。

$$R_i = \frac{U_i}{I_i} = \frac{U_i}{U_s - U_i}R$$

即只要测得 A、B 两点的对地电位即可计算出 R_i。

2. 输出电阻 R_o

如图 6-1 电路

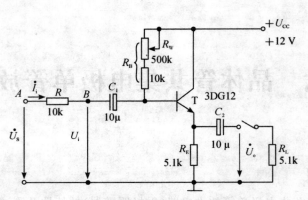

图 6-2　射极跟随器实验电路

$$R_o = \frac{r_{be}}{\beta} /\!/ R_E \approx \frac{r_{be}}{\beta}$$

如考虑信号源内阻 R_S，则

$$R_o = \frac{r_{be} + (R_S /\!/ R_B)}{\beta} /\!/ R_E \approx \frac{r_{be} + (R_S /\!/ R_B)}{\beta}$$

由上式可知射极跟随器的输出电阻 R_o 比共射极单管放大器的输出电阻 $R_o \approx R_C$ 低得多。三极管的 β 愈高，输出电阻愈小。

输出电阻 R_o 的测试方法亦同单管放大器，即先测出空载输出电压 U_o，再测接入负载 R_L 后的输出电压 U_L，根据

$$U_L = \frac{R_L}{R_o + R_L} U_o$$

即可求出 R_o。

$$R_o = \left(\frac{U_o}{U_L} - 1\right) R_L$$

3. 电压放大倍数

如图 6-1 电路

$$A_V = \frac{(1+\beta)(R_E /\!/ R_L)}{r_{be} + (1+\beta)(R_E /\!/ R_L)} \leqslant 1$$

上式说明射极跟随器的电压放大倍数小于等于 1，且为正值，这是深度电压负反馈的结果。但它的射极电流仍比基流大 $(1+\beta)$ 倍，所以它具有一定的电流和功率放大作用。

三、实验设备与器件

1. +12 V 直流电源；

2. 函数信号发生器；

3. 双踪示波器；

4. 交流毫伏表；

5. 直流电压表；

6. 频率计；

7. 3DG12×1(β=50～100)或 9013；

8. 电阻器、电容器若干。

四、实验内容

按图 6-2 连接电路。

1. 静态工作点的调整

接通 +12 V 直流电源,在 B 点加入 $f = 1$ kHz 正弦信号 U_i,输出端用示波器监视输出波形,反复调整 R_w 及信号源的输出幅度,使在示波器的屏幕上得到一个最大不失真输出波形,然后置 $U_i = 0$,用直流电压表测量晶体管各电极对地电位,将测得数据记入表 6-1。

表 6-1 静态工作点测试记录表

U_E/V	U_B/V	U_C/V	I_E/mA

在下面整个测试过程中应保持 R_w 值不变(即保持静工作点 I_E 不变)。

2. 测量电压放大倍数 A_v

接入负载 $R_L = 1$ kΩ,在 B 点加 $f = 1$ kHz 正弦信号 U_i,调节输入信号幅度,用示波器观察输出波形 U_o,在输出最大不失真情况下,用交流毫伏表测 U_i、U_L 值,记入表 6-2 中。

表 6-2 电压放大倍数测量记录表

U_i/V	U_L/V	A_v

3. 测量输出电阻 R_o

接上负载 $R_L = 1$k,在 B 点加 $f = 1$ kHz 正弦信号 U_i,用示波器监视输出波形,测空载输出电压 U_o,有负载时输出电压 U_L,记入表 6-3。

表 6-3 测量输出电阻记录表

U_o/V	U_L/V	$R_o/k\Omega$

4. 测量输入电阻 R_i

在 A 点加 $f = 1$ kHz 的正弦信号 U_s,用示波器监视输出波形,用交流毫伏表分别测出 A、B 点对地的电位 U_s、U_i,记入表 6-4。

表 6-4 测量输入电阻记录表

U_s/V	U_i/V	$R_i/k\Omega$

5. 测试跟随特性

接入负载 $R_L = 1$ kΩ,在 B 点加入 $f = 1$ kHz 正弦信号 U_i,逐渐增大信号 U_i 幅度,用示波器监视输出波形直至输出波形达最大不失真,测量对应的 U_L 值,记入表 6-5。

表 6-5 测量跟随特性记录表

U_i/V				
U_L/V				

6. 测试频率响应特性

保持输入信号 U_i 幅度不变,改变信号源频率,用示波器监视输出波形,用交流毫伏表测量不同频率下的输出电压 U_L 值,记入表 6-6。

表 6-6　测量频率响应特性记录表

f/kHz	
U_L/V	

五、预习要求

1. 复习射极跟随器的工作原理。
2. 根据图 6-2 的元件参数值估算静态工作点,并画出交、直流负载线。

六、实验报告

1. 整理实验数据,并画出曲线 $U_L = f(U_i)$ 及 $U_L = f(f)$ 曲线。
2. 分析射极跟随器的性能和特点。

附:采用自举电路的射极跟随器

在一些电子测量仪器中,为了减轻仪器对信号源所取用的电流,以提高测量精度,通常采用附图 6-1 所示带有自举电路的射极跟随器,以提高偏置电路的等效电阻,从而保证射极跟随器有足够高的输入电阻。

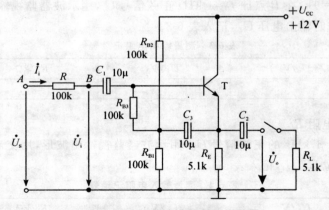

附图 6-1　有自举电路的射极跟随器

实验七　共射共集两级晶体管放大电路

一、实验目的

1. 进一步熟悉放大电路技术指标的测试方法。
2. 了解多级放大电路的级间影响。
3. 进一步熟悉饱和失真和截止失真。
4. 进一步学习和巩固通频带 B_W 的测试方法和用示波器测量电压波形的幅值与相位。

二、实验原理

1. 电路工作原理

如图 7-1 所示的电路为共射—共集组态的阻容耦合两级放大电路。第一级是共射放大电路，它采用的是分压式电流负反馈偏置电路。其特点是利用分压式电阻维持 V_B 基本恒定及射极电阻 R_{e1} 的电流负反馈作用。第一级放大器的静态工作点 Q 主要由 R_{b11}、R_{b12}、R_{e1}、R_{c1} 及电源电压 $+V_{CC}$ 决定。

第二级是共集放大电路，其静态工作点可通过电位器 R_P 来调整，集电极是输入、输出电路的共同端点。因为信号从发射极输出，所以共集放大电路又称为射极输出器。共集放大电路的电压放大倍数小（近似等于 1），它的输出电压和输入电压是同相的，因此射极输出器又称电压跟随器。

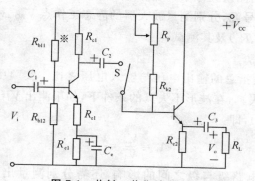

图 7-1　共射—共集放大电路

由于级间耦合方式是阻容耦合，电容对直流有隔离作用，所以两级的静态工作点是彼此独立、互不影响的。实验时可一级一级地分别调整各级的最佳静态工作点。对于交流信号，各级之间有着密切联系：前级的输出电压是后级的输入信号，而后级的输入阻抗是前级的负载。A_{V2} 小（近似等于 1），但输入电阻 R_{i2} 大［近似等于 $(R_{b2}+R_P) \mathbin{/\mkern-5mu/} \beta_2 R_L'$，其中 $R_L' = R_{e2} \mathbin{/\mkern-5mu/} R_L$］，向第一级索取功率小，对第一级影响小；同时，其输出电阻小，可弥补单级共射放大器电路输出电阻大的缺点,使整个放大电路的带负载能力大大增强。

2. 静态工作点的设置与测试

由于第一级共射电路需具备较高的电压放大倍数,静态工作点可适当设置得高一些。在图 7-1 所示电路参数中,上偏置电阻 R_{b11} 为待定电阻。第二级共集电路可通过调节电位器 R_P 改变静态工作点,使其能达到输出电压波形最大不失真。分别设置好两级的静态工作点后,即可分别测量两级的静态工作点。

两级的静态工作点是彼此独立互不影响的。实验时可一级一级地分别调整各级的最佳工作点。在第一级静态工作点的测量过程中,静态工作点应选在输出特性曲线交流负载线的中点。若工作点选得太高,易引起饱和失真,而选得太低,又易引起截止失真。测量方法是不加输入信号,将放大器输入端(耦合电容 C_1 左端)接地。用万用表分别测量晶体管的 B、E、C 极对地的电压 V_{BQ}、V_{EQ} 及 V_{CQ}。如是出现 $V_{CQ} \approx V_{CC}$,说明晶体管工作在截止状态;如果出现 $V_{CEQ} < 0.5\ V$,说明晶体管已经饱和。调整方法是改变放大器上偏置电阻 R_{b11} 的大小,即调节电位器的阻值,同时用万用表分别测量晶体管各极的电位 V_{BQ}、V_{CQ}、V_{EQ},如果 V_{CEQ} 为正几伏,说明晶体管工作在放大状态,但并不能说明放大器的静态工作点设置在合适的位置,所以还要进行动态波形观测。给放大器送入规定的输入信号,如 $V_i = 10\ mV$,$f_i = 1$ kHz 的正弦波,若放大器的输出 V_o 的波形的顶部被压缩,这种现象称为截止失真,说明静态工作点 Q 偏低,应增大基极偏流 I_{BQ}。如果输出波形的底部被削波,这种现象称为饱和失真,说明静态工作点 Q 偏高,应减小 I_{BQ}。如果增大输入信号,如 $V_i = 50\ mV$,输出波形无明显失真,或者逐渐增大输入信号时,输出波形的顶部和底部凑巧同时开始畸变,说明静态工作点设置得比较合适。此时移去信号源,分别测量放大器的静态工作点 V_{BQ}、V_{EQ}、V_{CEQ} 及 I_{CQ}。直接测量 I_{CQ} 时,需断开集电极回路,比较麻烦,所以常用电压测量法来换算电流,即先测出 V_E(发射极对地电压),再利用公式 $I_{CQ} \approx I_{EQ} = V_E/R_E$ 算出 I_{CQ}。此法虽简单,但测量精度稍差,故应选用内阻较大的电压表。

第二级静态工作点的测量类似第一级静态工作点的测量。先进行静态测量,再进行动态波形测量,最后移去信号源,分别测量放大器的静态工作点 V_{BQ}、V_{EQ}、V_{CEQ} 及 I_{CQ}。

3. 动态指标(A_V、R_i、R_o)及其测试

(1)放大倍数的测量

电压放大倍数 A_V 是指总的输出电压与输入电压之比。实验中,需用示波器监视放大电路输出电压的波形不失真,在波形不失真的条件下,如果测出 V_i(有效值)或 V_{im}(峰值)与 V_o(有效值)或 V_{om}(峰值),即:

$$A_V = \frac{V_o}{V_i} = \frac{V_{om}}{V_{im}}$$

为了了解多级放大电路级与级之间的影响,还需分别测量出第一级的电压放大倍数 A_{V1}、第二级的电压放大倍数 A_{V2},则总的电压放大倍数

$$A_V = A_{V1} \cdot A_{V2}$$

对于图 7-1 所示的电路参数,电压放大倍数为:

$$A_{V1} = [-\beta_1(R_{c1}/\!/R_{i2})]/[r_{be1} + (1+\beta_1)R_{e1}],\text{其中 } R_{i2} \approx (R_{b2} + R_P)/\!/\beta_2 R_L$$

$$A_{V2} \approx 1$$

$$A_V = A_{V1} \cdot A_{V2}$$

（2）输入电阻的测量

该放大电路的输入电阻即第一级共射电路的输入电阻，从理论上说输入电阻可以表示为

$$R_i = R_{i1} = R_{b11} /\!/ R_{b12} /\!/ [r_{be1} + (1 + \beta_1) R_{e1}]$$

输入电阻 R_i 的测量方法同实验四：

$$R_i = \frac{V_i}{V_S - V_i} R$$

（3）输出电阻的测量

该放大电路的输出电阻是第二级共集电路的输出电阻。输出电阻 R_o 的大小表示电路带负载的能力，输出电阻越小，带负载的能力越强。从理论上说输出电阻 R_o 可以表示为：

$$R_o = R_{o2} = R_{e2} /\!/ \{r_{be2} + [R_{c1} /\!/ (R_{b2} + R_P)]\} / (1 + \beta_2)$$

输出电阻 R_o 的测量方法同实验四。

4. 通频带 B_W 的测试

通频带 B_W 的测试方法同实验四。通频带为 $B_W = f_H - f_L \approx f_H$，多级放大电路的通频带要比任何一级放大电路的通频带窄，级数越多，通频带越窄。

三、实验设备与器件

1. 三极管 3DG6 2 只；
2. 电阻 51 kΩ、20 kΩ、11 kΩ、3.3 kΩ、1 kΩ、51 Ω 各 1 只；
3. 电容 10 μF 3 只，47 μF 1 只，200 pF 2 只；
4. 电位器 100 kΩ 1 只。

四、实验内容

1. 在做多级晶体管放大器实验前，根据设计要求计算各个元件值，并将其值标在电路图上，如图 7-2 所示。

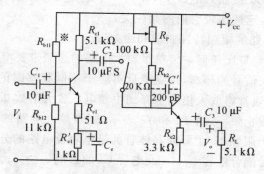

图 7-2　共射—共集放大电路

计算所用到的公式：

第一级

$$V_{BQ} = (5 \sim 10) V_{BE}$$

$$R_E \approx \frac{V_{BQ} - V_{BE}}{I_{CQ}} = \frac{V_{EQ}}{I_{CQ}}$$

取 $I_{CQ}=0.5\sim2$ mA，$V_{EQ}=(0.2\sim0.5)V_{CC}$

$$R_{b12}=\frac{V_{BQ}}{I_1}=\frac{V_{BQ}}{(5\sim10)I_{CQ}}\beta$$

$$R_{b11}\approx\frac{V_{CC}-V_{BQ}}{V_{BQ}}R_{b12}$$

$$V_{CEQ}\approx V_{CC}-I_{CQ}(R_{c1}+R_{e1})$$

第二级

$$V_{CC}=I_B R_B+V_{BE}+V_E$$

式中，I_B 表示流过 $(R_{b2}+R_P)$ 的直流电流，$R_B=R_{b2}+R_P$，V_E 表示发射极直流电位。

$$I_B=\frac{V_{CC}-V_{BE}}{R_B+(1+\beta)R_{e2}}$$

$$V_{CE}=V_{CC}-I_C R_{e2}$$

2. 按图 7-2 组装共射—共集放大电路，经检查无误后，接通预先调整好的直流电源 +12 V。

3. 合上开关 S，输入 $f=1$ kHz，$V_i=20$ mV 的正弦信号至放大器的输入端，用示波器观察输出电压 V_o 的波形，调节电位器 R_P，使 V_o 达到最大不失真。关闭信号源（使 $V_i=0$），用万用表分别测量第一级与第二级的静态工作点。直接测量 I_{CQ} 时，需断开集电极回路，比较麻烦，所以常采用电压测量法来换算电流，即先测出 V_E（发射极对地电压），再利用公式 $I_{CQ}\approx I_{EQ}=V_E/R_e$ 算出 I_{CQ}，将数据记录在自拟的表中。

4. 打开信号源，输入 $f=1$ kHz，$V_i=20$ mV 的正弦波，测试多级放大器总的电压放大倍数 A_V 和分级电压放大倍数 A_{V1}、A_{V2}，将数据记录在自拟的表中。

5. 测量多级放大电路的输入电阻 R_i 和输出电阻 R_o。

该放大电路的输入电阻 R_i 是第一级共射电路的输入电阻，输出电阻 R_o 是第二级共集电路的输出电阻。R_i 和 R_o 的测量方法同实验四。

6. 测量 V_i、V_{o1}、V_{o2} 的波形。选用 V_{o2} 作外触发电压，送至示波器的外触发接线端，将双踪示波器的一个通道 CH1 接输入电压 V_i，而另一个通道 CH2 则分别接 V_{o1} 和 V_{o2}，用示波器分别观察它们的波形，定性比较它们的相位关系。

7. 测试两级放大电路的幅频特性曲线和通频带。

两级放大电路的通频带比任何一级单级放大电路的通频带要窄。在保持输入信号幅值不变的情况下，改变输入信号的频率，逐点测量对应于不同频率时的电压增益，用对数坐标纸画出幅频特性曲线。通常将放大倍数下降到中频电压放大倍数 0.707 倍时所对应的频率称为该放大电路上、下截止频率，用 f_H 和 f_L 表示，则该放大电路的通频带为 $B_w=f_H-f_L$ $\approx f_H$。f_H 为放大器的上限频率，主要受晶体管的结电容及电路的分布电容的限制；f_L 为放大器的下限频率，主要受耦合电容 C_1、C_2 及电容 C_e 的影响。

五、注意事项

先分别调整好稳压电源和组装好电路，经检查无误后，再接入电路，打开电源开关。

1. 调试静态工作点时，应使 $V_i=0$。

2. 电路组装好，进行调试时，如发现输出电压有高频自激现象，可采用滞后补偿，即在三极管的基极和集电极之间加一消振电容，容量约为 200 pF 左右，如图 7-2 所示。

3. 如果电路工作不正常,应先检查各级静态工作点是否合适,如合适,则将交流输入信号一级一级地送到放大电路中去,逐级追踪故障所在。

4. 示波器测绘多个波形时,为正确描绘它们之间的相位关系,示波器应选择外触发工作方式,并以电压幅值较大、频率较低的电压作为外触发电压送至示波器的外触发输入端。

六、思考题

1. 测量放大器输出电阻时,利用公式 $R_\circ = (V_\circ - V_{oL}) \cdot R_L / V_{oL}$ 计算 $R_\circ$。试问:如果负载电阻 R_L 改变,输出电阻 $R_\circ$ 会变化吗? 应如何选择 R_L 的阻值,使测量误差较小?

2. 放大电路工作点不稳定的主要因素是什么?

3. 共集电路的电压增益小于1(接近于1),它在电子电路中能起什么作用?

4. 多级放大器的频带宽度为什么比其中的任何一单级电路的频带都窄?

实验八　两级晶体管负反馈放大电路

一、实验目的

加深理解放大电路中引入负反馈的方法和负反馈对放大器各项性能指标的影响。

二、实验原理

负反馈在电子电路中有着非常广泛的应用,虽然它使放大器的放大倍数降低,但能在多方面改善放大器的动态指标,如稳定放大倍数,改变输入、输出电阻,减小非线性失真和展宽通频带等。因此,几乎所有的实用放大器都带有负反馈。

负反馈放大器有四种组态,即电压串联、电压并联、电流串联、电流并联。本实验以电压串联负反馈为例,分析负反馈对放大器各项性能指标的影响。

1. 图 8-1 为带有负反馈的两级阻容耦合放大电路,在电路中通过 R_f 把输出电压 U_o 引回到输入端,加在晶体管 T_1 的发射极上,在发射极电阻 R_{F1} 上形成反馈电压 U_f。根据反馈的判断法可知,它属于电压串联负反馈。

主要性能指标如下:

(1)闭环电压放大倍数:

$$A_{Vf} = \frac{A_V}{1 + A_V F_V}$$

其中,$A_V = U_o / U_i$——基本放大器(无反馈)的电压放大倍数,即开环电压放大倍数;

$1 + A_V F_V$——反馈深度,它的大小决定了负反馈对放大器性能改善的程度。

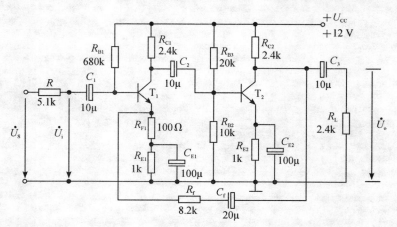

图 8-1　带有电压串联负反馈的两级阻容耦合放大器

（2）反馈系数：

$$F_V = \frac{R_{F1}}{R_f + R_{F1}}$$

（3）输入电阻：

$$R_{if} = (1 + A_V F_V) R_i$$

R_i—基本放大器的输入电阻。

（4）输出电阻：

$$R_{of} = \frac{R_o}{1 + A_{Vo} F_V}$$

R_o—基本放大器的输出电阻；

A_{Vo}—基本放大器 $R_L = \infty$ 时的电压放大倍数。

2. 本实验还需要测量基本放大器的动态参数。怎样实现无反馈而得到基本放大器呢？不能简单地断开反馈支路，而是要去掉反馈作用，但又要把反馈网络的影响（负载效应）考虑到基本放大器中去。为此：

（1）在画基本放大器的输入回路时，因为是电压负反馈，所以可将负反馈放大器的输出端交流短路，即令 $U_o = 0$，此时 R_f 相当于并联在 R_{F1} 上。

（2）在画基本放大器的输出回路时，由于输入端是串联负反馈，因此需将反馈放大器的输入端（T_1 管的射极）开路，此时 $R_f + R_{F1}$ 相当于并接在输出端，可近似认为 R_f 并接在输出端。

根据上述规律，就可得到所要求的如图 8-2 所示的基本放大器。

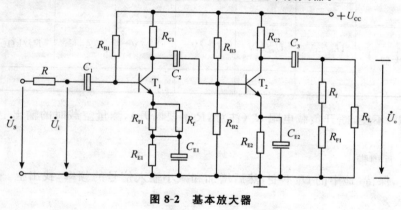

图 8-2 基本放大器

三、实验设备与器件

1. +12 V 直流电源；

2. 函数信号发生器；

3. 双踪示波器；

4. 频率计；

5. 交流毫伏表；

6. 直流电压表；

7. 晶体三极管 3DG6×2（β＝50～100）或 9011×2；

8. 电阻器、电容器若干。

四、实验内容

1. 测量静态工作点

按图 8-1 连接实验电路,取 $U_{CC}=+12$ V,$U_i=0$,用直流电压表分别测量第一级、第二级的静态工作点,记入表 8-1。

表 8-1　静态工作点测量记录表

	U_B/V	U_E/V	U_C/V	I_C/mA
第一级				
第二级				

2. 测试基本放大器的各项性能指标

将实验电路按图 8-2 改接,即把 R_f 断开后分别并在 R_{F1} 和 R_L 上,其他连线不动。

(1)测量中频电压放大倍数 A_v,输入电阻 R_i 和输出电阻 R_o。

①以 $f=1$ kHz,U_S 约 5 mV 正弦信号输入放大器,用示波器监视输出波形 U_o,在 U_o 不失真的情况下,用交流毫伏表测量 U_S、U_i、U_L,记入表 8-2。

表 8-2　基本放大器测试记录表

基本放大器	U_S/mV	U_i/mV	U_L/V	U_o/V	A_v	$R_i/k\Omega$	$R_o/k\Omega$

负反馈放大器	U_S/mV	U_i/mV	U_L/V	U_o/V	A_{vf}	$R_{if}/k\Omega$	$R_{of}/k\Omega$

②保持 U_S 不变,断开负载电阻 R_L(注意,R_f 不要断开),测量空载时的输出电压 U_o,记入表 8-2。

(2)测量通频带

接上 R_L,保持(1)中的 U_S 不变,然后增加和减小输入信号的频率,找出上、下限频率 f_H 和 f_L,记入表 8-3。

3. 测试负反馈放大器的各项性能指标

将实验电路恢复为图 8-1 的负反馈放大电路,适当加大 U_S(约 10 mV),在输出波形不失真的条件下,测量负反馈放大器的 A_{vf}、R_{if} 和 R_{of},记入表 8-2;测量 f_{Hf} 和 f_{Lf},记入表 8-3。

表 8-3　通频带测量记录表

基本放大器	f_L/kHz	f_H/kHz	$\Delta f/kHz$

负反馈放大器	f_{Lf}/kHz	f_{Hf}/kHz	$\Delta f_f/kHz$

4. 观察负反馈对非线性失真的改善

（1）实验电路改接成基本放大器形式,在输入端加入 $f=1$ kHz 的正弦信号,输出端接示波器,逐渐增大输入信号的幅度,使输出波形开始出现失真,记下此时的波形和输出电压的幅度。

（2）再将实验电路改接成负反馈放大器形式,增大输入信号幅度,使输出电压幅度的大小与（1）相同,比较有负反馈时,输出波形的变化。

五、实验总结

1. 将基本放大器和负反馈放大器动态参数的实测值和理论估算值列表进行比较。
2. 根据实验结果,总结电压串联负反馈对放大器性能的影响。

六、预习要求

1. 复习教材中有关负反馈放大器的内容。
2. 按实验电路 8-1 估算放大器的静态工作点（取 $\beta_1=\beta_2=100$）。
3. 怎样把负反馈放大器改接成基本放大器？为什么要把 R_f 并接在输入和输出端？
4. 估算基本放大器的 A_v、R_i 和 R_o,估算负反馈放大器的 A_{vf}、R_{if} 和 R_{of},并验算它们之间的关系。
5. 如按深度负反馈估算,则闭环电压放大倍数 A_{vf} 等于多少？和测量值是否一致？为什么？
6. 如输入信号存在失真,能否用负反馈来改善？
7. 怎样判断放大器是否存在自激振荡？如何进行消振？

注:如果实验装置上有放大器的固定实验模块,则可参考实验四的附图 4-1 进行实验。

实验九　差动放大电路

一、实验目的

1. 加深对差动放大器性能及特点的理解。
2. 学习差动放大器主要性能指标的测试方法。

二、实验原理

　　图 9-1 是差动放大器的基本结构。它由两个元件参数相同的基本共射放大电路组成。当开关 K 拨向左边时,构成典型的差动放大器。调零电位器 R_P 用来调节 T_1、T_2 管的静态工作点,使得输入信号 $U_i = 0$ 时,双端输出电压 $U_o = 0$。R_E 为两管共用的发射极电阻,它对差模信号无负反馈作用,因而不影响差模电压放大倍数,但对共模信号有较强的负反馈作用,故可以有效地抑制零漂,稳定静态工作点。

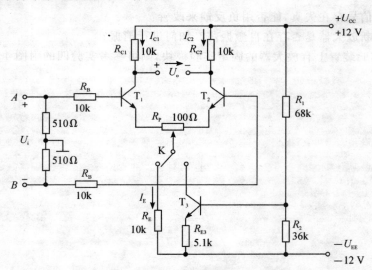

图 9-1　差动放大器实验电路

　　当开关 K 拨向右边时,构成具有恒流源的差动放大器。它用晶体管恒流源代替发射极电阻 R_E,可以进一步提高差动放大器抑制共模信号的能力。

　　1. 静态工作点的估算

典型电路

$$I_E \approx \frac{|U_{EE}| - U_{BE}}{R_E}（认为 U_{B1} = U_{B2} \approx 0）$$

$$I_{C1} = I_{C2} = \frac{1}{2}I_E$$

恒流源电路

$$I_{C3} \approx I_{E3} \approx \frac{\dfrac{R_2}{R_1 + R_2}(U_{CC} + |U_{EE}|) - U_{BE}}{R_{E3}}$$

$$I_{C1} = I_{C2} = \frac{1}{2}I_{C3}$$

2. 差模电压放大倍数和共模电压放大倍数

当差动放大器的射极电阻 R_E 足够大,或采用恒流源电路时,差模电压放大倍数 A_d 由输出端方式决定,而与输入方式无关。

双端输出:$R_E = \infty$,R_P 在中心位置时,

$$A_d = \frac{\Delta U_o}{\Delta U_i} = -\frac{\beta R_C}{R_B + r_{be} + \dfrac{1}{2}(1 + \beta)R_P}$$

单端输出

$$A_{d1} = \frac{\Delta U_{C1}}{\Delta U_i} = \frac{1}{2}A_d$$

$$A_{d2} = \frac{\Delta U_{C2}}{\Delta U_i} = -\frac{1}{2}A_d$$

当输入共模信号时,若为单端输出,则有

$$A_{C1} = A_{C2} = \frac{\Delta U_{C1}}{\Delta U_i} = \frac{-\beta R_C}{R_B + r_{be} + (1 + \beta)(\dfrac{1}{2}R_P + 2R_E)} \approx -\frac{R_C}{2R_E}$$

若为双端输出,在理想情况下:

$$A_C = \frac{\Delta U_o}{\Delta U_i} = 0$$

实际上由于元件不可能完全对称,因此 A_C 也不会绝对等于零。

3. 共模抑制比 CMRR

为了表征差动放大器对有用信号(差模信号)的放大作用和对共模信号的抑制能力,通常用一个综合指标来衡量,即共模抑制比

$$\text{CMRR} = \left|\frac{A_d}{A_c}\right| \text{ 或 CMRR} = 20\lg\left|\frac{A_d}{A_c}\right| \text{ (dB)}$$

差动放大器的输入信号可采用直流信号也可采用交流信号。本实验由函数信号发生器提供频率 $f = 1$ kHz 的正弦信号作为输入信号。

三、实验设备与器件

1. ± 12 V 直流电源;

2. 函数信号发生器;

3. 双踪示波器;

4. 交流毫伏表;

5. 直流电压表;

6. 晶体三极管 3DG6×3（或 9011×3），要求 T_1、T_2 管特性参数一致；

7. 电阻器、电容器若干。

四、实验内容

1. 典型差动放大器性能测试

按图 9-1 连接实验电路，开关 K 拨向左边构成典型差动放大器。

（1）测量静态工作点

①调节放大器零点

信号源不接入，将放大器输入端 A、B 与地短接，接通 ±12 V 直流电源，用直流电压表测量输出电压 U_o，调节调零电位器 R_P，使 $U_o=0$。调节要仔细，力求准确。

②测量静态工作点

零点调好以后，用直流电压表测量 T_1、T_2 管各电极电位及射极电阻 R_E 两端电压 U_{RE}，记入表 9-1。

表 9-1　静态工作点测量记录表

测量值	U_{C1}/V	U_{B1}/V	U_{E1}/V	U_{C2}/V	U_{B2}/V	U_{E2}/V	U_{RE}/V
计算值	I_C/mA			I_B/mA		U_{CE}/V	

（2）测量差模电压放大倍数

断开直流电源，将函数信号发生器的输出端接放大器输入 A 端，地端接放大器输入 B 端构成单端输入方式，调节输入信号为频率 $f=1$ kHz 的正弦信号，并使输出旋钮旋至零，用示波器监视输出端（集电极 C_1 或 C_2 与地之间）。

接通 ±12 V 直流电源，逐渐增大输入电压 U_i（约 100 mV），在输出波形无失真的情况下，用交流毫伏表测 U_i、U_{C1}、U_{C2}，记入表 9-2 中，并观察 U_i、U_{C1}、U_{C2} 之间的相位关系及 U_{RE} 随 U_i 改变而变化的情况。

（3）测量共模电压放大倍数

将放大器 A、B 短接，信号源接 A 端与地之间，构成共模输入方式，调节输入信号 $f=1$ kHz，$U_i=1$ V，在输出电压无失真的情况下，测量 U_{C1}、U_{C2} 之值，记入表 9-2，并观察 U_i、U_{C1}、U_{C2} 之间的相位关系及 U_{RE} 随 U_i 改变而变化的情况。

表 9-2　动态参数测量记录表

	典型差动放大电路		具有恒流源差动放大电路	
	单端输入	共模输入	单端输入	共模输入
U_i	100 mV	1 V	100 mV	1 V
U_{C1}/V				
U_{C2}/V				

续表

	典型差动放大电路		具有恒流源差动放大电路	
	单端输入	共模输入	单端输入	共模输入
$A_{d1}=\dfrac{U_{C1}}{U_i}$		—		—
$A_d=\dfrac{U_o}{U_i}$		—		—
$A_{C1}=\dfrac{U_{C1}}{U_i}$	—		—	
$A_C=\dfrac{U_o}{U_i}$	—		—	
$CMRR=\left\|\dfrac{A_{d1}}{A_{C1}}\right\|$				

2. 具有恒流源的差动放大电路性能测试

将图 9-1 电路中开关 K 拨向右边,构成具有恒流源的差动放大电路。重做上面实验内容 1(2)、1(3)的要求,记入表 9-2。

五、实验总结

1. 整理实验数据,列表比较实验结果和理论估算值,分析误差原因。

(1)静态工作点和差模电压放大倍数。

(2)典型差动放大电路单端输出时的 CMRR 实测值与理论值比较。

(3)典型差动放大电路单端输出时 CMRR 的实测值与具有恒流源的差动放大器 CMRR 实测值比较。

2. 比较 U_i、U_{C1} 和 U_{C2} 之间的相位关系。

3. 根据实验结果,总结电阻 R_E 和恒流源的作用。

六、预习要求

1. 根据实验电路参数,估算典型差动放大器和具有恒流源的差动放大器的静态工作点及差模电压放大倍数(取 $\beta_1=\beta_2=100$)。

2. 测量静态工作点时,放大器输入端 A、B 与地应如何连接?

3. 实验中怎样获得双端和单端输入差模信号?怎样获得共模信号?画出 A、B 端与信号源之间的连接图。

4. 怎样进行静态调零点?用什么仪表测 U_o?

5. 怎样用交流毫伏表测双端输出电压 U_o?

实验十　无输出变压器音频功率放大电路

一、实验目的

1. 进一步理解 OTL 功率放大器的工作原理。
2. 学会 OTL 电路的调试及主要性能指标的测试方法。

二、实验原理

图 10-1 所示为 OTL 低频功率放大器。其中由晶体三极管 T_1 组成推动级(也称前置放大级)，T_2、T_3 是一对参数对称的 NPN 和 PNP 型晶体三极管，它们组成互补推挽 OTL 功放电路。由于每一个管子都接成射极输出器形式，因此具有输出电阻低、负载能力强等优点，适合于作功率输出级。T_1 管工作于甲类状态，它的集电极电流 I_{C1} 由电位器 R_{W1} 进行调节。I_{C1} 的一部分流经电位器 R_{W2} 及二极管 D 给 T_2、T_3 提供偏压。调节 R_{W2}，可以使 T_2、T_3 得到合适的静态电流而工作于甲、乙类状态，以克服交越失真。静态时要求输出端中点 A 的电位 $U_A = \frac{1}{2}U_{CC}$，可以通过调节 R_{W1} 来实现，又由于 R_{W1} 的一端接在 A 点，因此在电路中引入交、直流电压并联负反馈，一方面能够稳定放大器的静态工作点，同时也改善了非线性失真。

当输入正弦交流信号 U_i 时，经 T_1 放大、倒相后同时作用于 T_2、T_3 的基极，U_i 的负半周使 T_3 管导通(T_2 管截止)，有电流通过负载 R_L，同时向电容 C_0 充电，在 U_i 的正半周，T_2 导通

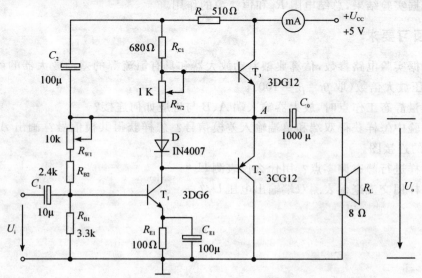

图 10-1　OTL 功率放大器实验电路

（T_3 截止），则已充好电的电容器 C_0 起着电源的作用，通过负载 R_L 放电，这样在 R_L 上就得到完整的正弦波。

C_2 和 R 构成自举电路，用于提高输出电压正半周的幅度，以得到大的动态范围。

OTL 电路的主要性能指标如下：

1. 最大不失真输出功率 P_{om}

理想情况下，$P_{om}=\dfrac{1}{8}\dfrac{U_{CC}^2}{R_L}$，在实验中可通过测量 R_L 两端的电压有效值来求得实际的

$$P_{om}=\frac{U_o^2}{R_L}。$$

2. 效率 η

$$\eta=\frac{P_{om}}{P_E}$$

P_E—直流电源供给的平均功率。

理想情况下，$\eta_{max}=78.5\%$。在实验中，可测量电源供给的平均电流 I_{dc}，从而求得 $P_E=U_{CC}\cdot I_{dc}$，负载上的交流功率已用上述方法求出，因而也就可以计算实际效率了。

3. 频率响应

详见实验四有关部分内容。

4. 输入灵敏度

输入灵敏度是指输出最大不失真功率时，输入信号 U_i 之值。

三、实验设备与器件

1. +5 V 直流电源；

2. 函数信号发生器；

3. 双踪示波器；

4. 交流毫伏表；

5. 直流电压表；

6. 直流毫安表；

7. 频率计；

8. 晶体三极管 3DG6×1（9011×1），3DG12×1（9013×1），3CG12×1（9012×1）；

9. 晶体二极管 2CP×1；

10. 8 Ω 喇叭×1；

11. 电阻器、电容器若干。

四、实验内容

在整个测试过程中，电路不应有自激现象。

1. 静态工作点的测试

按图 10-1 连接实验电路，电源进线中串入直流毫安表，电位器 R_{W2} 置最小值，R_{W1} 置中间位置。接通 +5 V 电源，观察毫安表指示，同时用手触摸输出级管子，若电流过大，或管子温升显著，应立即断开电源检查原因（如 R_{W2} 开路，电路自激，或输出管性能不好等）。如无

异常现象,可开始调试。

(1)调节输出端中点电位 U_A

调节电位器 R_{W1},用直流电压表测量 A 点电位,使 $U_A=\frac{1}{2}U_{CC}$。

(2)调整输出极静态电流及测试各级静态工作点

调节 R_{W2},使 T_2、T_3 管的 $I_{C2}=I_{C3}=5\sim10$ mA。从减小交越失真角度而言,应适当加大输出极静态电流,但该电流过大,会使效率降低,所以一般以 $5\sim10$ mA 左右为宜。由于毫安表串在电源进线中,因此测得的是整个放大器的电流。但一般 T_1 的集电极电流 I_{C1} 较小,从而可以把测得的总电流近似当作末级的静态电流。如要准确得到末级静态电流,则可从总电流中减去 I_{C1} 之值。

调整输出级静态电流的另一方法是动态调试法,先使 $R_{W2}=0$,在输入端接入 $f=1$ kHz 的正弦信号 U_i,逐渐加大输入信号的幅值,此时,输出波形应出现较严重的交越失真(注意:没有饱和和截止失真),然后缓慢增大 R_{W2},当交越失真刚好消失时,停止调节 R_{W2},恢复 U_i $=0$,此时直流毫安表读数即为输出级静态电流。一般数值也应在 $5\sim10$ mA,如过大,则要检查电路。

输出极电流调好以后,测量各级静态工作点,记入表 10-1。

表 10-1 测量各级静态工作点

$I_{C2}=I_{C3}=$ mA $U_A=2.5$ V

	T_1	T_2	T_3
U_B/V			
U_A/V			
U_E/V			

注意:①在调整 R_{W2} 时,一是要注意旋转方向,不要调得过大,更不能开路,以免损坏输出管;

    ②输出管静态电流调好,如无特殊情况,不得随意旋动 R_{W2} 的位置。

2. 最大输出功率 P_{om} 和效率 η 的测试

(1)测量 P_{om}

输入端接 $f=1$ kHz 的正弦信号 U_i,输出端用示波器观察输出电压 U_o 波形,逐渐增大 U_i,使输出电压达到最大不失真输出,用交流毫伏表测出负载 R_L 上的电压 U_{om},则

$$P_{om}=\frac{U_{om}^2}{R_L}$$

(2)测量 η

当输出电压为最大不失真输出时,读出直流毫安表中的电流值,此电流即为直流电源供给的平均电流 I_{dc}(有一定误差),由此可近似求得 $P_E=U_{CC}I_{dc}$,再根据上面测得的 P_{om},即可求出 $\eta=\dfrac{P_{om}}{P_E}$。

3. 输入灵敏度测试

根据输入灵敏度的定义,只要测出输出功率 $P_o=P_{om}$ 时的输入电压值 U_i 即可。

4. 频率响应的测试

测试方法同实验四,记入表 10-2。

表 10-2　频率响应的测试

f/kHz	$U_i=$	mV	f_L	f_0	f_H			
f/kHz				1000				
U_o/V								
$A_V=U_o/U_i$								

在测试时,为保证电路的安全,应在较低电压下进行,通常取输入信号为输入灵敏度的 50%。在整个测试过程中,应保持 U_i 为恒定值,且输出波形不得失真。

5. 研究自举电路的作用

(1)测量有自举电路,且 $P_o=P_{omax}$ 时的电压增益 $A_V=\dfrac{U_{om}}{U_i}$。

(2)将 C_2 开路,R 短路(无自举),再测量 $P_o=P_{omax}$ 的 A_V。

用示波器观察(1)、(2)两种情况下的输出电压波形,并将以上两项测量结果进行比较,分析研究自举电路的作用。

6. 噪声电压的测试

测量时将输入端短路($U_i=0$),观察输出噪声波形,并用交流毫伏表测量输出电压,即为噪声电压 U_N,本电路若 $U_N<15\ \text{mV}$,即满足要求。

7. 试听

输入信号改为录音机输出,输出端接试听音箱及示波器。开机试听,并观察语言和音乐信号的输出波形。

五、实验报告

1. 整理实验数据,计算静态工作点、最大不失真输出功率 P_{om}、效率 η 等,并与理论值进行比较,画频率响应曲线。

2. 分析自举电路的作用。

3. 讨论实验中发生的问题及解决办法。

六、预习要求

1. 复习有关 OTL 工作原理的内容。

2. 为什么引入自举电路能够扩大输出电压的动态范围?

3. 交越失真产生的原因是什么?怎样克服交越失真?

4. 电路中电位器 R_{W2} 如果开路或短路,对电路工作有何影响?

5. 为了不损坏输出管,调试中应注意什么问题?

6. 如电路有自激现象,应如何消除?

实验十一 集成音频功率放大电路

一、实验目的

1. 了解功率放大集成块的应用。
2. 学习集成功率放大器基本技术指标的测试。

二、实验原理

集成功率放大器由集成功放块和一些外部阻容元件构成。它具有线路简单,性能优越,工作可靠,调试方便等优点,已经成为在音频领域中应用十分广泛的功率放大器。

电路中最主要的组件为集成功放块,它的内部电路与一般分立元件功率放大器不同,通常包括前置级、推动级和功率级等几部分。有些还具有一些特殊功能(消除噪声、短路保护等)的电路。其电压增益较高(不加负反馈时,电压增益达 $70\sim80$ dB,加典型负反馈时电压增益在 40 dB 以上)。

集成功放块的种类很多,本实验采用的集成功放块型号为 LA4112,它的内部电路如图 11-1 所示。它由三级电压放大、一级功率放大以及偏置、恒流、反馈、退耦电路组成。

1. 电压放大级

第一级选用由 T_1 和 T_2 管组成的差动放大器,这种直接耦合的放大器零漂较小,第二级

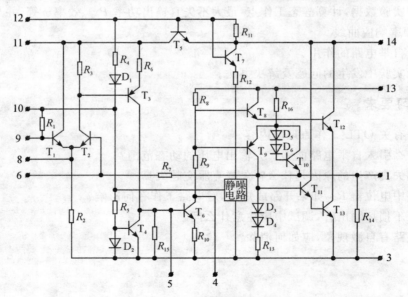

图 11-1 LA4112 内部电路图

的 T_3 管完成直接耦合电路中的电平移动，T_4 是 T_3 管的恒流源负载，以获得较大的增益；第三级由 T_6 管等组成，此级增益最高，为防止出现自激振荡，需在该管的 B、C 极之间外接消振电容。

2. 功率放大级

由 $T_8 \sim T_{13}$ 等组成复合互补推挽电路。为提高输出级增益和正向输出幅度，需外接"自举"电容。

3. 偏置电路

为建立各级合适的静态工作点而设立。

除上述主要部分外，为了使电路工作正常，还需要和外部元件一起构成反馈电路来稳定和控制增益。同时，还设有退耦电路来消除各级间的不良影响。

LA4112 集成功放块是一种塑料封装 14 脚的双列直插器件。它的外形如图 11-2 所示。表 11-1、表 11-2 是它的极限参数和电参数。

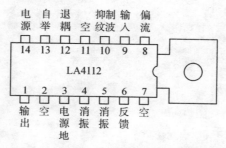

图 11-2　LA4112 外形及管脚排列图

与 LA4112 集成功放块技术指标相同的国内外产品还有 FD403、FY4112、D4112 等，可以互相替代使用。

表 11-1　LA4112 集成功放块极限参数表

参　数	符号与单位	额定值
最大电源电压	U_{CCmax}/V	13（有信号时）
允许功耗	P_o/W	1.2
		2.25（50×50 mm² 铜箔散热片）
工作温度	$T_{opr}/℃$	$-20 \sim +70$

表 11-2　LA4112 集成功放块电参数表

参数	符号与单位	测试条件	典型值
工作电压	U_{CC}/V		9
静态电流	I_{CCQ}/mA	$U_{CC}=9$ V	15
开环电压增益	A_{Vo}/dB		70
输出功率	P_o/W	$R_L=4$ Ω，$f=1$ kHz	1.7
输入阻抗	$R_i/kΩ$		20

集成功率放大器 LA4112 的应用电路如图 11-3 所示,该电路中各电容和电阻的作用简要说明如下:

C_1、C_9——输入、输出耦合电容,隔直作用。

C_2 和 R_f——反馈元件,决定电路的闭环增益。

C_3、C_4、C_8——滤波、退耦电容。

C_5、C_6、C_{10}——消振电容,消除寄生振荡。

C_7——自举电容,若无此电容,将出现输出波形半边被削波的现象。

三、实验设备与器件

1. +9 V 直流电源;

2. 函数信号发生器;

3. 双踪示波器;

4. 交流毫伏表;

5. 直流电压表;

6. 电流毫安表;

7. 频率计;

8. 集成功放块 LA4112;

9. 8 Ω 扬声器;

10. 电阻器、电容器若干。

四、实验内容

按图 11-3 连接实验电路,输入端接函数信号发生器,输出端接扬声器。

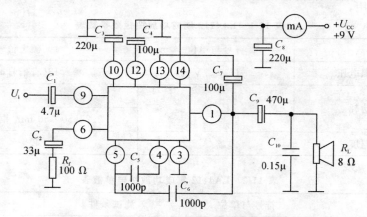

图 11-3　由 LA4112 构成的集成功放实验电路

1. 静态测试

将输入信号旋钮旋至零,接通+9 V 直流电源,测量静态总电流及集成块各引脚对地电压,记入自拟表格中。

2. 动态测试

(1)最大输出功率

①接入自举电容 C_7

输入端接 1 kHz 正弦信号,输出端用示波器观察输出电压波形,逐渐加大输入信号幅度,使输出电压为最大不失真输出,用交流毫伏表测量此时的输出电压 U_{om},则最大输出功率

$$P_{om}=\frac{U_{om}^2}{R_L}$$

②断开自举电容 C_7

观察输出电压波形变化情况

(2)输入灵敏度

要求 $U_i<100$ mV,测试方法同实验八。

(3)频率响应

测试方法同实验八。

(4)噪声电压

要求 $U_N<2.5$ mV,测试方法同实验八。

3. 试听

附:根据实际芯片情况,可选用以下实验内容

1. 按附图 11-1 电路在实验板上插装电路,不加信号时测静态工作电流。LM386 的内部电路如附图 11-2 所示。

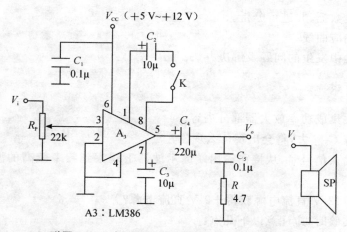

附图 11-1　由 LM386 构成的集成功放实验电路

2. 在输入端接 1 kHz 信号,用示波器观察输出波形,逐渐增加输入电压幅度,直至出现失真为止,记录此时输入电压,输出电压幅值,并记录波形。

3. 去掉 10μ 电容,重复上述实验。

4. 改变电源电压(选 5 V、9 V 两挡),重复上述实验。

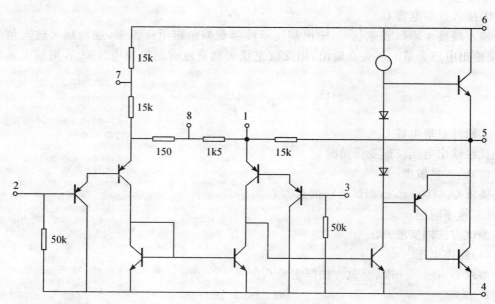

附图 11-2　LM386 内部电路

五、实验总结

1. 整理实验数据,并进行分析。

2. 画频率响应曲线。

3. 讨论实验中发生的问题及解决办法。

六、预习要求

1. 复习有关集成功率放大器部分内容。

2. 若将电容 C_7 除去,将会出现什么现象?

3. 若在无输入信号时,从接在输出端的示波器上观察到频率较高的波形,正常否? 如何消除?

4. 如何由 +12 V 直流电源获得 +9 V 直流电源?

5. 进行本实验时,应注意以下几点:

(1)电源电压不允许超过极限值,不允许极性接反,否则集成块将遭损坏。

(2)电路工作时绝对避免负载短路,否则将烧毁集成块。

(3)接通电源后,时刻注意集成块的温度,有时,未加输入信号集成块就发热过甚,同时直流毫安表指示出较大电流及示波器显示出幅度较大、频率较高的波形,说明电路有自激现象,应即关机,然后进行故障分析和处理,待自激振荡消除后,才能重新进行实验。

(4)输入信号不要过大。

实验十二 集成运算放大器参数测试

一、实验目的

1. 掌握运算放大器主要指标的测试方法。

2. 通过对运算放大器 μA741 指标的测试，了解集成运算放大器组件的主要参数的定义和表示方法。

二、实验原理

集成运算放大器是一种线性集成电路，和其他半导体器件一样，它用一些性能指标来衡量其质量的优劣。为了正确使用集成运放，就必须了解它的主要参数指标。集成运放组件的各项指标通常由专用仪器进行测试，这里介绍的是一种简易测试方法。

本实验采用的集成运放型号为 μA741（或 F007），引脚排列如图 12-1 所示。它是八脚双列直插式组件，2 脚和 3 脚为反相和同相输入端，6 脚为输出端，7 脚和 4 脚为正、负电源端，1 脚和 5 脚为失调调零端，1、5 脚之间可接入一只几十 kΩ 的电位器并将滑动触头接到负电源端。8 脚为空脚。

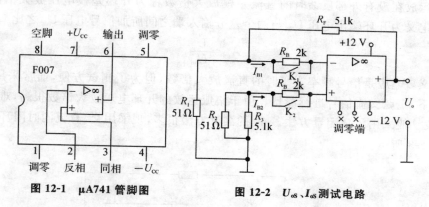

图 12-1 μA741 管脚图　　　图 12-2 U_{oS}、I_{oS} 测试电路

1. μA741 主要指标测试

（1）输入失调电压 U_{oS}

理想运放组件，当输入信号为零时，其输出也为零。但是即使是最优质的集成组件，由于运放内部差动输入级参数的不完全对称，输出电压往往不为零。这种零输入时输出不为零的现象称为集成运放的失调。

输入失调电压 U_{oS} 是指输入信号为零时，输出端出现的电压折算到同相输入端的数值。

失调电压测试电路如图 12-2 所示。闭合开关 K_1 及 K_2，使电阻 R_B 短接，测量此时的输出电压 U_{o1} 即为输出失调电压，则输入失调电压

$$U_{oS} = \frac{R_1}{R_1 + R_F} U_{o1}$$

实际测出的 U_{o1} 可能为正，也可能为负，一般在 $1 \sim 5$ mV，对于高质量的运放 U_{oS} 在 1 mV 以下。

测试中应注意：①将运放调零端开路。②要求电阻 R_1 和 R_2、R_3 和 R_F 的参数严格对称。

（2）输入失调电流 I_{oS}

输入失调电流 I_{oS} 是指当输入信号为零时，运放的两个输入端的基极偏置电流之差

$$I_{oS} = |I_{B1} - I_{B2}|$$

输入失调电流的大小反映了运放内部差动输入级两个晶体管 β 的失配度，由于 I_{B1}、I_{B2} 本身的数值已很小（微安级），因此它们的差值通常不是直接测量的，测试电路如图 12-2 所示，测试分两步进行：

①闭合开关 K_1 及 K_2，在低输入电阻下，测出输出电压 U_{o1}，如前所述，这是由输入失调电压 U_{oS} 所引起的输出电压。

②断开 K_1 及 K_2，两个输入电阻 R_B 接入，由于 R_B 阻值较大，流经它们的输入电流的差异将变成输入电压的差异，因此，也会影响输出电压的大小，可见测出两个电阻 R_B 接入时的输出电压 U_{o2}，若从中扣除输入失调电压 U_{oS} 的影响，则输入失调电流 I_{oS} 为

$$I_{oS} = |I_{B1} - I_{B2}| = |U_{o2} - U_{o1}| \frac{R_1}{R_1 + R_F} \frac{1}{R_B}$$

一般，I_{oS} 约为几十～几百 nA（10^{-9} A），高质量运放 I_{oS} 低于 1 nA。

测试中应注意：①将运放调零端开路。②两输入端电阻 R_B 必须精确配对。

（3）开环差模放大倍数 A_{ud}

集成运放在没有外部反馈时的直流差模放大倍数称为开环差模电压放大倍数，用 A_{ud} 表示。它定义为开环输出电压 U_o 与两个差分输入端之间所加信号电压 U_{id} 之比

$$A_{ud} = \frac{U_o}{U_{id}}$$

按定义，A_{ud} 应是信号频率为零时的直流放大倍数，但为了测试方便，通常采用低频（几十赫兹以下）正弦交流信号进行测量。由于集成运放的开环电压放大倍数很高，难以直接进行测量，故一般采用闭环测量方法。A_{ud} 的测试方法很多，现采用交、直流同时闭环的测试方法，如图 12-3 所示。

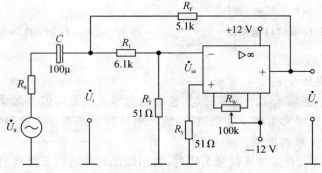

图 12-3　A_{ud} 测试电路

被测运放一方面通过 R_F、R_1、R_2 完成直流闭环,以抑制输出电压漂移,另一方面通过 R_F 和 R_S 实现交流闭环,外加信号 U_S 经 R_1、R_2 分压,使 U_{id} 足够小,以保证运放工作在线性区,同相输入端电阻 R_3 应与反相输入端电阻 R_2 相匹配,以减小输入偏置电流的影响,电容 C 为隔直电容。被测运放的开环电压放大倍数为:

$$A_{ud} = \frac{U_o}{U_{id}} = (1 + \frac{R_1}{R_2}) \frac{U_o}{U_i}$$

通常低增益运放 A_{ud} 约为 $60 \sim 70$ dB,中增益运放约为 80 dB,高增益在 100 dB 以上,可达 $120 \sim 140$ dB。

测试中应注意:①测试前电路应首先消振及调零。②被测运放要工作在线性区。③输入信号频率应较低,一般用 $50 \sim 100$ Hz,输出信号幅度应较小,且无明显失真。

(4)共模抑制比 CMRR

集成运放的差模电压放大倍数 A_d 与共模电压放大倍数 A_c 之比称为共模抑制比:

$$CMRR = \left| \frac{A_d}{A_c} \right| \quad 或 \quad CMRR = 20\lg \left| \frac{A_d}{A_c} \right| \text{ (dB)}$$

共模抑制比在应用中是一个很重要的参数,理想运放对输入的共模信号输出为零,但在实际的集成运放中,其输出不可能没有共模信号的成分,输出端共模信号愈小,说明电路对称性愈好,也就是说运放对共模干扰信号的抑制能力愈强,即 CMRR 愈大。CMRR 的测试电路如图 12-4 所示。

集成运放工作在闭环状态下的差模电压放大倍数为:

$$A_d = \frac{R_F}{R_1}$$

当接入共模输入信号 U_{iC} 时,测得 U_{oC},则共模电压放大倍数为:

$$A_C = \frac{U_{oC}}{U_{iC}}$$

得共模抑制比

$$CMRR = \left| \frac{A_d}{A_C} \right| = \frac{R_F}{R_1} \frac{U_{iC}}{U_{oC}}$$

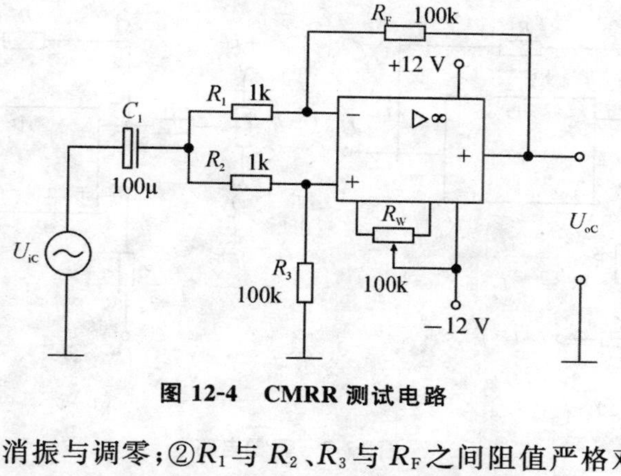

图 12-4　CMRR 测试电路

测试中应注意:①消振与调零;②R_1 与 R_2、R_3 与 R_F 之间阻值严格对称;③输入信号 U_{iC} 幅度必须小于集成运放的最大共模输入电压范围 U_{iCm}。

(5)共模输入电压范围 U_{iCm}

集成运放所能承受的最大共模电压称为共模输入电压范围,超出这个范围,运放的 CMRR 会大大下降,输出波形产生失真,有些运放还会出现"自锁"现象以及永久性的损坏。U_{iCm} 的测试电路如图 12-5 所示。

被测运放接成电压跟随器形式,输出端接示波器,观察最大不失真输出波形,从而确定 U_{iCm} 值。

(6)输出电压最大动态范围 U_{OPP}

集成运放的动态范围与电源电压、外接负载及信号源频率有关。测试电路如图 12-6 所示。

改变 U_S 幅度,观察 U_o 削顶失真开始时刻,从而确定 U_o 的不失真范围,这就是运放在某一定电源电压下可能输出的电压峰峰值 U_{OPP}。

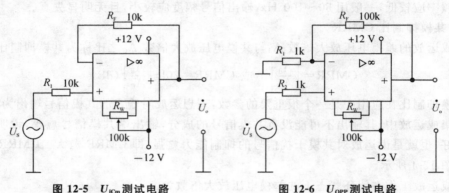

图 12-5 U_{iCm}测试电路　　　　图 12-6 U_{OPP}测试电路

2. 集成运放在使用时应考虑的一些问题

(1)输入信号选用交、直流量均可,但在选取信号的频率和幅度时,应考虑运放的频响特性和输出幅度的限制。

(2)调零。为提高运算精度,在应用前,应首先对直流输出电位进行调零,即保证输入为零时,输出也为零。当运放有外接调零端子时,可按组件要求接入调零电位器 R_W,调零时,将输入端接地,调零端接入电位器 R_W,用直流电压表测量输出电压 U_o,细心调节 R_W,使 U_o 为零(即失调电压为零)。如运放没有调零端子,若要调零,可按图 12-7 所示电路进行调零。

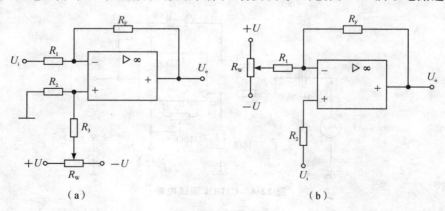

（a）　　　　　　　　　　　　（b）

图 12-7 调零电路

一个运放如不能调零,大致有如下原因:①组件正常,接线有错误。②组件正常,但负反馈不够强(R_F/R_1太大),为此可将R_F短路,观察是否能调零。③组件正常,但由于它所允许的共模输入电压太低,可能出现自锁现象,因而不能调零。为此可将电源断开后,再重新接通,如能恢复正常,则属于这种情况。④组件正常,但电路有自激现象,应进行消振。⑤组件内部损坏,应更换好的集成块。

(3)消振。一个集成运放自激时,表现为即使输入信号为零,亦会有输出,使各种运算功能无法实现,严重时还会损坏器件。在实验中,可用示波器监视输出波形。为消除运放的自激,常采用如下措施:

①若运放有相位补偿端子,可利用外接RC补偿电路,产品手册中有补偿电路及元件参数提供。②电路布线、元、器件布局应尽量减少分布电容。③在正、负电源进线与地之间接上几十μF的电解电容和$0.01\sim0.1\ \mu F$的陶瓷电容相并联以减小电源引线的影响。

注:自激消除方法请参考实验附录。

三、实验设备与器件

1. $\pm12\ V$直流电源;
2. 函数信号发生器;
3. 双踪示波器;
4. 交流毫伏表;
5. 直流电压表;
6. 集成运算放大器$\mu A741\times1$;
7. 电阻器、电容器若干。

四、实验内容

实验前看清运放管脚排列及电源电压极性及数值,切忌正、负电源接反。

1. 测量输入失调电压U_{oS}

按图12-2连接实验电路,闭合开关K_1、K_2,用直流电压表测量输出端电压U_{o1},并计算U_{oS},记入表12-1。

2. 测量输入失调电流I_{oS}

实验电路如图12-2,打开开关K_1、K_2,用直流电压表测量U_{o2},并计算I_{oS}。记入表12-1。

表 12-1　运放电路测量记录表

U_{oS}/mV		I_{oS}/nA		A_{ud}/db		CMRR/dB	
实测值	典型值	实测值	典型值	实测值	典型值	实测值	典型值
	$2\sim10$		$50\sim100$		$100\sim106$		$80\sim86$

3. 测量开环差模电压放大倍数A_{ud}

按图12-3连接实验电路,运放输入端加频率100 Hz,$30\sim50$ mV正弦信号,用示波器监视输出波形。用交流毫伏表测量U_o和U_i,并计算A_{ud},记入表12-1。

4. 测量共模抑制比CMRR

按图12-4连接实验电路,运放输入端加$f=100$ Hz,$U_{iC}=1\sim2$ V正弦信号,监视输出波形。测量U_{oC}和U_{iC},计算A_c及CMRR,记入表12-1。

5. 测量共模输入电压范围 U_{iCm} 及输出电压最大动态范围 U_{OPP}。

自拟实验步骤及方法。

五、实验总结

1. 将所测得的数据与典型值进行比较。

2. 对实验结果及实验中碰到的问题进行分析、讨论。

六、预习要求

1. 查阅 $\mu A741$ 典型指标数据及管脚功能。

2. 测量输入失调参数时，为什么运放反相及同相输入端的电阻要精选，以保证严格对称？

3. 测量输入失调参数时，为什么要将运放调零端开路，而在进行其他测试时，则要求对输出电压进行调零？

4. 测试信号的频率选取的原则是什么？

实验十三　集成运放应用之模拟运算电路

一、实验目的

1. 研究由集成运算放大器组成的比例、加法、减法和积分等基本运算电路的功能。
2. 了解运算放大器在实际应用时应考虑的一些问题。

二、实验原理

集成运算放大器是一种具有高电压放大倍数的直接耦合多级放大电路。当外部接入不同线性或非线性元器件组成输入和负反馈电路时,可以灵活地实现各种特定的函数关系。在线性应用方面,可组成比例、加法、减法、积分、微分、对数等模拟运算电路。

1. 理想运算放大器特性

在大多数情况下,将运放视为理想运放,就是将运放的各项技术指标理想化。满足下列条件的运算放大器称为理想运放。

开环电压增益 $A_{ud} = \infty$;

输入阻抗 $r_i = \infty$;

输出阻抗 $r_o = 0$;

带宽 $f_{BW} = \infty$;

失调与漂移均为零等。

理想运放在线性应用时的两个重要特性:

(1)输出电压 U_o 与输入电压之间满足关系式

$$U_o = A_{ud}(U_+ - U_-)$$

由于 $A_{ud} = \infty$,而 U_o 为有限值,因此,$U_+ - U_- \approx 0$,即 $U_+ \approx U_-$,称为"虚短"。

(2)由于 $r_i = \infty$,故流进运放两个输入端的电流可视为零,即 $I_{IB} = 0$,称为"虚断"。这说明运放对其前级吸取电流极小。

上述两个特性是分析理想运放应用电路的基本原则,可简化运放电路的计算。

2. 基本运算电路

(1)反相比例运算电路

电路如图 13-1 所示,对于理想运放,该电路的输出电压与输入电压之间的关系为

$$U_o = -\frac{R_F}{R_1} U_i$$

为了减小输入级偏置电流引起的运算误差,在同相输入端应接入平衡电阻 $R_2 = R_1 \parallel R_F$。

(2)反相加法电路

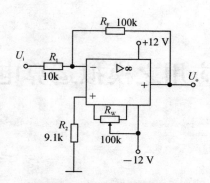

图 13-1　反相比例运算电路

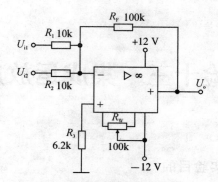

图 13-2　反相加法运算电路

电路如图 13-2 所示，输出电压与输入电压之间的关系为：

$$U_{o} = -\left(\frac{R_F}{R_1}U_{i1} + \frac{R_F}{R_2}U_{i2}\right)$$

$$R_3 = R_1 \mathbin{/\mkern-5mu/} R_2 \mathbin{/\mkern-5mu/} R_F$$

（3）同相比例运算电路

图 13-3(a)是同相比例运算电路，它的输出电压与输入电压之间的关系为

$$U_{o} = \left(1 + \frac{R_F}{R_1}\right)U_i, R_2 = R_1 \mathbin{/\mkern-5mu/} R_F$$

当 $R_1 \rightarrow \infty$ 时，$U_{o} = U_i$，即得到如图 13-3(b)所示的电压跟随器。图中 $R_2 = R_F$，用以减小漂移和起保护作用。一般 R_F 取 10 kΩ，R_F 太小起不到保护作用，太大则影响跟随性。

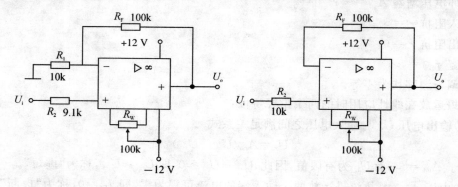

（a）同向比例运算电路

（b）电压跟随器

图 13-3　同相比例运算电路

（4）差动放大电路（减法器）

对于图 13-4 所示的减法运算电路，当 $R_1 = R_2$，$R_3 = R_F$ 时，有如下关系式

$$U_{o} = \frac{R_F}{R_1}(U_{i2} - U_{i1})$$

（5）积分运算电路

反相积分电路如图 13-5 所示。在理想化条件下，输出电压 U_{o} 为：

$$U_{o}(t) = -\frac{1}{R_1 C}\int_0^t U_i \mathrm{d}t + U_C(0)$$

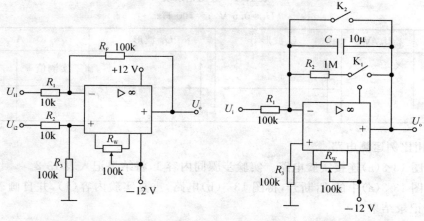

图 13-4 减法运算电路图　　　图 13-5 积分运算电路

式中 $U_C(0)$ 是 $t=0$ 时刻电容 C 两端的电压值,即初始值。

如果 $U_i(t)$ 是幅值为 E 的阶跃电压,并设 $U_C(0)=0$,则

$$U_o(t) = -\frac{1}{R_1C}\int_0^t E\mathrm{d}t = -\frac{E}{R_1C}t$$

即输出电压 $U_o(t)$ 随时间增长而线性下降。显然 RC 的数值越大,达到给定的 U_o 值所需的时间就越长。积分输出电压所能达到的最大值受集成运放最大输出范围的限值。

在进行积分运算之前,首先应对运放调零。为了便于调节,将图中 K_1 闭合,即通过电阻 R_2 的负反馈作用帮助实现调零。但在完成调零后,应将 K_1 打开,以免因 R_2 的接入造成积分误差。K_2 的设置一方面为积分电容放电提供通路,同时可实现积分电容初始电压 $U_C(0)=0$;另一方面,可控制积分起始点,即在加入信号 U_i 后,只要 K_2 一打开,电容就将被恒流充电,电路也就开始进行积分运算。

三、实验设备与器件

1. ± 12 V 直流电源;

2. 函数信号发生器;

3. 交流毫伏表;

4. 直流电压表;

5. 集成运算放大器 μA741×1;

6. 电阻器、电容器若干。

四、实验内容

实验前要看清运放组件各管脚的位置;切忌正、负电源极性接反和输出端短路,否则将会损坏集成块。

1. 反相比例运算电路

(1)按图 13-1 连接实验电路,接通 ± 12 V 电源,输入端对地短路,进行调零和消振。

(2)输入 $f=100$ Hz,$U_i=0.5$ V 的正弦交流信号,测量相应的 U_o,并用示波器观察 U_o 和 U_i 的相位关系,记入表 13-1。

表 13-1　数据记录表

$U_i = 0.5\ \text{V}, f = 100\ \text{Hz}$

U_i/V	U_o/V	U_i波形	U_o波形	A_V	
				实测值	计算值

2. 同相比例运算电路

(1)按图 13-3(a)连接实验电路。实验步骤同内容 1,将结果记入表 13-2。

(2)将图 13-3(a)中的 R_1 断开,得图 13-3(b)电路,重复实验内容(1),并自画表格(格式同表 13-2)记录结果。

表 13-2　数据记录表

$U_i = 0.5\ \text{V}\qquad f = 100\ \text{Hz}$

U_i/V	U_o/V	U_i波形	U_o波形	A_V	
				实测值	计算值

3. 反相加法运算电路

(1)按图 13-2 连接实验电路,调零和消振。

(2)输入信号采用直流信号,图 13-6 所示电路为简易直流信号源,由实验者自行完成。实验时要注意选择合适的直流信号幅度以确保集成运放工作在线性区。用直流电压表测量输入电压 U_{i1}、U_{i2} 及输出电压 U_o,记入表 13-3 中。

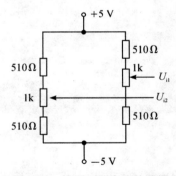

图 13-6　简易可调直流信号源

表 13-3　反相加法运算电路测量记录表

U_{i1}/V				
U_{i2}/V				
U_o/V				

4. 减法运算电路

(1)按图 13-4 连接实验电路,调零和消振。

(2)采用直流输入信号,实验步骤同内容 3,记入表 13-4 中。

表 13-4　减法运算电路测量记录表

U_{i1}/V					
U_{i2}/V					
U_o/V					

5. 积分运算电路

实验电路如图 13-5 所示。

(1)打开 K_2,闭合 K_1,对运放输出进行调零。

(2)调零完成后,再打开 K_1,闭合 K_2,使 $U_C(0)=0$。

(3)预先调好直流输入电压 $U_i=0.5$ V,接入实验电路,再打开 K_2,然后用直流电压表测量输出电压 U_o,每隔 5 秒读一次 U_o,记入表 13-5 中,直到 U_o 不继续明显增大为止。

表 13-5　积分运算电路测量记录表

t/s	0	5	10	15	20	25	30	...
U_o/V								

五、实验总结

1. 整理实验数据,画出波形图(注意波形间的相位关系)。

2. 将理论计算结果和实测数据相比较,分析产生误差的原因。

3. 分析讨论实验中出现的现象和问题。

六、预习要求

1. 复习集成运放线性应用部分内容,并根据实验电路参数计算各电路输出电压的理论值。

2. 在反相加法器中,如 U_{i1} 和 U_{i2} 均采用直流信号,并选定 $U_{i2}=-1$ V,当考虑到运算放大器的最大输出幅度(±12 V)时,$|U_{i1}|$ 的大小不应超过多少伏?

3. 在积分电路中,如 $R_1=100$ kΩ,$C=4.7$ μF,求时间常数。假设 $U_i=0.5$ V,问要使输出电压 U_o 达到 5 V,需多长时间(设 $U_C(0)=0$)?

4. 为了不损坏集成块,实验中应注意什么问题?

实验十四　集成运放应用之有源滤波器

一、实验目的

1. 熟悉用运放、电阻和电容组成有源低通滤波、高通滤波和带通、带阻滤波器。
2. 学会测量有源滤波器的幅频特性。

二、实验原理

由 RC 元件与运算放大器组成的滤波器称为 RC 有源滤波器(具有不用电感、体积小、重量轻等优点),其功能是让一定频率范围内的信号通过,抑制或急剧衰减此频率范围以外的信号。可用在信息处理、数据传输、抑制干扰等方面,但因受运算放大器频带限制,这类滤波器主要用于低频范围。根据对频率范围的选择不同,可分为低通(LPF)、高通(HPF)、带通(BPF)与带阻(BEF)四种滤波器,它们的幅频特性如图 14-1 所示。

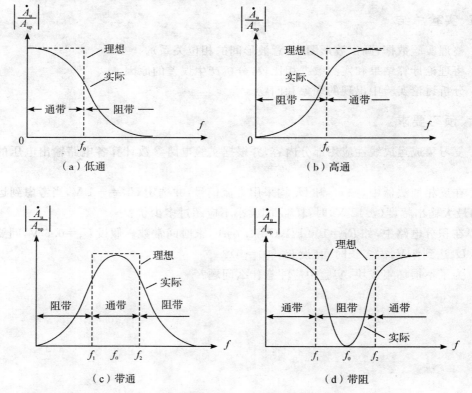

图 14-1　四种滤波电路的幅频特性示意图

　　具有理想幅频特性的滤波器是很难实现的,只能用实际的幅频特性去逼近理想的。一般来说,滤波器的幅频特性越好,其相频特性越差,反之亦然。滤波器的阶数越高,幅频特性衰减的速率越快,但 RC 网络的节数越多,元件参数计算越繁琐,电路调试越困难。任何高阶滤波器均可以用较低的二阶 RC 有源滤波器级联实现。

　　1. 低通滤波器(LPF)

　　低通滤波器是用来通过低频信号衰减或抑制高频信号。

　　图 14-2(a)所示为典型的二阶有源低通滤波器。它由两级 RC 滤波环节与同相比例运算电路组成,其中第一级电容 C 接至输出端,引入适量的正反馈,以改善幅频特性。

　　图 14-2(b)为二阶低通滤波器幅频特性曲线。

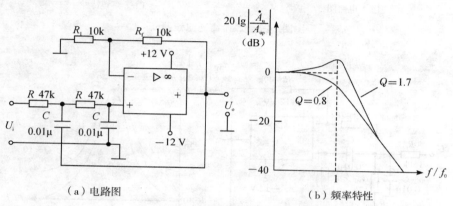

（a）电路图　　　　　　（b）频率特性

图 14-2　二阶低通滤波器

电路性能参数:

二阶低通滤波器的通带增益 $A_{up} = 1 + \dfrac{R_f}{R_1}$;

滤波器增益 $A_u = \dfrac{U_o}{U_i}$;

截止频率 $f_0 = \dfrac{1}{2\pi RC}$,它是二阶低通滤波器通带与阻带的界限频率;

品质因数 $Q = \dfrac{1}{3 - A_{up}}$,它的大小影响低通滤波器在截止频率处幅频特性的形状。

　　2. 高通滤波器(HPF)

　　与低通滤波器相反,高通滤波器用来通过高频信号,衰减或抑制低频信号。

　　只要将图 14-2 低通滤波电路中起滤波作用的电阻、电容互换,即可变成二阶有源高通滤波器,如图 14-3(a)所示。高通滤波器性能与低通滤波器相反,其频率响应和低通滤波器是"镜像"关系,仿照 LPH 分析方法,不难求得 HPF 的幅频特性。

　　电路性能参数 A_{up}、f_0、Q 各量的含义同二阶低通滤波器。

　　图 14-3(b)为二阶高通滤波器的幅频特性曲线,可见,它与二阶低通滤波器的幅频特性曲线有"镜像"关系。

　　3. 带通滤波器(BPF)

　　这种滤波器的作用是只允许在某一个通频带范围内的信号通过,而比通频带下限频率

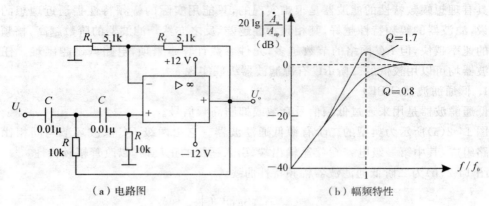

（a）电路图　　　　　　　　　　　（b）幅频特性

图 14-3　二阶高通滤波器

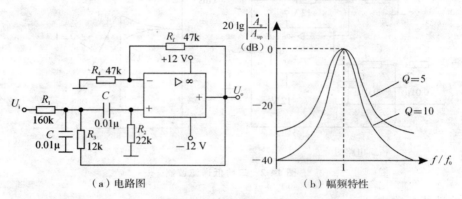

（a）电路图　　　　　　　　　　　（b）幅频特性

图 14-4　二阶带通滤波器

低和比上限频率高的信号均加以衰减或抑制。

典型的带通滤波器可以从二阶低通滤波器中将其中一级改成高通而成,如图 14-4(a)所示。

电路性能参数:

通带增益 $A_{up}=\dfrac{R_4+R_f}{R_4 R_1 CB}$;

中心频率 $f_0=\dfrac{1}{2\pi}\sqrt{\dfrac{1}{R_2 C^2}\left(\dfrac{1}{R_1}+\dfrac{1}{R_3}\right)}$;

通带宽度 $B=\dfrac{1}{C}\left(\dfrac{1}{R_1}+\dfrac{2}{R_2}-\dfrac{R_f}{R_3 R_4}\right)$;

选择性 $Q=\dfrac{\omega_0}{B}$。

此电路的优点是改变 R_f 和 R_4 的比例就可改变频宽而不影响中心频率。

4. 带阻滤波器(BEF)

如图 14-5(a)所示,这种电路的性能和带通滤波器相反,即在规定的频带内,信号不能通过(或受到很大衰减或抑制),而在其余频率范围,信号则能顺利通过。

在双 T 网络后加一级同相比例运算电路就构成了基本的二阶有源 BEF。

电路性能参数:

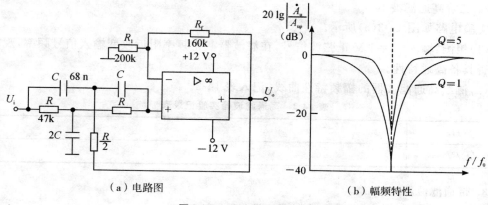

（a）电路图 　　　　　　　　　　（b）幅频特性

图 14-5　二阶带阻滤波器

通带增益 $A_{up}=1+\dfrac{R_f}{R_1}$；

中心频率 $f_0=\dfrac{1}{2\pi RC}$；

带阻宽度 $B=2(2-A_{up})f_0$；

选择性 $Q=\dfrac{1}{2(2-A_{up})}$。

三、实验设备与器件

1. ±12 V 直流电源；

2. 函数信号发生器；

3. 双踪示波器；

4. 交流毫伏表；

5. 频率计；

6. μA741×1；

7. 电阻器、电容器若干。

四、实验内容

1. 二阶低通滤波器

实验电路如图 14-2(a)所示。

(1)粗测：接通±12 V 电源。U_i 接函数信号发生器，令其输出为 $U_i=1$ V 的正弦波信号，在滤波器截止频率附近改变输入信号频率，用示波器或交流毫伏表观察输出电压幅度的变化是否具备低通特性，如不具备，应排除电路故障。

(2)在输出波形不失真的条件下，选取适当幅度的正弦输入信号，在维持输入信号幅度不变的情况下，逐点改变输入信号频率。测量输出电压，记入表 14-1 中，描绘频率特性曲线。

表 14-1　低通滤波器实验记录表

f/Hz	
U_o/V	

2. 二阶高通滤波器

实验电路如图 14-3(a)所示。

(1)粗测:输入 $U_i = 1$ V 正弦波信号,在滤波器截止频率附近改变输入信号频率,观察电路是否具备高通特性。

(2)测绘高通滤波器的幅频特性曲线,记入表 14-2。

表 14-2　高通滤波器实验记录表

f/Hz	
U_o/V	

3. 带通滤波器

实验电路如图 14-4(a),测量其频率特性,记入表 14-3。

(1)实测电路的中心频率 f_0。

(2)以实测中心频率为中心,测绘电路的幅频特性。

表 14-3　带通滤波器实验记录表

f/Hz	
U_o/V	

4. 带阻滤波器

实验电路如图 14-5(a)所示。

(1)实测电路的中心频率 f_0。

(2)测绘电路的幅频特性,记入表 14-4。

表 14-4　带阻滤波器实验记录表

f/Hz	
U_o/V	

五、实验总结

1. 整理实验数据,画出各电路实测的幅频特性。

2. 根据实验曲线,计算截止频率、中心频率、带宽及品质因数。

3. 总结有源滤波电路的特性。

六、预习要求

1. 复习教材有关滤波器内容。

2. 分析图 14-2、图 14-3、图 14-4、图 14-5 所示电路,写出它们的增益特性表达式。

3. 计算图 14-2、图 14-3 的截止频率及图 14-4、图 14-5 的中心频率。

4. 画出上述四种电路的幅频特性曲线。

实验十五 集成运放应用之电压比较器

一、实验目的

1. 掌握电压比较器的电路构成及特点。
2. 学会测试比较器的方法。

二、实验原理

电压比较器是集成运放非线性应用电路,它将一个模拟量电压信号和一个参考电压相比较,在二者幅度相等的附近,输出电压将产生跃变,相应输出高电平或低电平。比较器可以组成非正弦波形变换电路及应用于模拟与数字信号转换等领域。

图 15-1 所示为一最简单的电压比较器,U_R 为参考电压,加在运放的同相输入端,输入电压 U_i 加在反相输入端。

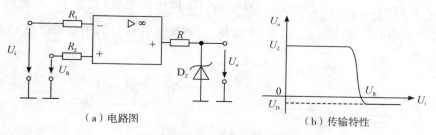

(a) 电路图	(b) 传输特性

图 15-1 电压比较器

当 $U_i < U_R$ 时,运放输出高电平,稳压管 D_Z 反向稳压工作。输出端电位被钳位在稳压管的稳定电压 U_Z,即 $U_o = U_Z$。

当 $U_i > U_R$ 时,运放输出低电平,D_Z 正向导通,输出电压等于稳压管的正向压降 U_D,即 $U_o = -U_D$。

因此,以 U_R 为界,当输入电压 U_i 变化时,输出端反映出两种状态:高电位和低电位。

表示输出电压与输入电压之间关系的特性曲线,称为传输特性。图 15-1(b) 为(a)图比较器的传输特性。

常用的电压比较器有过零比较器、具有滞回特性的过零比较器、双限比较器(又称窗口比较器)等。

1. 过零比较器

图 15-2 所示为加限幅电路的过零比较器,D_Z 为限幅稳压管。信号从运放的反相输入端输入,参考电压为零,从同相端输入。当 $U_i > 0$ 时,输出 $U_o = -(U_Z + U_D)$;当 $U_i < 0$ 时,$U_o = +(U_Z + U_D)$。其电压传输特性如图 15-2(b) 所示。

过零比较器结构简单,灵敏度高,但抗干扰能力差。

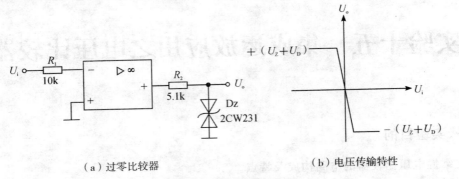

（a）过零比较器   （b）电压传输特性

图 15-2　过零比较器

2. 滞回比较器

图 15-3 为具有滞回特性的过零比较器。

过零比较器在实际工作时,如果 U_i 恰好在过零值附近,则由于零点漂移的存在,U_o 将不断由一个极限值转换到另一个极限值,这在控制系统中,对执行机构将是很不利的。为此,就需要输出特性具有滞回现象。如图 15-3 所示,从输出端引一个电阻分压正反馈支路到同相输入端,若 U_o 改变状态,Σ 点也随着改变电位,使过零点离开原来位置。当 U_o 为正（记作 U_+）,$U_\Sigma = \dfrac{R_2}{R_f + R_2} U_+$,则当 $U_i > U_\Sigma$ 后,U_o 即由正变负（记作 U_-）,此时 U_Σ 变为 $-U_\Sigma$。故只有当 U_i 下降到 $-U_\Sigma$ 以下,才能使 U_o 再度回升到 U_+,于是出现图 15-3(b) 中所示的滞回特性。

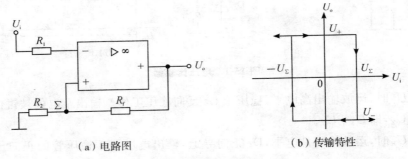

（a）电路图   （b）传输特性

图 15-3　滞回比较器

$-U_\Sigma$ 与 U_Σ 的差别称为回差。改变 R_2 的数值可以改变回差的大小。

3. 窗口（双限）比较器

简单的比较器仅能鉴别输入电压 U_i 比参考电压 U_R 高或低的情况,窗口比较电路由两个简单比较器组成,如图 15-4 所示,它能指示出 U_i 值是否处于 U_R^+ 和 U_R^- 之间。如 $U_R^- < U_i < U_R^+$,窗口比较器的输出电压 U_o 等于运放的正饱和输出电压（U_{omax}^+）;如果 $U_i < U_R^-$ 或 $U_i > U_R^+$,则输出电压 U_o 等于运放的负饱和输出电压（U_{omax}^-）。

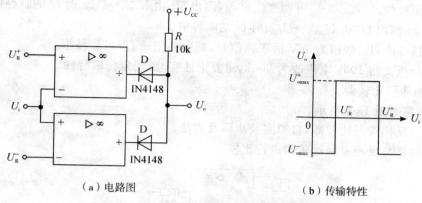

（a）电路图   （b）传输特性

图 15-4 由两个简单比较器组成的窗口比较器

三、实验设备与器件

1. ±12 V 直流电源；

2. 函数信号发生器；

3. 双踪示波器；

4. 直流电压表；

5. 交流毫伏表；

6. 运算放大器 μA741×2；

7. 稳压管 2CW231×1；

8. 二极管 4148×2；

9. 电阻器等。

四、实验内容

1. 过零比较器

实验电路如图 15-2 所示。

(1)接通±12 V 电源。

(2)测量 U_i 悬空时的 U_o 值。

(3)U_i 输入 500 Hz、幅值为 2 V 的正弦信号，观察 $U_i \rightarrow U_o$ 波形并记录。

(4)改变 U_i 幅值，测量传输特性曲线。

2. 反相滞回比较器

实验电路如图 15-5 所示。

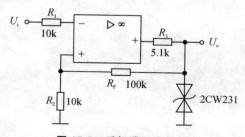

图 15-5 反相滞回比较器

(1)按图接线,U_i接+5 V可调直流电源,测出U_o由$U_{omcx}^+ \rightarrow U_{omcx}^-$时$U_i$的临界值。

(2)同上,测出U_o由$U_{omcx}^- \rightarrow U_{omcx}^+$时$U_i$的临界值。

(3)U_i接500 Hz,峰值为2 V的正弦信号,观察并记录$U_i \rightarrow U_o$波形。

(4)将分压支路100k电阻改为200k,重复上述实验,测定传输特性。

3. 同相滞回比较器

实验线路如图15-6所示。

(1)参照反相滞回比较器,自拟实验步骤及方法。

(2)将结果与反相滞回比较器进行比较。

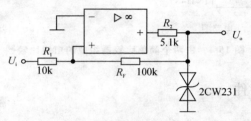

图15-6 同相滞回比较器

4. 窗口比较器

参照图15-4自拟实验步骤和方法测定其传输特性。

五、实验总结

1. 整理实验数据,绘制各类比较器的传输特性曲线。

2. 总结几种比较器的特点,阐明它们的应用。

六、预习要求

1. 复习教材有关比较器的内容。

2. 画出各类比较器的传输特性曲线。

3. 若要将图15-4窗口比较器的电压传输曲线高、低电平对调,应如何改动比较器电路?

实验十六　集成运放应用之波形发生器

一、实验目的

1. 学习用集成运放构成正弦波、方波和三角波发生器。
2. 学习波形发生器的调整和主要性能指标的测试方法。

二、实验原理

由集成运放构成的正弦波、方波和三角波发生器有多种形式，本实验选用最常用、线路比较简单的几种电路加以分析。

1. RC 桥式正弦波振荡器（文氏电桥振荡器）

图 16-1 为 RC 桥式正弦波振荡器，其中 RC 串、并联电路构成正反馈支路，同时兼作选频网络，R_1、R_2、R_w 及二极管等元件构成负反馈和稳幅环节。调节电位器 R_w，可以改变负反馈深度，以满足振荡的振幅条件和改善波形。利用两个反向并联二极管 D_1、D_2 正向电阻的非线性特性来实现稳幅。D_1、D_2 采用硅管（温度稳定性好），且要求特性匹配，才能保证输出波形正、负半周对称。R_3 的接入是为了削弱二极管非线性的影响，以改善波形失真。

分析电路可得：$|\dot{A}| = 1 + \dfrac{R_f}{R_1}$，$\varphi_A = 0$，式中，$R_f = R_w + R_2 + (R_3 /\!/ r_D)$，$r_D$ 为二极管正向导通电阻。

正反馈电路有：$\dot{F} = \dfrac{1}{3 + \mathrm{j}(\omega RC - \frac{1}{\omega RC})}$，设 $\omega_0 = \dfrac{1}{RC}$，有 $|\dot{F}| = \dfrac{1}{\sqrt{9 + (\frac{\omega}{\omega_0} - \frac{\omega_0}{\omega})^2}}$，$\varphi_F = $

$-\arctan \dfrac{1}{3}(\dfrac{\omega}{\omega_0} - \dfrac{\omega_0}{\omega})$。当 $\omega = \omega_0$ 时，$|\dot{F}| = \dfrac{1}{3}$，$\varphi_F = 0$，此时取 A 稍大于 3，便满足起振条件，稳定时 $A = 3$。

结论：

电路的振荡频率 $f_0 = \dfrac{1}{2\pi RC}$；起振的幅值条件 $\dfrac{R_f}{R_1} \geqslant 2$，式中，$R_f = R_w + R_2 + (R_3 /\!/ r_D)$，$r_D$ 为二极管正向导通电阻。

调整反馈电阻 R_f（调 R_w），使电路起振，且波形失真最小。如不能起振，则说明负反馈太强，应适当加大 R_f。如波形失真严重，则应适当减小 R_f。

改变选频网络的参数 C 或 R，即可调节振荡频率。一般采用改变电容 C 作频率量程切换，而调节 R 作量程内的频率细调。

2. 方波发生器

由集成运放构成的方波发生器和三角波发生器一般均包括比较器和 RC 积分器两大部

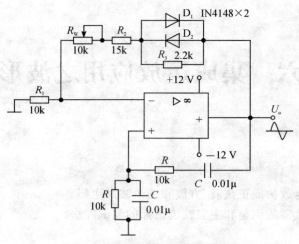

图 16-1　RC 桥式正弦波振荡器

分。图 16-2 所示为由滞回比较器及简单 RC 积分电路组成的方波、三角波发生器。它的特点是线路简单，但三角波的线性度较差。主要用于产生方波，或对三角波要求不高的场合。

电路振荡频率：$f_0 = \dfrac{1}{2R_f C_f \ln(1 + \dfrac{2R_2}{R_1})}$，式中，$R_1 = R_1' + R_w'$，$R_2 = R_2' + R_w''$。

方波输出幅值：$U_{om} = \pm U_Z$。

三角波输出幅值：$U_{cm} = \dfrac{R_2}{R_1 + R_2} U_Z$。

调节电位器 R_w（即改变 R_2/R_1），可以改变振荡频率，但三角波的幅值也随之变化。如要互不影响，则可通过改变 R_f（或 C_f）来实现振荡频率的调节。

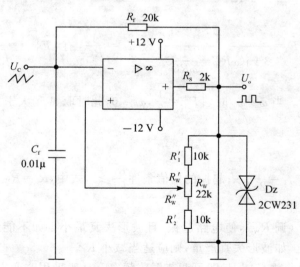

图 16-2　方波发生器

3. 三角波和方波发生器

如把滞回比较器和积分器首尾相接形成正反馈闭环系统，如图 16-3 所示，则比较器 A_1

输出的方波经积分器 A_2 积分可得到三角波,三角波又触发比较器自动翻转形成方波,这样即可构成三角波、方波发生器。图 16-4 为方波、三角波发生器输出波形图。由于采用运放组成的积分电路,因此可实现恒流充电,使三角波线性大大改善。

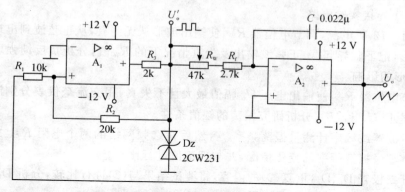

图 16-3 三角波、方波发生器

电路振荡频率: $f_0 = \dfrac{R_2}{4R_1(R_f + R_w)C_f}$;

方波幅值: $U'_{om} = \pm U_Z$;

三角波幅值: $U_{om} = \dfrac{R_1}{R_2}U_Z$。

调节 R_w 可以改变振荡频率,改变比值 $\dfrac{R_1}{R_2}$ 可调节三角波的幅值。

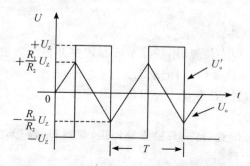

图 16-4 方波、三角波发生器输出波形图

三、实验设备与器件

1. ± 12 V 直流电源;

2. 双踪示波器;

3. 交流毫伏表;

4. 频率计;

5. 集成运算放大器 μA741$\times$2;

6. 二极管 IN4148$\times$2;

7. 稳压管 2CW231$\times$1;

8. 电阻器、电容器若干。

四、实验内容

1. RC 桥式正弦波振荡器

按图 16-1 连接实验电路。

(1)接通 ±12 V 电源,调节电位器 R_W,使输出波形从无到有,从正弦波到出现失真。描绘 U_o 的波形,记下临界起振、正弦波输出及失真情况下的 R_W 值,分析负反馈强弱对起振条件及输出波形的影响。

(2)调节电位器 R_W,使输出电压 U_o 幅值最大且不失真,用交流毫伏表分别测量输出电压 U_o、反馈电压 U^+ 和 U^-,分析研究振荡的幅值条件。

(3)用示波器或频率计测量振荡频率 f_o,然后在选频网络的两个电阻 R 上并联同一阻值电阻,观察记录振荡频率的变化情况,并与理论值进行比较。

(4)断开二极管 D_1、D_2,重复(2)的内容,将测试结果与(2)进行比较,分析 D_1、D_2 的稳幅作用。

(5)RC 串并联网络幅频特性观察

将 RC 串并联网络与运放断开,由函数信号发生器注入 3 V 左右正弦信号,并用双踪示波器同时观察 RC 串并联网络输入、输出波形。保持输入幅值(3 V)不变,从低到高改变频率,当信号源达某一频率时,RC 串并联网络输出将达最大值(约 1 V),且输入、输出同相位。此时的信号源频率

$$f = f_o = \frac{1}{2\pi RC}$$

2. 方波发生器

按图 16-2 连接实验电路。

(1)将电位器 R_W 调至中心位置,用双踪示波器观察并描绘方波 U_o 及三角波 U_C 的波形(注意对应关系),测量其幅值及频率,记录之。

(2)改变 R_W 动点的位置,观察 U_o、U_C 幅值及频率变化情况。把动点调至最上端和最下端,测出频率范围,记录之。

(3)将 R_W 恢复至中心位置,将一只稳压管短接,观察 U_o 波形,分析 D_Z 的限幅作用。

3. 三角波和方波发生器

按图 16-3 连接实验电路。

(1)将电位器 R_W 调至合适位置,用双踪示波器观察并描绘三角波输出 U_o 及方波输出 U_o',测其幅值、频率及 R_W 值,记录之。

(2)改变 R_W 的位置,观察对 U_o、U_o' 幅值及频率的影响。

(3)改变 R_1(或 R_2),观察对 U_o、U_o' 幅值及频率的影响。

五、实验总结

1. 正弦波发生器

(1)列表整理实验数据,画出波形,把实测频率与理论值进行比较。

(2)根据实验分析 RC 振荡器的振幅条件。

(3)讨论二极管 D_1、D_2 的稳幅作用。

2. 方波发生器

（1）列表整理实验数据，在同一坐标纸上，按比例画出方波和三角波的波形图（标出时间和电压幅值）。

（2）分析 R_w 变化时，对 U_o 波形的幅值及频率的影响。

（3）讨论 D_Z 的限幅作用。

3. 三角波和方波发生器

（1）整理实验数据，把实测频率与理论值进行比较。

（2）在同一坐标纸上，按比例画出三角波及方波的波形，并标明时间和电压幅值。

（3）分析电路参数变化（R_1、R_2 和 R_w）对输出波形频率及幅值的影响。

六、预习要求

1. 复习有关 RC 正弦波振荡器、三角波及方波发生器的工作原理，并估算图 16-1、图 16-2、图 16-3 电路的振荡频率。

2. 设计实验表格。

3. 为什么在 RC 正弦波振荡电路中要引入负反馈支路？为什么要增加二极管 D_1 和 D_2？它们是怎样稳幅的？

4. 电路参数变化对图 16-2、图 16-3 产生的方波和三角波频率及电压幅值有什么影响？（或者怎样改变图 16-2、图 16-3 电路中方波及三角波的频率及幅值？）

5. 在波形发生器各电路中，"相位补偿"和"调零"是否需要？为什么？

6. 怎样测量非正弦波电压的幅值？

实验十七　集成运放应用之信号变换电路

一、实验目的

1. 学习用集成运放构成电流/电压转换电路、电压/频率转换电路、精密全波整流电路。
2. 学习运算放大器在信号转换电路中的应用,从而进一步了解运算放大器的多种应用。

二、实验原理

1. 电流/电压转换电路

电路原理图如图 17-1 所示。

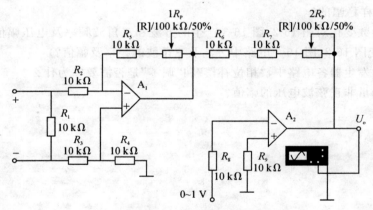

图 17-1　电流/电压变换电路

2. 电压/频率转换电路

电路原理图如图 17-2 所示。

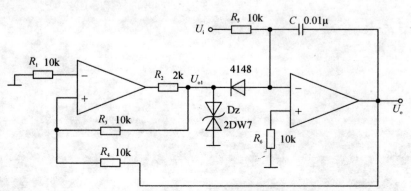

图 17-2　电压/频率转换实验电路

图 17-2 电路实际上就是一个方波、锯齿波发生电路,只不过这里是通过改变输入电压 U_i 的大小来改变波形频率,从而将电压参量转换成频率参量。

3. 精密全波整流电路

一般利用二极管的单向导电性来组成整流电路,由于二极管的伏安特性在小信号时处于截止或处于特性曲线的弯曲部分,使小信号检波得不到原信号或使原信号失真太大。如果把二极管置于运算放大器的负反馈环路中,就能大大削弱这种影响,提高非线性电路的精度。

图 17-3 是同相输入精密全波整流器,它的输入 V_i 与输出电压 V_o 有如下关系:

$$V_o = \begin{cases} V_i & V_i > 0 \\ -V_i & V_i < 0 \end{cases}$$

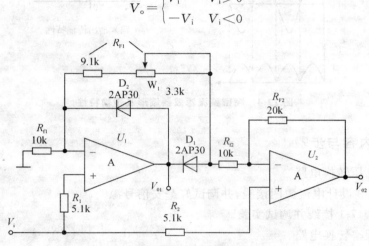

图 17-3　精密全波整流电路

运放 U_1、U_2 工作于串联负反馈状态,具有较高的输入电阻。U_1 是同相放大器,U_2 是同相加法运算电路。

当 $V_i > 0$ 时,D_1 截止,D_2 导通,此时形成一个电压跟随器,$V_{o1} = V_i$。U_2 的反相端输入电压为 U_1 的反相端电压,亦即是输入电压 V_i,U_2 的同相端输入电压也为 V_i,所以 U_2 的输出电压 V_{o2} 为:

$$V_{o2} = \left(1 + \frac{R_{F2}}{R_{F1} + R_{f2}}\right) V_i - \frac{R_{F2}}{R_{F1} + R_{f2}} V_i = V_i$$

当 $V_i < 0$ 时,D_1 导通,D_2 截止,此时 U_1 是个同相放大器。

$$V_{o1} = \left(1 + \frac{R_{F1}}{R_{f1}}\right) V_i$$

当 $R_{F1} = 2R_{f1}$ 时,$V_{o1} = 2V_i$。

U_2 的同相端的输入电压仍为 V_i,反相端的输入电压为 V_{o1},所以 U_2 的输出电压为:

$$V_{o2} = \left(1 + \frac{R_{F2}}{R_{f2}}\right) V_i - \frac{R_{F2}}{R_{f2}} \cdot V_{o1} = \left(1 + \frac{R_{F2}}{R_{f2}}\right) V_i - \frac{R_{F2}}{R_{f2}}\left(1 + \frac{R_{F1}}{R_{f1}}\right) V_i$$

如选择如下匹配电阻 $R_{F2} = 2R_{F1} = 2R_{f1} = 2R_{f2}$,则

$$V_{o2} = 3V_i - 4V_i = -V_i$$

从以上分析可知,在输出端得到单向的电压,实现了全波整流。该电路的传输特性及输入输出波形见图 17-4。

整流的精度主要决定于电阻 R_{F1}、R_{F2}、R_{f1}、R_{f2} 的匹配精确度。这种电路在运算放大器的输出动态范围内,整流不会出现非线性失真引起的误差。本实验中的 W_1 是为了弥补电路中电阻的匹配精度不够而加的。

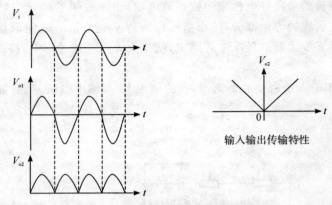

图 17-4　精密整流滤波器波形及传输特性

三、实验内容与步骤

1. 电流/电压转换电路

(1)按预习 3 设计电流源图接线,并调试好毫安信号源。

(2)参照图 17-1 接线并调试实验。

2. 电压/频率转换电路

(1)按图 17-2 接线,用示波器监视 U_o 波形。

(2)按表 17-1 的内容,测量电路的电压/频率转换关系。

表 17-1　电压/频率转换实验记录表

	U_i/V	1	2	3	4	6	5
用示波器测得	T/ms						
	f/Hz						
用频率计测得	f/Hz						

3. 精密全波整流电路

(1)接入 ±9 V 电源。

(2)接入正弦信号 $f=1$ kHz(峰值为 1 V),观察 V_{o1}、V_{o2} 的波形,并画出 V_i、V_{o1} 及 V_{o2} 的波形图。

(3)W_1 使输出波形对称,改变输入交流信号幅度,从 0~3 V,测输出电压 V_{o2} 的幅度。

(4)用示波器观察 V_i-V_{o2} 的李萨如图形,并画出其图形。

(5)输入端加正负直流电压 0,±0.5,±1,±1.5,±2,±2.5,±3 V,测出 V_{o1}、V_{o2},并列表填入以上数据,画出 V_i-V_{o1}、V_i-V_{o2} 的传输特性。

(6)接入交流正弦信号,幅值分别为 1 V、2 V 时,用示波器测出 V_{o2} 的幅值。

四、实验仪器

1. ±12 V 直流电源；

2. 双踪示波器；

3. 交流毫伏表；

4. 直流电压表；

5. 频率计；

6. μA741×2，2DW7×1，4148×1；

7. 电阻器、电容器若干。

五、预习要求

1. 预习电流/电压转换电路、电压/频率转换电路、精密全波整流电路的工作原理。

2. 设计实验表格。

3. 设计一个能产生 4～20 mA 电流的电流源（提示：用可调电源 317L 电路单元串接适当电阻），画出电路实际接法。

4. 分析图 17-1、图 17-2、图 17-3 电路的工作原理，根据实验箱面板中元器件参数选择图中元器件参数。

5. 指出图 17-2 中电容器 C 的充电和放电回路。

6. 定性分析用可调电压 U_i 改变 U_o 频率的工作原理。

7. 电阻 R_4 和 R_5 的阻值如何确定？要求输出信号幅值为 12 V_{pp}，输入电压值为 3 V，输出频率为 3000 Hz，计算出 R_4、R_5 的值。

8. 调试方法与步骤。

六、实验总结

1. 图 17-1 实验电路可否改为电压/电流转换电路？试分析并画出电路图。

2. 根据图 17-1 实验思路设计一个电压/电流转换电路，将 ±10 V 电压转换成 4～20 mA 电流信号。

3. 作出电压/频率关系曲线，并讨论其结果。

4. 整理实验数据，画出必要的波形及传输特性曲线。

5. 分析讨论实验结果。

实验十八　集成电路 *RC* 正弦波振荡电路

一、实验目的

1. 掌握桥式 *RC* 正弦波振荡电路的构成及工作原理。
2. 熟悉正弦波振荡电路的调整、测试方法。
3. 观察 *RC* 参数对振荡频率的影响,学习振荡频率的测定方法。

二、实验原理

正弦波振荡电路必须具备两个条件:一必须引入反馈,而且反馈信号要能代替输入信号,这样才能在不输入信号的情况下自发产生正弦波振荡。二是要有外加的选频网络,用于确定振荡频率。因此,振荡电路由四部分电路组成:放大电路、选频网络、反馈网络、稳幅环节。实际电路中多选 *LC* 谐振电路或 *RC* 串并联电路(两者均起到带通滤波选频作用)用作正反馈来组成振荡电路。

振荡条件如下:正反馈时 $\dot{X}_i' = \dot{X}_f = F\dot{X}_o$,$\dot{X}_o = A\dot{X}_i' = AF\dot{X}_o$,所以平衡条件为 $\dot{A}\dot{F} = 1$,即放大条件 $|\dot{A}\dot{F}| = 1$,相位条件 $\varphi_A + \varphi_F = 2n\pi$,起振条件 $|\dot{A}\dot{F}| > 1$。

本实验电路如图 18-1 所示,称为文氏电桥振荡电路,由 R_{p2} 和 R_1 组成电压串联负反馈,使集成运放工作于线性放大区,形成反相比例运算电路。由 *RC* 串并联网络组成正反馈回路兼选频网络。

分析电路可得:$|\dot{A}| = 1 + \dfrac{R_{p2}}{R_1}$,$\varphi_A = 0$。当 $R_{p1} = R_2 = R$,$C_1 = C_2 = C$ 时,有 $\dot{F} =$

$$\dfrac{1}{3 + \mathrm{j}(\omega RC - \dfrac{1}{\omega RC})}$$,设 $\omega_0 = \dfrac{1}{RC}$,有 $|\dot{F}| = \dfrac{1}{\sqrt{9 + (\dfrac{\omega}{\omega_0} - \dfrac{\omega_0}{\omega})^2}}$,$\varphi_F = -\arctan \dfrac{1}{3}(\dfrac{\omega}{\omega_0} - \dfrac{\omega_0}{\omega})$。当

$\omega = \omega_0$ 时,$|\dot{F}| = \dfrac{1}{3}$,$\varphi_F = 0$,此时取 A 稍大于 3,便满足起振条件,稳定时 $A = 3$。

结论:

电路的振荡频率:$f_0 = \dfrac{1}{2\pi RC}$;起振的幅值条件:$\dfrac{R_{p2}}{R_1} \geqslant 2$。

三、实验仪器

1. 双踪示波器;
2. 低频信号发生器;
3. 频率计。

四、实验内容

1. 按图 18-1 接线，取 $C_1 = C_2 = 0.2 \mu F$。

2. 用示波器观察输出波形，并测出输出信号的频率及幅值，并记录在表 18-1。

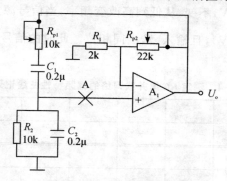

图 18-1　文氏电桥振荡电路

表 18-1　测定 RC 串并联网络的振荡频率记录表

输出信号频率 f		输出信号幅值 U	输出信号波形
理论值	实际值		U_o 对 t

3. 改变振荡频率。

在 TPE-A5 实验箱上设法使文氏桥电容 $C_1 = C_2 = 0.1 \mu F$，用示波器测量电路输出信号的频率幅值并记录在表 18-2 中。

注意：改变参数前，必须先关断实验箱电源开关，检查无误后再接通电源。测 f_0 之前，应适当调节 R_{p2} 使 V_o 无明显失真再测量。

表 18-2　改变 C 测定振荡频率记录表

输出信号频率 f		输出信号幅值 U	输出信号波形
理论值	实际值		U_o 对 t

4. 测定运算放大器放大电路的闭环电压放大倍数 A_{uf}

断开 RC 串并联电路，在 A 点输入峰峰值为 100 mV 频率为 160 Hz 的正弦波信号，测量输出信号，并记录在表 18-3 中。

表 18-3　测量闭环电压放大倍数记录表

输出信号频率 f	输出信号幅值 V	同相放大电路的放大倍数 A_{uf}

由以上得出的测量结果，联系以上实验内容，试证明电路已满足振荡条件。

5. 自拟详细步骤,测定 RC 串并联网络的幅频特性曲线

断开同相放大器电路(即断开 A 点),并取 $R_{p1}=R_1=10\ \text{k}\Omega$,$C_1=C_2=0.1\ \mu\text{F}$,将 RC 串并联网络与运放断开(即断开 A 点),由函数信号发生器(从运放同相端)注入 1 V 的正弦信号,并用双踪示波器同时观察 RC 串并联网络输入(即 $V_。$)、输出波形(即 A 点)。保持 RC 串并联网络输入幅值(约 3 V)不变,从低到高改变频率,当信号源达某一频率时,RC 串并联网络输出将达最大值(约 1 V),且输入、输出同相位。此时的信号源频率 $f=f_0=\dfrac{1}{2\pi RC}$,测试结果写入表 18-4。

表 18-4　测定 RC 串并联网络的幅频特性曲线记录表

f/Hz								
$V_。/\text{V}$								
f/Hz								
$V_。/\text{V}$								

五、实验总结

1. 电路中哪些参数与振荡频率有关?将振荡频率的实测值与理论估算值比较,分析产生误差的原因。

2. 总结改变负反馈深度对振荡电路起振的幅值条件及输出波形的影响。

3. 完成预习要求中第 2、3 项内容。

4. 作出 RC 串并联网络的幅频特性曲线。

六、预习要求

1. 复习 RC 桥式振荡电路的工作原理。

2. 完成下列填空题:

(1)图 18-1 电路中,正反馈支路是由 ＿＿＿＿＿＿ 组成,这个网络具有 ＿＿＿＿ 特性,要改变振荡频率,只要改变 ＿＿＿＿ 或 ＿＿＿ 的数值即可。

(2)如图 18-1 电路中,R_{p2} 和 R_1 组成 ＿＿＿ 反馈,其中 ＿＿＿＿＿＿ 是用来调节放大器的放大倍数,使 $A_V \geqslant 3$。

3. 如图 18-1 所示电路,若用示波器观察输出波形,则分析如下问题:

(1)若元件完好,接线正确,电源电压正常,而 $V_。=0$,原因何在?应怎么办?

(2)有输出但出现明显失真,应如何解决?

注:无输出和输出失真都与放大倍数 A 有关,A 小不起振,A 大则输出失真,调节电位器 R_{p2} 来调整放大倍数 A。

实验十九　并联型晶体管稳压电源

一、实验目的

1. 研究单相桥式整流、电容滤波电路的特性。
2. 掌握并联型晶体管稳压电源主要技术指标的测试方法。

二、实验原理

电子设备一般都需要直流电源供电。这些直流电除了少数直接利用干电池和直流发电机外,大多数是采用把交流电(市电)转变为直流电的直流稳压电源。

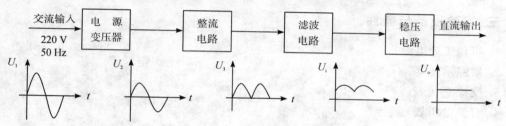

图 19-1　直流稳压电源框图

直流稳压电源由电源变压器、整流、滤波和稳压电路四部分组成,其原理框图如图 19-1 所示。电网供给的交流电压 U_1(220 V,50 Hz)经电源变压器降压后,得到符合电路需要的交流电压 U_2,然后由整流电路变换成方向不变、大小随时间变化的脉动电压 U_3,再用滤波器滤去其交流分量,就可得到比较平直的直流电压 U_i。但这样的直流输出电压还会随交流电网电压的波动或负载的变动而变化,在对直流供电要求较高的场合,还需要使用稳压电路,以保证输出直流电压更加稳定。

并联稳压电路如图 19-3 所示。稳压管稳压电路由稳压二极管 D 和限流电阻 R 组成,利用稳压管的电流调节作用通过限流电阻上电流和电压来进行补偿,达到稳压目的,因而限流电阻必不可少。对于稳压电路,一般用稳压系数 S_r 和输出电阻 R_o 来描述稳压特性,S_r 表明输入电压波动的影响,R_o 表明负载电阻对稳压特性的影响。

$$S_r = \frac{\Delta U_o/U_o}{\Delta U_i/U_i}\Big|_{R_L\text{不变}}, R_o = -\frac{\Delta U_o}{\Delta I_o}\Big|_{U_i\text{不变}}$$

分析电路,设稳压管两端电压为 U_Z,流过稳压管的电流为 I_Z,则稳压管交流等效电阻 $r_Z = \Delta U_Z/\Delta I_Z$。根据交流等效电路可知:

$$S_r = \frac{U_i}{U_o} \cdot \frac{\Delta U_o}{\Delta U_i} = \frac{U_i}{U_o} \cdot \frac{r_Z \parallel R_L}{R + r_Z \parallel R_L}, R_o = R \parallel r_Z$$

稳压电源的主要性能指标:

1. 输出电压 U_o 和输出电压调节范围。

2. 最大负载电流 I_{om}。

3. 输出电阻 R_o。

输出电阻 R_o 定义为：当输入电压 U_I（指稳压电路输入电压）保持不变,由于负载变化而引起的输出电压变化量与输出电流变化量之比,即

$$R_o = \frac{\Delta U_o}{\Delta I_o} \bigg|_{U_i = 常数}$$

4. 稳压系数 S（电压调整率）

稳压系数定义为：当负载保持不变,输出电压相对变化量与输入电压相对变化量之比,即

$$S = \frac{\Delta U_o / U_o}{\Delta U_i / U_i} \bigg|_{R_L = 常数}$$

由于工程上常把电网电压波动 $\pm10\%$ 作为极限条件,因此也有将此时输出电压的相对变化 $\Delta U_o / U_o$ 作为衡量指标,称为电压调整率。

5. 纹波电压

输出纹波电压是指在额定负载条件下,输出电压中所含交流分量的有效值（或峰值）。

三、实验设备与器件

1. 可调工频电源；

2. 双踪示波器；

3. 交流毫伏表；

4. 直流电压表；

5. 直流毫安表；

6. 滑线变阻器 $200\ \Omega/1\ A$；

7. 晶体三极管 $3DG6 \times 2(9011 \times 2)$, $3DG12 \times 1(9013 \times 1)$；

8. 晶体二极管 $IN4007 \times 4$；

9. 稳压管 $IN4735 \times 1$；

10. 电阻器、电容器若干。

四、实验内容

1. 整流滤波电路测试

按图 19-2 连接实验电路。取可调工频电源电压为 $16\ V$,作为整流电路输入电压 U_2。

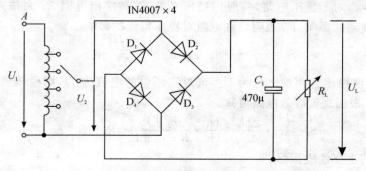

图 19-2　整流滤波电路

（1）取 $R_L = 240\ \Omega$，不加滤波电容，测量直流输出电压 U_L 及纹波电压 $\widetilde{U}_L$，并用示波器观察 U_2 和 U_L 波形，记入表 19-1。

（2）取 $R_L = 240\ \Omega$，$C = 470\ \mu\text{F}$，重复内容（1）的要求，记入表 19-1。

（3）取 $R_L = 120\ \Omega$，$C = 470\ \mu\text{F}$，重复内容（1）的要求，记入表 19-1。

表 19-1 数据记录表

$U_2 = 16\ \text{V}$

电路形式	U_L/V	$\widetilde{U}_L/\text{V}$	U_L 波形
$R_L = 240\ \Omega$			
$R_L = 240\ \Omega$ $C = 470\ \mu\text{F}$			
$R_L = 120\ \Omega$ $C = 470\ \mu\text{F}$			

注意：

①每次改接电路时，必须切断工频电源。

②在观察输出电压 U_L 波形的过程中，"Y 轴灵敏度"旋钮位置调好以后，不要再变动，否则将无法比较各波形的脉动情况。

2. 并联稳压电路测试

连接实验电路如图 19-3 所示。

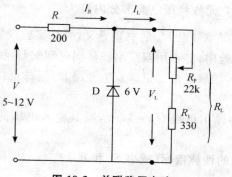

图 19-3 并联稳压电路

(1)电源输入电压为 10 V 不变,测量负载变化时电路的稳压性能。

改变负载电阻 R_L 使负载电流 $I_L=1\ \text{mA}$,5 mA,10 mA 分别测量 V_L、V_R、I_Z、I_R,记录于表 19-2 中,计算电源输出电阻。

表 19-2　测量负载变化时电路的稳压性能记录表

I_L/mA	V_L/V	V_R/V	I_Z/mA	I_R/mA

(2)负载不变($R_L=1\ \text{k}\Omega$),电源电压变化时电路的稳压性能。

用可调的直流电压变化模拟 220 V 电源电压变化,电路接入前将可调电源调到 10 V,然后调到 8 V、9 V、11 V、12 V,按表 19-1 内容测量,填表 19-3,以 10 V 为基准,计算稳压系数 S_r。

表 19-3　负载不变电源电压变化时电路的稳压性能测试记录表

V_i	V_L/V	I_R/mA	I_L/mA	S_r

五、实验总结

1. 对表 19-1 所测结果进行全面分析,总结桥式整流、电容滤波电路的特点。

2. 根据表 19-2 和表 19-3 所测数据,计算稳压电路的输出电阻 R_o 和稳压系数 S_r,并进行分析。

3. 分析讨论实验中出现的故障及其排除方法。

六、预习要求

1. 复习教材中有关分立元件稳压电源部分内容。

2. 说明图 19-2 中 U_2、U_i、U_o 及 $\tilde{U}_o$ 的物理意义,并从实验仪器中选择合适的测量仪表。

3. 在桥式整流电路实验中,能否用双踪示波器同时观察 U_2 和 U_L 波形,为什么?

4. 在桥式整流电路中,如果某个二极管发生开路、短路或反接三种情况,将会出现什么问题?

5. 为了使稳压电源的输出电压 $U_o=12\ \text{V}$,则其输入电压的最小值 U_{imin} 应等于多少?交流输入电压又怎样确定?

8. 怎样提高稳压电源的性能指标(减小 S_r 和 R_o)?

实验二十　串联型晶体管稳压电源

一、实验目的

1. 研究单相桥式整流、电容滤波电路的特性。
2. 掌握串联型晶体管稳压电源主要技术指标的测试方法。

二、实验原理

电子设备一般都需要直流电源供电。这些直流电除了少数直接利用干电池和直流发电机外,大多数是采用把交流电(市电)转变为直流电的直流稳压电源。

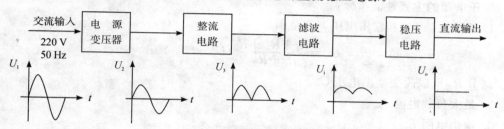

图 20-1　直流稳压电源框图

直流稳压电源由电源变压器、整流、滤波和稳压电路四部分组成,其原理框图如图 20-1 所示。电网供给的交流电压 U_1(220 V,50 Hz)经电源变压器降压后,得到符合电路需要的交流电压 U_2,然后由整流电路变换成方向不变、大小随时间变化的脉动电压 U_3,再用滤波器滤去其交流分量,就可得到比较平直的直流电压 U_i。但这样的直流输出电压,还会随交流电网电压的波动或负载的变动而变化,在对直流供电要求较高的场合,还需要使用稳压电路,以保证输出直流电压更加稳定。

图 20-2 是由分立元件组成的串联型稳压电源的电路图。其整流部分为单相桥式整流、电容滤波电路。稳压部分为串联型稳压电路,它由调整元件(晶体管 T_1),比较放大器 T_2、R_7,取样电路 R_1、R_2、R_w,基准电压 D_w、R_3 和过流保护电路 T_3 管及电阻 R_4、R_5、R_6 等组成。整个稳压电路是一个具有电压串联负反馈的闭环系统,其稳压过程为:当电网电压波动或负载变动引起输出直流电压发生变化时,取样电路取出输出电压的一部分送入比较放大器,并与基准电压进行比较,产生的误差信号经 T_2 放大后送至调整管 T_1 的基极,使调整管改变其管压降,以补偿输出电压的变化,从而达到稳定输出电压的目的。

由于在稳压电路中,调整管与负载串联,因此流过它的电流与负载电流一样大。当输出电流过大或发生短路时,调整管会因电流过大或电压过高而损坏,所以需要对调整管加以保护。在图 20-2 电路中,晶体管 T_3、R_4、R_5、R_6 组成减流型保护电路,如果输出电流太大,则

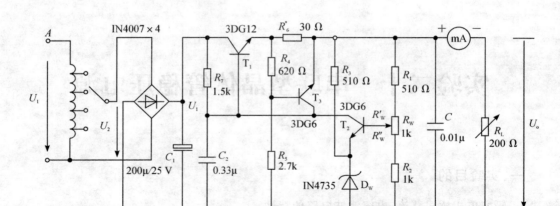

图 20-2 串联型稳压电源实验电路

T_3 饱和，T_1 截止，使输出电流降低。此电路设计在 $I_{oP} = 1.2 I_o$ 时开始起保护作用，此时输出电流减小，输出电压降低，故障排除后电路应能自动恢复正常工作。在调试时，若保护作用提前，应减少 R_6 值；若保护作用滞后，则应增大 R_6 值。

稳压电源的主要性能指标：

1. 输出电压 U_o 和输出电压调节范围

$$U_o = \frac{R_1 + R_w + R_2}{R_2 + R_w{''}} (U_Z + U_{BE2})$$

调节 R_w 可以改变输出电压 U_o。

2. 最大负载电流 I_{om}。

3. 输出电阻 R_o。

输出电阻 R_o 定义为：当输入电压 U_i（指稳压电路输入电压）保持不变，由于负载变化而引起的输出电压变化量与输出电流变化量之比，即

$$R_o = \frac{\Delta U_o}{\Delta I_o} \bigg|_{U_i = 常数}$$

4. 稳压系数 S（电压调整率）

稳压系数定义为：当负载保持不变，输出电压相对变化量与输入电压相对变化量之比，即

$$S = \frac{\Delta U_o / U_o}{\Delta U_i / U_i} \bigg|_{R_L = 常数}$$

由于工程上常把电网电压波动 $\pm 10\%$ 作为极限条件，因此也有将此时输出电压的相对变化 $\Delta U_o / U_o$ 作为衡量指标，称为电压调整率。

5. 纹波电压

输出纹波电压是指在额定负载条件下，输出电压中所含交流分量的有效值（或峰值）。

三、实验设备与器件

1. 可调工频电源；

2. 双踪示波器；

3. 交流毫伏表；

4. 直流电压表；

5. 直流毫安表；

6. 滑线变阻器 200 Ω/1 A；

7. 晶体三极管 3DG6×2(9011×2)，3DG12×1(9013×1)；

8. 晶体二极管 IN4007×4；

9. 稳压管 IN4735×1；

10. 电阻器、电容器若干。

四、实验内容

1. 整流滤波电路测试

按图 20-3 连接实验电路。取可调工频电源电压为 16 V，作为整流电路输入电压 U_2。

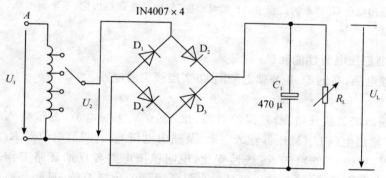

图 20-3　整流滤波电路

(1)取 $R_L=240$ Ω，不加滤波电容，测量直流输出电压 U_L 及纹波电压 $\widetilde{U}_L$，并用示波器观察 U_2 和 U_L 波形，记入表 20-1。

(2)取 $R_L=240$ Ω，$C=470$ μF，重复内容(1)的要求，记入表 20-1。

(3)取 $R_L=120$ Ω，$C=470$ μF，重复内容(1)的要求，记入表 20-1。

表 20-1　测量 U_L 和 $\widetilde{U}_L$ 及观察 U_2、U_L 波形

$$U_2=16 \text{ V}$$

电路形式	U_L/V	$\widetilde{U}_L/\text{V}$	U_L 波形
$R_L=240$ Ω			
$R_L=240$ Ω $C=470$ μF			

续表

电路形式	U_L/V	$\tilde{U}_L/V$	U_L 波形
$R_L=120\ \Omega$ $C=470\ \mu F$			

注意：

①每次改接电路时，必须切断工频电源。

②在观察输出电压 U_L 波形的过程中，"Y 轴灵敏度"旋钮位置调好以后，不要再变动，否则将无法比较各波形的脉动情况。

2. 串联型稳压电源性能测试

切断工频电源，在图 20-3 基础上按图 20-2 连接实验电路。

(1)初测

稳压器输出端负载开路，断开保护电路，接通 16 V 工频电源，测量整流电路输入电压 U_2、滤波电路输出电压 U_i（稳压器输入电压）及输出电压 U_o。调节电位器 R_W，观察 U_o 的大小和变化情况，如果 U_o 能跟随 R_W 线性变化，说明稳压电路各反馈环路工作基本正常。否则，说明稳压电路有故障，因为稳压器是一个深负反馈的闭环系统，只要环路中任一个环节出现故障（某管截止或饱和），稳压器就会失去自动调节作用。此时可分别检查基准电压 U_z、输入电压 U_i、输出电压 U_o，以及比较放大器和调整管各电极的电位（主要是 U_{BE} 和 U_{CE}），分析它们的工作状态是否都处在线性区，从而找出不能正常工作的原因，排除故障以后就可以进行下一步测试。

(2)测量输出电压可调范围

接入负载 R_L（滑线变阻器），并调节 R_L，使输出电流 $I_o \approx 100$ mA。再调节电位器 R_W，测量输出电压可调范围 $U_{omin} \sim U_{omax}$，且使 R_W 动点在中间位置附近时 $U_o=12$ V。若不满足要求，可适当调整 R_1、R_2 之值。

(3)测量各级静态工作点

调节输出电压 $U_o=12$ V，输出电流 $I_o=100$ mA，测量各级静态工作点，记入表 20-2。

表 20-2 测量各级静态工作点

$U_2=16$ V $U_o=12$ V $I_o=100$ mA

	T_1	T_2	T_3
U_B/V			
U_C/V			
U_E/V			

(4)测量稳压系数 S

取 $I_o=100$ mA，按表 20-3 改变整流电路输入电压 U_2（模拟电网电压波动），分别测出相应的稳压器输入电压 U_i 及输出直流电压 U_o，记入表20-3。

（5）测量输出电阻 R_o。

取 $U_2 = 16$ V，改变滑线变阻器位置，使 I_o 为空载、50 mA 和 100 mA，测量相应的 U_o 值，记入表20-4。

表20-3　测定 U_I 及 U_o

$I_o = 100$ mA

测　试　值			计算值
U_2/V	U_i/V	U_o/V	S
14			$S_{12} =$
16		12	
18			$S_{23} =$

表20-4　测定 U_o

$U_2 = 16$ V

测　试　值		计算值
I_o/mA	U_o/V	R_o/Ω
空载		$R_{o12} =$
50	12	
100		$R_{o23} =$

（6）测量输出纹波电压

取 $U_2 = 16$ V，$U_o = 12$ V，$I_o = 100$ mA，测量输出纹波电压 $\tilde{U}_o$，记录之。

（7）调整过流保护电路

①断开工频电源，接上保护回路，再接通工频电源，调节 R_W 及 R_L 使 $U_o = 12$ V，$I_o = 100$ mA，此时保护电路应不起作用，测出 T_3 管各极电位值。

②逐渐减小 R_L，使 I_o 增加到 120 mA，观察 U_o 是否下降，并测出保护起作用时 T_3 管各极的电位值。若保护作用过早或滞后，可改变 R_6 值进行调整。

③用导线瞬时短接一下输出端，测量 U_o 值，然后去掉导线，检查电路是否能自动恢复正常工作。

五、实验总结

1. 对表20-1所测结果进行全面分析，总结桥式整流、电容滤波电路的特点。

2. 根据表20-3和表20-4所测数据，计算稳压电路的稳压系数 S 和输出电阻 R_o，并进行分析。

3. 分析讨论实验中出现的故障及其排除方法。

六、预习要求

1. 复习教材中有关分立元件稳压电源部分内容，并根据实验电路参数估算 U_o 的可调范围及 $U_o = 12$ V 时 T_1、T_2 管的静态工作点（假设调整管的饱和压降 $U_{CE1S} \approx 1$ V）。

2. 说明图20-2中 U_2、U_i、U_o 及 $\tilde{U}_o$ 的物理意义，并从实验仪器中选择合适的测量仪表。

3. 在桥式整流电路实验中，能否用双踪示波器同时观察 U_2 和 U_L 波形，为什么？

4. 在桥式整流电路中，如果某个二极管发生开路、短路或反接三种情况，将会出现什么问题？

5. 为了使稳压电源的输出电压 $U_o = 12$ V，则其输入电压的最小值 U_{imin} 应等于多少？交流输入电压 U_{2min} 又怎样确定？

6. 当稳压电源输出不正常，或输出电压 U_o 不随取样电位器 R_W 而变化时，应如何进行检查找出故障所在？

7. 分析保护电路的工作原理。

8. 怎样提高稳压电源的性能指标（减小 S 和 R_o）？

实验二十一　集成电路稳压电源

一、实验目的

1. 研究集成稳压器的特点和性能指标的测试方法。
2. 了解集成稳压器扩展性能的方法。

二、实验原理

随着半导体工艺的发展,稳压电路也制成了集成器件。由于集成稳压器具有体积小,外接线路简单,使用方便,工作可靠及具有通用性等优点,因此在各种电子设备中应用十分普遍,基本上取代了由分立元件构成的稳压电路。集成稳压器的种类很多,应根据设备对直流电源的要求来进行选择。对于大多数电子仪器、设备和电子电路来说,通常是选用串联线性集成稳压器,而在这种类型的器件中,又以三端式稳压器应用最为广泛。

W7800、W7900 系列三端式集成稳压器的输出电压是固定的,在使用中不能进行调整。W7800 系列三端式稳压器输出正极性电压,一般有 5 V、6 V、9 V、12 V、15 V、18 V、24 V 七挡,输出电流最大可达 1.5 A(加散热片)。同类型 78M 系列稳压器的输出电流为 0.5 A,78L 系列稳压器的输出电流为 0.1 A。若要求负极性输出电压,则可选用 W7900 系列稳压器。图 21-1 为 W7800 系列的外形和接线图。图 21-7 为 W7900 系列(输出负电压)外形及接线图。

若要求输出电压可调,则选可调三端稳压器 X17 系列。可调式三端稳压器可通过外接元件对输出电压进行调整,以适应不同的需要。可调式三端稳压器因工作环境温度要求不同分为三种型号,能工作在 $-55\sim150$ ℃的为 117,能工作在 $-25\sim150$ ℃的为 217,能工作在 $0\sim150$ ℃的为 317,同样根据输出最大电流不同分为 X17、X17M、X17L 三挡。其输入输出电压差要求在 3 V 以上。图 21-8 为可调输出正三端稳压器 W317 外形及接线图。

W7800 系列的外形和接线如图 21-1 所示,它有三个引出端:

输入端(不稳定电压输入端)标以"1"

输出端(稳定电压输出端)　标以"3"

公共端　　　　　　　　　标以"2"

实验所用集成稳压器为三端固定正稳压器 W7812,它的主要参数有:输出直流电压 U_{o} =+12 V;输出电流 L 系列:0.1 A,M 系列:0.5 A;电压调整率 10 mV/V,输出电阻 R_{o} = 0.15 Ω,输入电压 U_{i} 的范围 15~17 V。因为一般 U_{i} 要比 U_{o} 大 3~5 V,才能保证集成稳压器工作在线性区。

图 21-2 是用三端式稳压器 W7812 构成的单电源电压输出串联型稳压电源的实验电路图。其中整流部分采用了由四个二极管组成的桥式整流器成品(又称桥堆),型号为 2W06

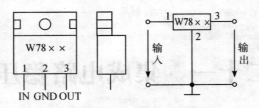

图 21-1　W7800 系列外形及接线图

（或 KBP306），内部接线和外部管脚引线如图 21-3 所示。滤波电容 C_1、C_2 一般选取几百至几千微法。当稳压器距离整流滤波电路比较远时，在输入端必须接入电容器 C_3（数值为 0.33 μF），以抵消线路的电感效应，防止产生自激振荡。输出端电容 C_4（0.1 μF）用以滤除输出端的高频信号，改善电路的暂态响应。

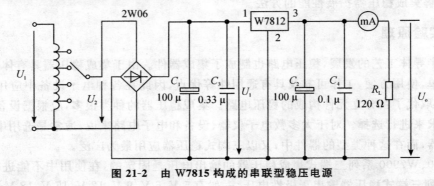

图 21-2　由 W7815 构成的串联型稳压电源

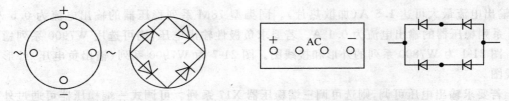

（a）圆桥 2W06　　　　　　　　　　　　　　　（b）排桥 KBP306

图 21-3　桥堆管脚图

图 21-4 为正、负双电压输出电路，如需要 $U_{o1}=+15$ V，$U_{o2}=-15$ V，则可选用 W7815 和 W7915 三端稳压器，这时的 U_i 应为单电压输出时的两倍。

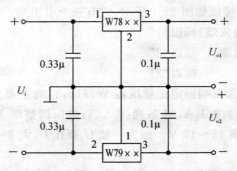

图 21-4　正、负双电压输出电路

当集成稳压器本身的输出电压或输出电流不能满足要求时,可通过外接电路来进行性能扩展。图 21-5 是一种简单的输出电压扩展电路。如 W7812 稳压器的 3、2 端间输出电压为 12 V,因此只要适当选择 R 的值,使稳压管 D_w 工作在稳压区,则输出电压 $U_o = 12 + U_z$,可以高于稳压器本身的输出电压。

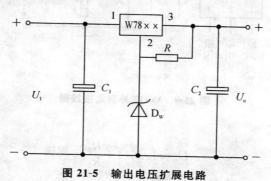

图 21-5　输出电压扩展电路

图 21-6 是通过外接晶体管 T 及电阻 R_1 来进行电流扩展的电路。电阻 R_1 的阻值由外接晶体管的发射结导通电压 U_{BE}、三端式稳压器的输入电流 I_i(近似等于三端稳压器的输出电流 I_{o1})和 T 的基极电流 I_B 来决定,即

$$R_1 = \frac{U_{BE}}{I_R} = \frac{U_{BE}}{I_i - I_B} = \frac{U_{BE}}{I_{o1} - \dfrac{I_C}{\beta}}$$

式中,I_C 为晶体管 T 的集电极电流,$I_C = I_o - I_{o1}$;β 为 T 的电流放大系数;对于锗管 U_{BE} 可按 0.3 V 估算,对于硅管 U_{BE} 按 0.7 V 估算。

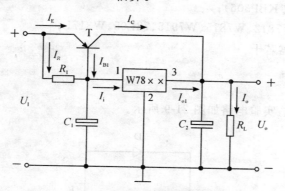

图 21-6　输出电流扩展电路

W7900 系列(输出负电压)外形及接线图如图 21-7 所示。

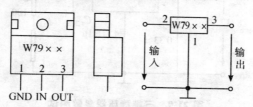

图 21-7　W7900 系列外形及接线图

可调输出正三端稳压器 W317 外形及接线图如图 21-8 所示。

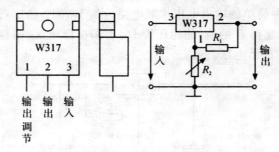

图 21-8　W317 外形及接线图

输出电压计算公式

$$U_{\circ} \approx 1.25(1+\frac{R_2}{R_1})$$

最大输入电压 $U_{im}=40$ V，输出电压范围 $U_{\circ}=1.2\sim37$ V。

三、实验设备与器件

1. 可调工频电源；

2. 双踪示波器；

3. 交流毫伏表；

4. 直流电压表；

5. 直流毫安表；

6. 桥堆 2W06(或 KBP306)；

7. 三端稳压器 W7812、W7815、W7915、78L05、W317L；

8. 电阻器、电容器若干。

四、实验内容

1. 稳压器的测试，实验电路如图 21-9 所示。

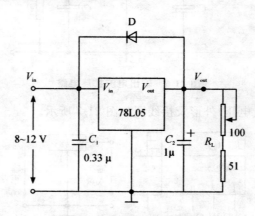

图 21-9　三端稳压器参数测试

图 21-9 所示为集成稳压电路的标准电路，其中二极管 D 用于保护，防止输入端突然短

路时电流倒灌损坏稳压块。两个电容用于抑制纹波与高频噪声。

测试内容：

(1)稳定输出电压。测试记录于表 21-1 中。

(2)稳压系数 S_r(空载时 $S_r=0$)。

表 21-1　稳定输出电压测试记录表

V_i/V	10	11	12	9	8
V_o/V					
S_r					

(3)测量输出电阻 r_o，取 $V_i=10$ V，记录于表 21-2 中。

表 21-2　输出电阻测试记录表

I_L/mA	32.4	50.8	99.5
V_o/V			

(4)测量电压纹波(有效值或峰值)，在 $I_L=50$ mA 下观察。

2. 稳压电路性能测试

仍用图 21-9 的电路，测试直流稳压电源性能，保持稳定输出电压的最小输入电压。

空载时，$V_{imin}=5.9$ V；负载电流 $I_L=50$ mA 时，$V_{imin}=6.5$ V。

3. 三端稳压电路灵活应用(选做)

(1)改变输出电压

实验电路如图 21-10、图 21-11 所示。按图接线，测量上述电路输出电压及变化范围。

分析电路，结论如下：

图 21-10，$V_{out}\approx5+V_D\approx5.7$ V。

图 21-11，$V_{out}\approx5+V_{CE}$，调节电位器可以使三极管处于不同状态(截止、线性、饱和)，从而改变 C、E 极间电压，改变输出电压。

实验结果：

图 21-10：$V_o=5.80$ V。

图 21-11：$V_i=10$ V 时，$V_o=5.23\sim8.30$ V；$V_i=12$ V 时，$V_o=5.23\sim10.44$ V。

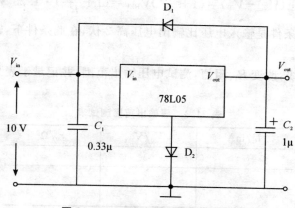

图 21-10　三端稳压电路＋稳压管

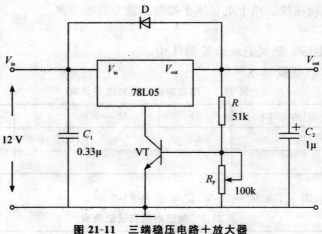

图 21-11 三端稳压电路＋放大器

（2）可调稳压电路

①实验电路如图 21-12 所示，LM317L 最大输入电压 40 V，输出 1.25～37 V 可调，最大输出电流 100 mA。（实验时只加 15 V 输入电压）

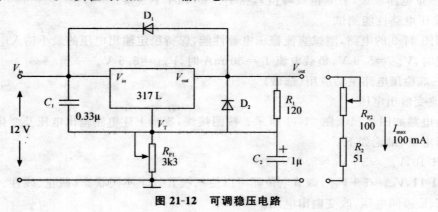

图 21-12 可调稳压电路

分析电路：图 21-12 输入电压改为 15 V，负载也可改为 150 Ω 电阻和 330 Ω 电位器，电路中 D_1、D_2 均为保护用二极管。由于 317 中间脚流出的电流很小，忽略不计情况下，输出电压 $V_{out} \approx (1+\frac{R_{P1}}{R_1}) \cdot (V_{out}-V_T) = (1+\frac{R_{P1}}{R_1})V_{REF} = (1+\frac{R_{P1}}{R_1}) \cdot 1.25$ V，所以改变电位器可改变输出电压。稳压条件是输入电压比输出电压高 2 伏，在此条件下，输出电压与电位器阻值近似成正比例关系。

②按图 21-12 接线，改变 R_{P1} 阻值，测试电压输出范围，并记录于表 21-3 中。在 $V_{out}=10$ V 时测量输出电阻。

表 21.3 压输出范围测试表

I_L/mA	V_o/V	r_o/Ω

输出电压纹波峰峰值约为 3 mV。

附:采用集成电路 W7812、W7915 实验内容

1. 整流滤波电路测试

按图 21-13 连接实验电路,取可调工频电源 14 V 电压作为整流电路输入电压 U_2。接通工频电源,测量输出端直流电压 U_L 及纹波电压 $\widetilde{U}_L$,用示波器观察 U_2、U_L 的波形,把数据及波形记入自拟表格中。

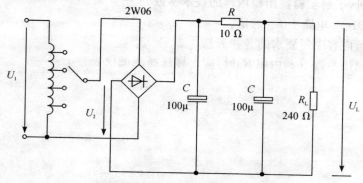

图 21-13　整流滤波电路

2. 集成稳压器性能测试

断开工频电源,在图 21-13 的基础上,按图 21-2 所示改接实验电路,并取负载电阻 $R_L = 120\ \Omega$。

(1)初测

接通工频 14 V 电源,测量 U_2 值;测量滤波电路输出电压 U_i(稳压器输入电压)、集成稳压器输出电压 U_o,它们的数值应与理论值大致符合,否则说明电路出了故障。设法查找故障并加以排除。

电路经初测进入正常工作状态后,才能进行各项指标的测试。

(2)各项性能指标测试

①输出电压 U_o 和最大输出电流 I_{omax} 的测量

在输出端接负载电阻 $R_L = 120\ \Omega$,由于 7812 输出电压 $U_o = 12$ V,因此流过 R_L 的电流 $I_{omax} = \dfrac{12}{120} = 100$ mA。这时 U_o 应基本保持不变,若变化较大则说明集成块性能不良。

②稳压系数 S 的测量。

③输出电阻 R_o 的测量。

④输出纹波电压的测量。

②、③、④的测试方法同实验十九,把测量结果记入自拟表格中。

(3)集成稳压器性能扩展

根据实验器材,选取图 21-4、图 21-5 或图 21-8 中各元器件,并自拟测试方法与表格,记录实验结果。

五、实验总结

1. 整理实验数据，计算 S 和 R_o，并与手册上的典型值进行比较。
2. 分析讨论实验中发生的现象和问题。

六、预习要求

1. 复习教材中有关集成稳压器部分内容。
2. 查阅手册，了解实验使用稳压器的技术参数。
3. 计算图 21-12 电路中 R_{P1} 的值。
4. 列出实验内容中所要求的各种表格。
5. 在测量稳压系数 S 和内阻 R_o 时，应怎样选择测试仪表？

实验二十二 单片集成信号发生电路

一、实验目的

1. 了解单片多功能集成电路函数信号发生器的功能及特点。
2. 进一步掌握波形参数的测试方法。

二、实验原理

ICL8038 是单片集成函数信号发生器,其内部框图如图 22-1 所示。它由恒流源 I_1 和 I_2、电压比较器 A 和 B、触发器、缓冲器和三角波变正弦波电路等组成。

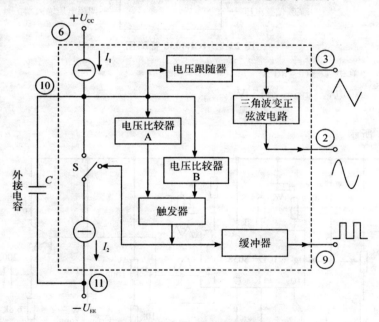

图 22-1 ICL8038 原理框图

外接电容 C 由两个恒流源充电和放电,电压比较器 A、B 的阈值分别为电源电压(指 $U_{CC}+U_{EE}$)的 2/3 和 1/3。恒流源 I_1 和 I_2 的大小可通过外接电阻调节,但必须 $I_2 > I_1$。当触发器的输出为低电平时,恒流源 I_2 断开,恒流源 I_1 给 C 充电,它的两端电压 U_C 随时间线性上升,当 U_C 达到电源电压的 2/3 时,电压比较器 A 的输出电压发生跳变,使触发器输出由低电平变为高电平,恒流源 I_2 接通,由于 $I_2 > I_1$(设 $I_2 = 2I_1$),恒流源 I_2 将电流 $2I_1$ 加到 C 上反充电,相当于 C 由一个净电流 I 放电,C 两端的电压 U_C 又转为直线下降。当它下降到电源电压的 1/3 时,电压比较器 B 的输出电压发生跳变,使触发器的输出由高电平跳变为原来的低电平,恒流源 I_2 断开,I_1 再给 C 充电,如此周而复始,产生振荡。若调整电路,使 $I_2 = 2I_1$,则触发器输出为方波,经反相缓冲器由管脚 9 输出方波信号。C 上的电压 U_C 上升与下降时间相等,为三角波,经电压跟随器从管脚 3 输出三角波信号。将三角波变成正弦波经过一个非线性的变换网络(正弦波变换器)而得以实现,在这个非线性网络中,当三角波电位向两端顶点摆动时,网络提供的交流通路阻抗会减小,这样就使三角波的两端变为平滑的正弦波,从管脚 2 输出。

1. ICL8038 管脚功能图

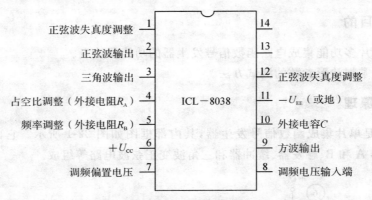

图 22-2　ICL8038 管脚图

电源电压 $\begin{cases} \text{单电源 } 10\sim30 \text{ V} \\ \text{双电源 } \pm5\sim\pm15 \text{ V} \end{cases}$

2. 实验电路

如图 22-3 所示。

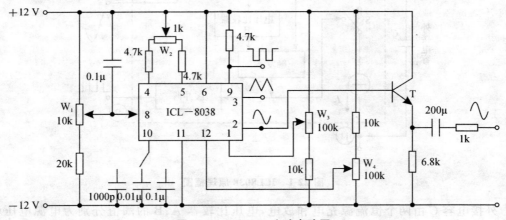

图 22-3　ICL8038 实验电路图

三、实验设备与器件

1. ±12 V 直流电源;

2. 双踪示波器;

3. 频率计;

4. 直流电压表；

5. ICL8038；

6. 晶体三极管 3DG12×1(9013)；

7. 电位器、电阻器、电容器等。

四、实验内容

1. 按图 22-3 所示的电路图组装电路,取 $C=0.01~\mu F$,W_1、W_2、W_3、W_4 均置中间位置。

2. 调整电路,使其处于振荡,产生方波,通过调整电位器 W_2,使方波的占空比达到 50%。

3. 保持方波的占空比为 50%不变,用示波器观测 8038 正弦波输出端的波形,反复调整 W_3、W_4,使正弦波不产生明显的失真。

4. 调节电位器 W_1,使输出信号从小到大变化,记录管脚 8 的电位及测量输出正弦波的频率,列表记录之。

5. 改变外接电容 C 的值(取 $C=0.1~\mu F$ 和 1000 pF),观测三种输出波形,并与 $C=0.01$ μF 时测得的波形作比较,有何结论?

6. 改变电位器 W_2 的值,观测三种输出波形,有何结论?

7. 如有失真度测试仪,则测出 C 分别为 $0.1~\mu F$、$0.01~\mu F$ 和 1000 pF 时的正弦波失真系数 r 值(一般要求该值小于 3%)。

五、预习要求

1. 翻阅有关 ICL8038 的资料,熟悉管脚的排列及其功能。

2. 如果改变了方波的占空比,试问此时三角波和正弦波输出端将会变成怎样的一个波形?

六、实验总结

1. 分别画出 $C=0.1~\mu F$,$0.01~\mu F$,1000 pF 时所观测到的方波、三角波和正弦波的波形图,从中得出什么结论?

2. 列表整理 C 取不同值时三种波形的频率和幅值。

3. 总结组装、调整函数信号发生器的心得、体会。

第三部分　综合设计

综合设计一　晶体管放大电路设计

一、单管放大器的设计

1. 设计要求

总体要求:静态工作点稳定单管放大器。

已知条件:$V_{cc}=12$ V,$R_L=2.4$k,$R_s=50$ Ω,$\beta=150\sim200$,$V_i=10$ mV。

性能指标:$A_u>30$,$R_i>1$k,$R_o<2$k,$f_L<200$ Hz,$f_H>100$ kHz。

2. 总体方案确定

根据总体设计要求,本电路要求静态工作点稳定,并且有一定的电压放大能力。输入阻抗不高。在元器件选择方面,可以选择双极型器件,也就是低频小功率三极管,β 值要求较高(150~200)。

在三极管的三种组态中,共射放大电路有电流和电压放大能力,最为常用。这种电路的其他参数也与设计要求比较吻合,故选择这种工作组态。因为电路对静态工作点稳定有特别要求,所以选择分压式电流负反馈偏置电路。其基本电路原理图如图 1-1 所示。

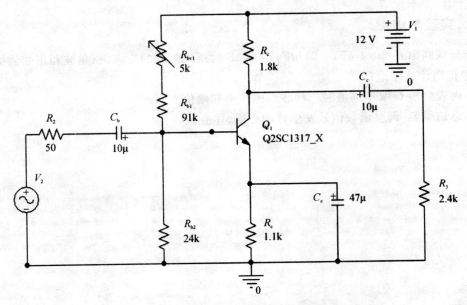

图 1-1　单管放大器基本电路原理图

3. 电路各基本参数的确定

(1)静态工作点的确定

主要是确定静态工作电流 I_{cq}，I_{cq} 的选取在不同的情况下是不同的，其选用原则是：

①小信号工作时，非线性失真不是主要矛盾，因此，以其他因素来考虑，若以少耗电或要求低噪声为主，工作点应选低些；如果需要放大倍数大些，那么工作点可选得高些。一般小信号放大器取 $I_{cq}=0.5\sim2$ mA。

②大信号工作时，考虑的因素主要是尽量大的动态范围和尽可能小的失真。此时，应设计选择一个最佳负载，工作点尽量选在交流负载线的中央。

③如果设计指标中对放大器的输入电阻 R_i 有要求，也可以根据 R_i 来确定静态工作点 I_{cq}。由于 $R_i=r_{be}\,/\!/\,R_{b1}\,/\!/\,R_{b2}$，一般 r_{be} 比 $R_{b1}\,/\!/\,R_{b2}$ 要小得多，因此在初选 I_{cq} 时，可以近似认为 $R_i=r_{be}$。

根据

$$r_{be}=r_{bb}'+(1+\beta)\frac{26}{I_{cq}}\approx r_{bb}'+\beta\frac{26}{I_{cq}}$$

其中，r_{bb}' 的典型值对小功率低频管取 300，对小功率高频管取 50，则 I_{cq} 即可求出。

本例中，因是小信号放大，可直接按经验在 $I_{cq}=0.5\sim2$ mA 间选取，也可按上式计算得出。因此 I_{cq} 取 1 mA 或 1.5 mA、2 mA 均可。

本设计中 R_i 要求大于 1k，但输入 V_i 较小，β 又大，故 I_{cq} 不需取很大。例如 I_{cq} 可以取 1.5 mA。这样 R_i 可确保满足大于 1k。

确定 I_{cq} 后，则 $I_{bq}\approx I_{cq}/\beta=1.5/150=0.01$ mA，$r_{be}=50+150\times26/1.5=2.65$k。

(2)确定偏置电阻 R_{b1} 和 R_{b2} 的值。

先确定 U_{bq}：根据电路的工作原理，只有当流过 R_{b2} 上的电流 I_1 远远大于 I_{bq} 时，才能保证 U_{bq} 恒定。这是工作点稳定的必要条件。一般取 $I_1=(5\sim10)I_{bq}$。

U_{bq} 取大一些，则容许的 R_e 较大，反馈较深，电路较稳定，但将使放大器的动态范围减小，故考虑到电源供电电压的大小，折中选定。一般取 $U_{bq}=(1/3\sim1/5)V_{cc}$。

于是得到：

$$R_{b2}=\frac{U_{bq}}{I_1}=\frac{U_{bq}}{(5\sim10)I_{bq}}$$

$$R_{b1}=\frac{V_{cc}-U_{bq}}{U_{bq}}R_{b2}$$

本例中，取 $U_{bq}=V_{cc}/5=2.4$ V，$I_1=10I_{bq}$，代入数据得：$R_{b1}=96$k(由电位器和固定电阻串联得到)，$R_{b2}=24$k。实验时，R_{b1} 通常由一固定电阻与电位器串联，以便调整工作点。如可取 R_{b1} 为 10k 电位器和 91k 电阻串联。

(3)确定 R_e 和 R_c 的值。

根据

$$R_e=\frac{U_{bq}-U_{be}}{I_{cq}}$$

经计算得 $R_e=1.13$k(取系列值 1.1k)。

R_c 值的确定可由电压放大倍数公式求出

$$A_u = -\frac{\beta}{r_{be}} R_L'$$

A_u 要求大于 30，于是可估算出 $R_L' > 0.52k$。

因为 $R_o \approx R_c$，根据 $R_o < 2k$ 要求取 $R_c = 1.8k$；而 $R_L' = R_c' /\!/ R_L$，电路所接负载 R_L 为已知的 2.4k，可计算出

$$R_L' = 1.03k > 0.52k$$

（4）确定各电容取值

耦合电容 C_b 和 C_c 作用是隔直流，对交流信号应是近似短路，所以电容 C_b 和 C_c 的阻抗应远小于与之串联的电阻。电容 C_e 的作用是减小发射极电阻 R_e 对交流负反馈作用，C_e 与 R_e 并联的阻抗应小于与之串联的等效电阻。

若电路的最低工作频率为 f_L，则可按下式估算：

$$C_b \geqslant (3 \sim 10) \frac{1}{2\pi f_L (R_s + r_{be})}$$

$$C_c \geqslant (3 \sim 10) \frac{1}{2\pi f_L (R_c + R_L)}$$

$$C_e \geqslant (1 \sim 3) \frac{1}{2\pi f_L R_s'} \quad \text{其中,} R_s' = (R_s + r_{be})/(1+\beta)$$

经计算得 $C_b \geqslant 2.7\mu$，$C_c \geqslant 2.7\mu$，$C_e \geqslant 47\mu$。

一般情况下，电容取值也可不经计算而由实验确定，可凭经验选取较大一些的电容，如取 $C_b = C_c = 10$ F，$C_e = 47$ F，然后进行实验验证确定。

4. 电路验证

电路验证就是对按所设计的电路参数进行理论计算，以检查电路是否满足设计要求，否则需要重新设计，内容包括 A_u、R_i、R_o、f_L、f_H 和静态工作点。

（1）静态工作点（设 β 为 150）

$R_{b2} = 24k$，若 R_{b1} 可调为 96k，则 $U_{bq} = 2.4$ V，所以

$$I_{bq} = (U_{bq} - 0.7)/(1+\beta)R_e = (2.4 - 0.7)/151 \times 1.1 = 0.01 \text{ mA}$$

$$I_{cq} = \beta \times I_{bq} = 1.5 \text{ mA}$$

$$r_{be} = 2.65k$$

（2）放大倍数

$$R_L' = R_c /\!/ R_L = 1.8 /\!/ 2.4 = 1.03k$$

$$A_u = -150 \times 1.03/2.65 = -58$$

（3）输入电阻

$$R_i = r_{be} = 2.65k$$

（4）输出电阻

$$R_o = R_c = 1.8k$$

（5）频率响应

各电容的值是根据 f_L 值确定的，f_L 应该满足要求，f_H 的值主要由三极管的高频参数决定，所选用的三极管的高频参数一定要满足要求，如 3DG9013。

5. 电路的仿真分析

计算机仿真程序已广泛应用于电子电路的仿真分析与设计中，可在实际硬件实验之前

先进行仿真分析,以便估计电路的性能,预先发现存在的问题。

仿真可以在 Multisim 仿真环境下进行(晶体管选用 Qsc1317,性能大致相当于 9013,β =150),步骤如下:

(1)静态工作点

将电路图输入 Multisim 软件后,即可运行仿真,首先是 Bias Point 分析,结果会标在图上,从中可以计算出静态工作点。

$$V_b = 2.229 \text{ V}, V_c = 9.35 \text{ V}, V_e = 1.632 \text{ V}$$
$$I_b = (12 - 2.229)/96 - 2.229/24 = 0.0089 \text{ mA}$$
$$I_c = (12 - 9.35)/1.8 = 1.47 \text{ mA}$$

(2)放大倍数

运行交流瞬态分析得到 V_o 和 V_i 波形,取两者的峰值之比可得放大倍数。

$$A_u = -513.077/9.79 = -52$$

(3)R_i 和 R_o

可以应用 R_i 和 R_o 的定义来求,对于 R_i 需测得 V_i 和 I_i,然后取两者之比。对于 R_o,可在输出处加一激励 V_t(输入 V_i 短路),然后求得 V_t 与 I_t 之比。激励信号频率取 1k。

求得 $R_i = 9.773\text{m}/4.1016\mu = 2.38\text{k}$,$R_o = 400\text{m}/229.731\mu = 1.74\text{k}$。

(4)频率响应

运行 Multisim 的交流扫描分析,可得放大器的频率特性,从中可以测得 f_L 和 f_H。经测算,$f_L = 195$ Hz,$f_H = 4.58$ MHz。

(5)参数扫描和温度扫描

为了验证电路在关键参数如 β 值变动,以及温度改变时的工作情况,可以运行 Multisim 的参数扫描和温度扫描分析。

如 β 可以从 150 变到 200,在 β 为 200 时,$V_c = 9.2828$ V,$I_c = 1.51$ mA,基本保持不变。$A_u = 53.9$ 也基本保持不变。Q 点稳定电路能够在 β 参数变动时使 I_c 近似保持不变,这样 r_{be} 随 β 增大而增大,使得放大倍数近似不变。

温度为 50 ℃时,$V_b = 2.2447$ V,$V_c = 9.2493$ V,$I_c = 1.53$ mA,$A_u = 51$。和 25 ℃相比,近似保持不变,可见电路的确有保持静态工作点稳定的能力。

6. 设计中需注意的问题

通过上述设计过程,令人感到困惑的是凭经验选取数值。但是,只要在其范围内选用,都是允许的。至于是否满足设计要求,由实验调整。

计算得出的电阻、电容等元件值必须选取成系列值,即电阻选取与其相近的系列值,电容选取大于计算数值的系列值。

上述初步设计,必须以实验验证,可修改设计使指标满足要求,才算完成设计。

7. 实验调试

电路参数确定后可以搭接电路,然后按照单管放大器实验步骤进行。首先调整 R_{bv1} 电位器到合适的 I_{cq},然后根据实验上的要求测试验证放大器的性能指标。

二、阻容耦合两级放大器设计

1. 设计要求

总体要求:阻容耦合两级放大器。

已知条件：$V_{cc}=12$ V，$R_L=2.2$k，$R_s=50$ Ω，$\beta=150\sim200$，$V_i=1$ mV，$I_{c1q}=1.3$ mA，$I_{c2q}=4.9$ mA。

性能指标：$A_u>1000$，$R_i>1$k，$R_o<1$k，$f_L<200$ Hz，$f_H=50\sim100$ kHz。

2. 电路方案

由于采用阻容耦合，电路静态工作点之间不会互相影响，可以分别单独设计。由于电路只有两级而 $A_u>1000$，R_o 仅要求在 1k 左右，故采用两级联的共射放大电路，如图 1-2 所示。

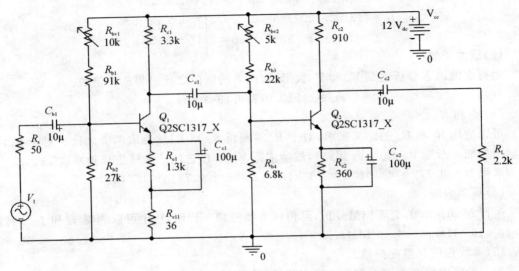

图 1-2　阻容耦合两级放大电路

3. 电路参数确定

（1）第一级参数

由于 $I_{cq1}=1.3$ mA，$I_{bq1}=1.3/150=0.0087$ mA，取 $I_1=10\times I_{bq1}=0.087$ mA，$U_{bq1}=2.4$ V，可以算得 $R_{b2}=27.6$k（取系列值 27k），$R_{b1}=110$k，这样 $U_{bq1}=2.36$ V，$r_{be1}=50+150\times26/1.3=3$k，$R_{e1}=(2.36-0.7)/1.3087=1.268$k（取系列值 1.3k）。可以在 R_e 处再串接一个小电阻 R_{e11}（如 36 Ω），这样可以大幅提高输入电阻，并为引入反馈做准备。R_{c1} 已不是输出电阻，可以取大些，如保持 V_{ce1} 为电源电压的一半，则 $R_{c1}=(6-1.66)/1.3=3.33$k（取系列值 3.3k）。

（2）第二级参数

由于 $I_{cq2}=4.9$ mA，$I_{bq2}=4.9/150=0.033$ mA，取 $I_1=10I_{bq1}=0.33$ mA，$U_{bq2}=2.4$ V，可以算得 $R_{b4}=7.34$k（取系列值 6.8k），$R_{b3}=27$k。这样 $U_{bq2}=2.41$ V，$r_{be2}=50+150\times26/4.9=0.796$k，$R_{e2}=(2.41-0.7)/4.9=0.35$k（取系列值 360 Ω）。$R_{c2}$ 是输出电阻，取910 Ω，则 $R_L'=R_{c2}//R_L=0.644$k。

（3）放大倍数

对于第一级而言，r_{be2} 是它的负载电阻，故

$$A_{u1}=150\times(-0.796//3.3)/(3+151\times0.036)=-150\times0.641/10.7=-11.39$$

对于第二级

$$A_{u2} = 150 \times (-0.644)/0.796 = -121$$

总放大倍数

$$A_u = A_{u1} \times A_{u2} = (-11.39) \times (-121) = 1379$$

(4) R_i，R_o

$$R_i = R_{b1} // R_{b2} // [r_{be1} + (1+\beta)R_{e11}] = 21.67 // (3 + 151 \times 0.036) = 6.1\text{k}$$

$$R_o = R_{c2} = 910 \ \Omega$$

(5)电容确定

根据截至频率计算公式 $f_L = 1.1\sqrt{f_{L1}^2 + f_{L2}^2}$，设两级截至频率相同，则

$$f_L' = f_L/(1.1 \times 1.414) = 200/(1.1 \times 1.414) = 128 \ \text{Hz}$$

由此

$$C_{b1} > (3 \sim 10)/[2\pi \times 128(50 + 3000)] = (3 \sim 10) \times 0.407$$

$$C_{c1} > (3 \sim 10)/[2\pi \times 128(3300 + 796)] = (3 \sim 10) \times 0.303$$

$$C_{e1} > (1 \sim 3)/(2\pi \times 128 \times 20) = (1 \sim 3) \times 62$$

取 $C_{b1} = C_{c1} = 10 \ \mu\text{F}$，$C_{e1} = 100 \ \mu\text{F}$。

对于第二级，R_s 要取第一级的输出电阻。同理可计算取值，其值应比第一级的小，为统一起见，并留一定余量，也取 $C_{b2} = C_{c2} = 10 \ \mu\text{F}$，$C_{e2} = 100 \ \mu\text{F}$。

4. 电路仿真

在 Multisim 中搭建电路，运行瞬态仿真，测得各项指标为：

$A_u = 1103.2/0.991 = 1120$；

$R_i = 990000/179 = 5.5\text{k}$；

$R_o = 999.7/1.142 = 875 \ \Omega$。

频率响应，运行交流扫描得：$f_L = 92 \ \text{Hz}$，$f_H = 262\text{k}$。

用不同的温度和放大倍数扫描，均可得正常波形，由于放大倍数较大，要注意截止和饱和失真，输入信号幅度不可太大。

可见，各指标均满足要求。

5. 实验调试

电路参数确定后可以搭接电路，然后按照多级放大器实验步骤进行。首先调整 R_{bv1}、R_{bv2} 电位器到合适的 I_{cq}，然后根据实验上的要求测试验证放大器的性能指标。

三、负反馈两级放大器

1. 设计要求

总体要求：级间负反馈两级放大器。

已知条件：$V_{cc} = 12 \ \text{V}$，$R_L = 2.2\text{k}$，$R_s = 50 \ \Omega$，$\beta = 150 \sim 200$，$I_{c1q} = 1.3 \ \text{mA}$，$I_{c2q} = 4.9 \ \text{mA}$。

性能指标：闭环增益 $A_{uf} \approx 100$；闭环输入电阻 $R_{if} > 10\text{k}$；闭环输出电阻 $R_{of} < 100 \ \Omega$；带宽下限频率 $f_L < 30 \ \text{Hz}$；带宽上限频率 $f_H \approx 500 \ \text{kHz}$。

2. 电路方案

由于要求提升 R_i 和降低 R_o，可以在级间引入电压串联负反馈。基本电路组态如图 1-3

所示。

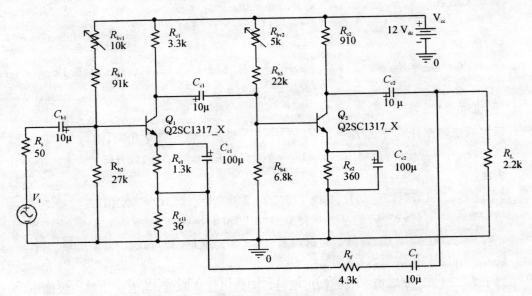

图 1-3 负反馈两级放大电路

3. 电路参数确定

因为引入的是交流反馈,并不影响电路的静态工作点,所以各偏置电阻参数仍然大体与两级放大器相同。

确定反馈深度:

(1)从放大倍数方面考虑,因为 R_{e11} 较小而 R_f 较大,所以反馈网络无论是对基本放大器的输入还是输出回路都不会有太大的影响。引入反馈后的基本放大器的增益仍然为 1000 左右,而

$$A_{uf}=A_u/T, T=A_u/A_{uf}\approx10$$

(2)从 R_{of} 考虑,$R_{of}=R_o/T, T=R_o/R_{of}\approx10$。

(3)取 $T=10$ 后,$R_{if}\approx R_i\times T=61k, f_{Lf}=f_L/T\approx10$ Hz,$f_{Hf}=f_H\times T\approx2M$。

可见,取 T 为 10 左右,各项指标均满足要求。

所以,反馈系数 $F\approx T/A_u=10/1000=0.01=R_{e11}/(R_{e11}+R_f)$,得 $R_f\approx3.6k$。

取 $R_f=4.3k$,以留出适当余量。

4. 电路仿真

在 Multisim 软件下进行仿真得到如下参数:

当 $R_f=4.3k$ 时,

$A_{uf}=105.7/0.9968=106$;

$R_{if}=996800/61=163k$;

$R_{of}=100/1.6911=59$。

运行交流扫描分析,可得 $f_{Hf}=2.7$ MHz,由于低频时反馈量减少,使得低频时放大倍数会出现一个峰值,$f_{Lf}=13$ Hz。

在 Multisim 下进行扫描也可得到频响曲线，如图 1-4 所示。

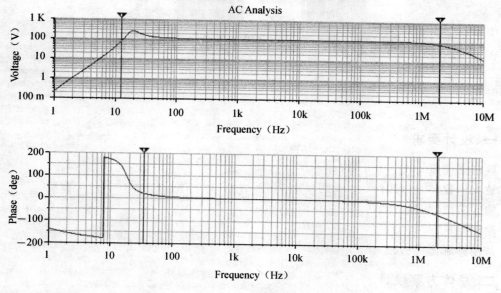

图 1-4 频响曲线

5. 实验调试

电路参数确定后可以搭接电路，然后按照负反馈多级放大器实验步骤进行。首先调整 R_{bv1}、R_{bv2} 电位器到合适的 I_{cq}，然后引入负反馈并根据实验要求测试验证放大器的性能指标。

综合设计二　测量放大器设计

一、设计要求

频带宽度：10 Hz～100 kHz；

放大倍数：50～100；

输入阻抗：>20 MΩ；

输出阻抗：<30 Ω；

共模抑制比：>100 dB。

二、总体方案设计

在测量系统中，通常都用传感器获取信号，即把被测物理量通过传感器转换为电信号，传感器的输出是放大器的信号源。在测量技术中，由传感器采集到的电信号一般都很弱小，往往需要经过一定放大才能进入后续环节，因此测量放大器就成为测量技术成败的关键环节。被测信号既可能是直流信号也可能是交流信号，信号的幅度都很小（毫伏级），且往往混合有一定的噪声，这些都是测量放大器设计中应考虑的问题。然而，多数传感器的等效电阻均不是常量，它们随所测物理量的变化而变化。这样，对于放大器而言，信号源内阻 R_s 不是常量，根据电压放大倍数的表达式可知，放大器的放大能力将随信号大小而变。为了保证放大器对不同幅值信号具有稳定的放大倍数，就必须使得放大器的输入电阻 R_i 较大，R_i 愈大，因信号源内阻变化而引起的放大误差就愈小。此外，从传感器所获得的常为差模小信号，并含有较大共模部分，其数值有时远大于差模信号，故放大器还应有较强的抑制共模信号的能力。因此，采用集成运算放大器进行设计。

1. 用集成运算放大器完成设计

用集成运算放大器放大信号的主要优点：

（1）电路设计简化，组装调试方便，只需要适当选配外接元件，便可实现输入、输出的各种放大关系。

（2）由于运放的开环增益都很高，由其构成的放大电路一般工作在深度负反馈的闭环状态，则性能稳定，非线性失真小。

（3）运放的输入阻抗高，失调和漂移都很小，故很适合于各种微弱信号的放大。又因其具有很高的共模抑制比，对温度的变化、电源的波动以及其他外界干扰都有很强的抑制能力。

用运算放大器组成的放大电路，按电路形式可分为同相放大器、反相放大器和差动放大器三种。它们组成的放大电路分别如图 2-1(a)、(b)、(c)所示。

在设计反相比例放大电路时，选择运放参数要从多种因素来综合考虑。例如，放大直流

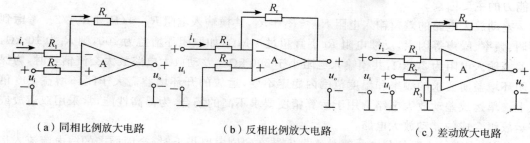

（a）同相比例放大电路　　　　　（b）反相比例放大电路　　　　　（c）差动放大电路

图 2-1　运算放大器组成的放大电路

信号时,应着重考虑影响运算精度和漂移的因素,为提高运算精度,运放的开环电压增益 A_{uo} 和输入差模电阻 R_{ID} 要大,而输出电阻 R_O 要小。为减小漂移,运放的输入失调电压 V_{IO}、输入失调电流 I_{IO} 和基极偏置电流 I_{IB} 均要小。这些因素随温度的变化在运放输出端引起的总误差电压最大可为:

$$\Delta V_O = \pm \frac{R_1 + R_2}{R_1} \left(\frac{dV_{IO}}{dT} \Delta T \right) \pm R_F \left(\frac{dV_{IO}}{dT} \Delta T \right) + R_F \left(\frac{dV_{IB}}{dT} \Delta T \right)$$

如放大直流微弱信号,还要考虑噪声的影响,要求运放的等效输入噪声电压 V_N 和噪声电流 I_N 要小。

如放大直流信号,则要求运放有足够的带宽,即要求运放的大信号带宽大于信号的频率。若运算手册已给出开环带宽指标 B_{WO},则闭环后电路的带宽将被展宽。对单级运放可用公式 $B_{WC} = B_{WO} \times A_{uo}(\frac{R_1}{R_F})$ 计算。

外接电阻阻值的选择对放大电路的性能也有着重要影响。通常有两种计算方法:一种是从减小漂移、噪声,增大带宽。在信号源的负载能力允许条件下,首先尽可能选择较小的 R_1,然后按闭环增益要求计算 R_F,而取同相端平衡电阻 $R_2 = R_1 \parallel R_F$,以消除基流引起的失调。另一种计算法是从减小增益误差着手,首先算得 R_F 的数值,最佳的 $R_F = [R_{ID}R_O/(2K)]^{1/2}$,式中 $K = R_1/(R_1 + R_F)$,然后按闭环增益放大要求计算 R_1。

同相比例放大电路的最大优点是输入电阻高,例如 CF741 型运放,其实际输入电阻 R_1 约为 100 MΩ。由于同相比例放大电路的反相输入端不是"虚地",其电位随同相端的信号电压变化,使运放承受着一个共模输入电压,信号源的幅度受到限制,不可超过共模电压范围,否则将带来很大的误差,甚至不能正常工作。

设计同相比例放大电路时,对运放的选择除反相输入电路中提出的要求外,还特别要求运放的共模抑制比 K_{CMR} 要高。比例电阻的计算,一般应选计算最佳反馈电阻 R_F,其值为:

$$R_{F(最佳)} = \sqrt{\frac{(A_{VF} - 1)R_O R_{ID}}{2}}$$

然后按闭环增益的要求确定 R_1 的数值。

在差动放大电路的设计中,电阻匹配的问题十分重要。差动放大电路的共模抑制比 K_{CMR} 由运放本身的共模抑制比 K'_{CMR} 和由于外部电阻失配而形成的共模抑制比 K''_{CMR} 两部分组成。设各电阻匹配,公差相同,电阻的精度均为 δ,则

$$K''_{CMR} \approx (1 + R_3/R_1)/(4\delta), \quad K_{CMR} = (K'_{CMR} \times K''_{CMR})/(K'_{CMR} + K''_{CMR})$$

由上式可知,闭环增益(R_3/R_1)愈小,电阻失配的影响愈大,甚至成为限制电路共模抑

制能力的主要因素。

差动放大电路的差模输入电阻 $R_{ID} \approx R_1 + R_2$，共模输入电阻 $R_{IC} \approx (R_1 + R_3)/2$。考虑到失调、频率、噪声等因素，反馈电阻 R_F 不宜超过 1 MΩ，如取闭环增益为 100，则 R_1 为 10 kΩ，而差模输入电阻为 20 kΩ，共模输入电阻小于 500 kΩ。差动放大电路放大交流信号时，为保证闭环增益所要求的频率和温度范围内稳定不变，运放的开环增益需大于闭环增益 100 倍以上。单运放差动放大电路常用于运算精度要求不高的场合，为提高性能，常采用双运放或多运放组合成的差动放大电路。

此外，当高输入阻抗集成运算放大器安装在印刷电路板上时，会因周围的漏电流流入运放形成干扰。通常采用屏蔽层方法来抗此干扰，即在运算放大器的高阻抗输入端周围用导体屏蔽层围住，并把屏蔽层接到低阻抗处。这样处理后，屏蔽层与高阻抗之间几乎无电位差，从而防止了漏电流的流入，如图 2-2。应该指出的是，测量放大电路的输入阻抗越高，输入端的噪声也越大。因此，不是所有情况下都要求放大电路具有很高的输入阻抗，而是应该与传感器输出阻抗匹配，使测量放大电路的输出信噪比达到一个最佳值。

采用单运放组成的同向并联差动比例放大线路（也称仪器放大器）见图 2-3。这种电路是由三个运算放大器组成的，集成电路采用 BG305 或 LM741，由 A_1 和 A_2 构成输入级，均采用了同相输入方式，使得输入电流极小，因此输入阻抗 R_{in} 很高；结构上采用对称结构形式，减小了零点漂移，因此共模抑制比很高；A_3 构成放大级，采用差动比例放大形式，电路的放大倍数由 R_4、R_5、R_6、R_7 和电位器 R_P 来进行调节。在图 2-3 中，当选取 $R_4 = R_5$，$R_6 = R_7$ 时，电路的放大倍数可由下式进行计算：

$$A_{uF} = -\frac{R_6}{R_4} R_6 \left(1 + \frac{2R_2}{R_P}\right)$$

可见，改变 R_P 即改变了负反馈的大小，故放大倍数 A_{uF} 也相应改变。图 2-4 给出了线路的输入、输出波形曲线。

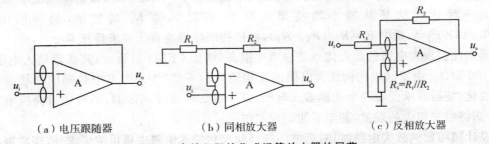

（a）电压跟随器　　　　（b）同相放大器　　　　（c）反相放大器

图 2-2　高输入阻抗集成运算放大器的屏蔽

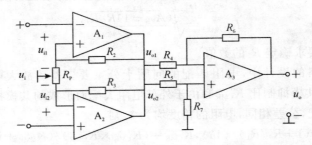

图 2-3　集成运算放大器构成的测量放大器电路原理图

在电路设计中,除注意选取运放的参数指标外,还应注意选取精密匹配的外接电阻,这样才能保证最大的共模抑制比;另外,由于输入阻抗很高,还应采取上述的屏蔽手段来抗除干扰。

2. 用集成仪器放大器实现

在只需简单放大的场合下,采用一般的放大器组成仪器放大器来放大传感器输出的信号是可行的,但为了保证精度常需采用精密匹配的外接电阻,才能保证最大的共模抑制比,否则非线性失真也比较大;此外,还需要考虑放大器输入电阻与传感器的输出阻抗的匹配问题。故在要求较高的场合下常采用集成仪器放大器。集成仪器放大器放大电路外接元件少,无需精密匹配电阻,能处理微伏级至伏级的电压信号,可对差分直流和和交流信号进行精密放大,能抑制直流及数百兆赫兹频率的交流信号的干扰信号等。由于上述特点,集成仪器放大器在放大电路中得到了广泛的应用。

AD524 集成仪器放大器的内部结构与基本接法见图 2-5。

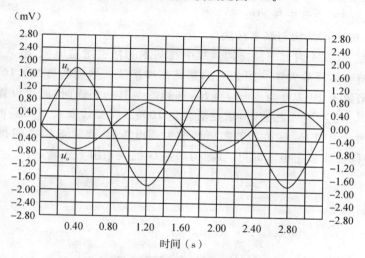

图 2-4　测量放大器线路的输入、输出波形曲线

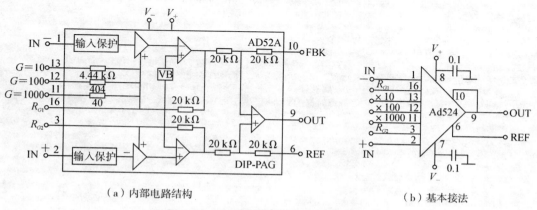

（a）内部电路结构　　　　　　　　　　　（b）基本接法

图 2-5　AD524 的内部结构与基本接法

AD542 是高精度单片式仪用放大器,它的封装采用 16 脚 DIP 陶瓷封装结构与 20 脚的 LCC 封装结构。它可以使用在恶劣的工作条件下需要获得高精度的数据采集系统中。它的输出失调电压漂移小于 25 μV/℃,最大非线性仅为 0.003%。由于非线性度好,共模抑制比高,低漂移和低噪声,AD524 在许多领域中得到广泛应用。

(1)AD524 的性能特点与主要参数

• 低噪声:峰峰值不大于 0.3 μV(0.1~10 Hz);

• 非线性小:不大于 0.003%($G=1$);

• 共模抑制比高:不大于 110 dB($C=1000$);

• 失调电压小:不大于 50 μV;

• 失调电压漂移小:不大于 0.5 μV/℃

• 增益带宽:25 MHz;

• 引入编程增益:1,10,100,1000;

• 具有输入保护、失调电压调整等功能。

(2)AD524 的内部结构与基本接法

图 2-5(a)是 AD524 内部电路结构。其中有基本的精密增益电阻、输入保护电路、三运放偏置电阻及精密运算放大器。图 2-5(b)是其基本接法。增益选择端×10、×100、×1000 分别表示放大倍数为 10、100 与 1000,当 R_{G2} 选择端与其一相连时,就可设置成所需要的增益值。例如将 R_{G2} 与×1000 相连时,增益值就是 1000。当要设置任意增益时,在 R_{G1} 与 R_{G2} 之间接入一只增益电阻 R_G 即可。若需要调节失调电压时,要 4、5 脚之间接入 10 kΩ 电位器,电位器的中间接头接正电源即可。R_G 与增益 G 的关系由下式确定:

$$G=1+(10\ \text{k}\Omega/R_G)$$

综合设计三 串联反馈式直流稳压电源设计

一、设计任务和要求

电子设备都离不开直流电源,许多电子设备要由电力网上的交流电所变换的直流电来供电。电子设备的不同,对电源的要求也不一样。比如说,有的电子设备消耗功率大些,就要求直流电源提供较大的功率;有的电子设备的工作性能对电压波动很敏感,就要求电源的输出电压要稳定,纹波系数要小;也有的要求直流电源输出的电压可调。

本设计的目的如下:

1. 进一步熟悉整流与稳压电路的工作原理,掌握主要性能指标的调整和测试方法。

2. 初步学会整流与稳压电路的工程设计(验算)方法。

3. 学会手工制作印刷电路板。

4. 熟悉直流稳压电源的过流、过压和短路保护电路的具体应用。

总之,本设计任务就是采用分立元器件设计一台串联型稳压电源。其功能和技术指标如下:

(1)输出电压 U_o 6 V;

(2)最大输出电流 180 mA;

(3)稳压系数 $S \leqslant 0.01$;

(4)电源内阻 $R_\text{s} \leqslant 0.1\ \Omega$;

(5)纹波电压 $S \leqslant 5$ mV;

(6)过载电流保护:输出电流超过 180 mA 时,限流保护电路工作。

二、稳压电源主要指标

1. 额定输出电压 U_o。

2. 最大输出电流 I_omax。

3. 输出电阻 R_o。输出电阻 R_o 定义为:当输入电压 U_i(稳压电路输入)保持不变,由于负载变化而引起的输出电压变化量与输出电流变化量之比,即:

$$R_\text{o} = \Delta U_\text{o} / \Delta I_\text{o}$$

4. 稳压系数 S(电压调整率)。稳压系数定义为:负载保持不变,输出电压相对变化量与输入电压相对变化量之比,即:

$$S = \frac{\Delta U_\text{o} / U_\text{o}}{\Delta U_\text{i} / U_\text{i}}$$

5. 纹波电压。在额定负载条件下,输出电压中的交流分量有效值。

三、基本原理

1. 直流稳压电源的组成

直流稳压电源一般由变压器、整流器、滤波电路、稳压电路与负载等组成。

(1)变压器:初级与交流电力网连接,次级与整流器连接,用于改变交流电压的大小,使次级输出的交流电压符合设计要求。

(2)整流器:具有单向导电性能的元器件,将交流电变为直流电,最常用的为硅二极管。

(3)滤波器:将整流电路输出的脉动直流中的交流成分滤掉,通常由电感线圈、电容器和电阻中的一个或几个元器件组成。

(4)稳压器:在输入电压、输出电流和环境温度发生变化时,自动维持输出电压的稳定,同时,对纹波电压还有滤波作用。

2. 直流稳压电源的技术指标要求

(1)输出电压要符合额定值。

(2)输出电压要稳定(电压调整率 K_U)。造成输出电压不稳的原因:

• 交流电网的供电电压不稳,整流器的输出电压也按比例变化。

• 由于整流器都有一定内阻,当负载电流发生变化时,输出电压就要随之发生变化。

• 当整流器的环境温度发生变化时,元器件的特性即发生变化,也导致输出电压的变化。

(3)电源内阻(R_o)要小。电源内阻表示在输入电压 U_i 不变的情况下,当负载电流变化时,引起输出电压变化量的大小。R_o 越大,当负载电流较大时,在内阻上产生的压降也较大,因此输出电压就变小。

(4)输出纹波电压要小。输出纹波电压是指电源输出端的交流电压分量。

(5)要有过流保护、过压保护等保护措施。

四、设计过程

1. 电路选用

分立元器件串联型稳压电源选用如图 3-1 所示的电路。

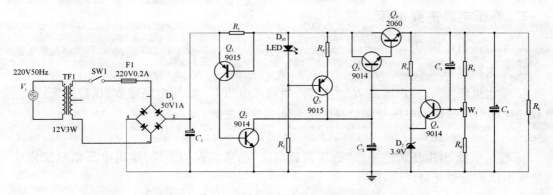

图 3-1　串联式稳压电源电原理图

2. 电路工作原理

如图 3-1 所示，220 V 交流电经变压器产生低压交流电，整流桥堆 D_1 和电容 C_1 构成整流滤波电路，产生直流电压。D_{S1}、R_3 和 Q_3 为恒流源负载，以扩大比较电路的放大能力。Q_1、Q_2 和 R_1 为过流保护电路。Q_5 和 Q_6 为复合电压调整器。Q_4、D_2、R_4、R_5、R_6 和 W_1 构成输出电压取样比较电路。W_1 可以调整输出电压为额定值。

稳压过程。当输出电压 U_o 因某种原因下降时，Q_4 的基极电压也下降，D_2 两端的电压恒定，因此 Q_4 的 V_{BE} 电压随之下降，Q_4 的工作点往截止区靠近，造成 Q_4 的集电极电压上升，即 Q_5 的基极电压上升，从而使调整管 Q_6 的 V_{CE} 电压下降，使输出电压上升。若输出电压 U_o 因某种原因上升时，其过程恰好相反。这样输出电压因某种原因变化时，Q_5 和 Q_6 构成的电压调整器就能够调整输出电压，使其保持恒定。

输出电压调整过程。W_1 用于调整输出电压大小。当 W_1 滑动端向上滑时，Q_4 的基极电压就上升，D_2 两端的电压恒定，因此 Q_4 的 V_{BE} 电压随之上升，集电极电压就下降，即 Q_5 的基极电压下降，从而使调整管 Q_6 的 V_{CE} 电压上升，使输出电压变小。当 W_1 滑动端向下滑时，输出电压则会变大。当然，以上调整只能在一定范围内进行。

过流保护过程。Q_1、Q_2 和 R_1 为限流式过流保护电路，R_1 阻值比较小（大约为 4 Ω）。当输出电流较小时，在 R_1 上产生的电压较小，不足以使 Q_1 导通，这样 Q_2 也截止，因此保护电路不起作用。当输出电流过大时，在 R_1 上产生的电压增大，使 Q_1 导通，接着 Q_2 导通，其集电极电压下降，即 Q_5 的基极电压下降，电压调整管 Q_6 的 V_{CE} 电压增大，使输出电压下降，起到保护作用。

3. 确定电路参数

（1）电源变压器 TF1。若要求调整管 Q_6 不进入饱和区，则 $U_{imin} \geq U_o + (3 \sim 8)$ V，如可取 11 V 左右。

一般经整流后的输出电压是变压器次级电压有效值的 1.2 倍左右。这样电源变压器的次级电压取 12 V。因为变压器本身和整流电路的压降为 3～4 V，再考虑到电路其他支路的分流作用和功率储备，输出电流约取最大电流的 1.5 倍，即次级电流为 270 mA。所以取 12 V，250 mA 的变压器。其功率约为：$12 \times 0.25 = 3$ W。电网电压正常时，整流滤波后输入到稳压级的电压带载时约为 12 V。

（2）整流二极管桥堆 D_1

根据整流滤波理论，整流二极管的平均电流 $I_{DM} \geq 180/2 = 90$ mA。但由于电容的滤波作用，二极管的导通角很小，工作在间歇冲击状态，通常选择其最大整流电流为负载电流的 2～3 倍，如 500 mA 左右。

整流二极管的耐压 $U_{RM} > \sqrt{2} U_2 (1 + 10\%) = \sqrt{2} \times 12 \times 1.1 = 18$ V。

由此可知，选择 1 A/50 V 的整流桥堆，足可满足要求。

（3）滤波电容 C_1

$$C_1 = \frac{(3 \sim 5) * T/2}{R_{Lmin}}$$

其中，T 为交流市电的周期（20 ms）。

R_{Lmin} 为等效负载，$R_{Lmin} = U_{imin} / I_{omax} = 12/0.18 = 67$ Ω。

因此，$C_1 = (3 \sim 5) * 0.01/67 = 447 \sim 746$ μF。如 470 μF 的电容，对于耐压，大于变压器

次级电压最大值：$1.1×12×1.4＝18$ V，故取 $470\ \mu F/25$ V 的铝电解电容器。为了进一步稳定输出电压，可以在输出端、调整管的基极、取样电路等处接入电解电容器。

（4）调整管 Q_6

$$U_{(BR)CEO}＞(U_{imax}－U_{omin})＝U_{imax}＝12*1.2*1.1＝15.8\ V（输出端短路时 U_{omin} 为 0）$$

$$I_{CM}＞I_{omax}$$

由于整流滤波电路的压降，正常工作时输入到稳压级的电压约为 12 V。

这样，调整管的压降约为 5～6 V。

$$P_{CM}＞(U_{imax}－U_o)*I_{omax}＝6*0.18＝1\ W$$

因此，调整管 Q_6 选用 2060 三极管，参数为 $U_{(BR)CEO}＝32$ V，$I_{CM}＝1$ A，$P_{CM}＝1$ W。

（5）其他小功率管 Q_2、Q_3、Q_4、Q_5、Q_1。一般工作电流不大，只要耐压足够即可，一般，NPN 型选 9014，PNP 型选 9015。

LED 工作时压降约为 1.8 V，工作电流 3～5 mA，故可取 $R_2＝3k$，这样 LED 的工作电流为：$(12－1.8)/3＝3.4$ mA。恒流源的工作电流取 1～2 mA，这样，$R_3＝(1.8－1.1)/2＝550$，可取 680 Ω。

（6）基准电路 D_3 与 R_4。本设计的输出电压固定，故稳压管的稳定电压选择范围较宽，可选用稳压值在 3.2～4.5 V 的 2CW11 稳压管，其参数为：$U_z＝3.2～4.5$ V，$I_{zmin}＝2$ mA，$I_{zmax}＝55$ mA。限流电阻 R_4 应使得稳压管工作在反向击穿状态，并且电流小于最大额定电流。所以：

$$(U_o－U_{zmax})/R_{max}≥I_{zmin}，R_{max}≤(6－4.5)/0.002＝750\ Ω$$

$$(U_o－U_{zmin})/R_{min}≤I_{zmax}，R_{min}≥(6－3.2)/0.055＝50\ Ω$$

因此，R_4 选取 560 Ω 的电阻。

（7）取样电路 R_5、W_1、R_6。当负载开路时，提供调整管 Q_6 的泄流通路，一般泄放额定电流的 2% 左右，故通过取样电路的电流为 3.6 mA。所以

$$R_5＋R_6＋W_1＝6/0.0036＝1.6\ kΩ$$

所以，选取 $R_5＝300$ Ω，$R_6＝200$ Ω，W_1 取 2.2k 的线性电位器。

（8）保护电路。当输出电流为 180 mA 并流过检测电阻 R_1，使 $V_{R1}≥V_{BE(on)}$ 时，Q_5 导通，限流保护电路开始工作。一般硅管在 V_{BE} 为 0.45～0.5 V 左右即开始导通。保护电路开始起作用，输出电压开始下降。此时，$R_1＝V_{BE(on)}/I_{omax}＝0.45/0.18＝2.5$ Ω。因此，R_1 选取 2.7 Ω/1W 的电阻。

五、电路仿真分析

在正式制作，装配实物电路之前先进行电路仿真分析，可以预先了解电路的行为和性能，对以后的电路制作和调试帮助很大。

Multisim 系列软件则可以很直观地看到电路的运行过程。在 Multisim 2001，按图设计的电路进行搭接，如图 3-2 所示。V1 表示变压器的次级输出绕组。

用 Multisim 可以进行如下仿真：

1. 观察电路的输出

从接在输出端的电压表和电流表可以看出输出电压和电流。略微调整电位器 W_1 将输出电压调为 6 V。调节负载电阻 R_L，观察输出电流表的变化。

2. 测量输出纹波电压 S

将输出端电压表设为交流电压表,即可测出纹波电压。使用示波器可以观察到纹波电压的波形。

3. 测量输出电压调整率

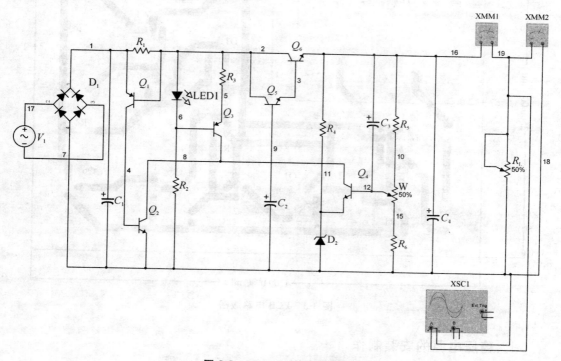

图 3-2　Multisim 仿真原理图

将输入电压增加或减小 10%,测量输出电压的相对变化量,可以求得稳压系数 S。

六、印刷电路板的制作

分立元器件串联型稳压电源的 PCB 图如图 3-3 所示。制作过程如下:

1. 准备 9 cm×12 cm 的单面敷铜板一块,用细砂纸将铜箔面打磨干净,贴上不干胶粘纸(或胶带纸)。

2. 将打印的印刷电路板镜像底图转移到敷铜板上,然后用刀刻工具等将底图中的阴影部分(黑色部分)保留,刻去的部分若有不干胶残留,还得用酒精或丙酮等洗净。

3. 将刻好的敷铜板放入盛有三氧化铁溶液的容器中进行蚀刻。注意观察蚀刻程度,必要时进行一些翻动或用排笔对蚀刻部分进行轻轻刷扫。

4. 将蚀刻好的敷铜板取出,用清水冲洗干净,撕去不干胶贴纸,用细砂纸再轻轻打磨一遍,然后进行钻孔、修整和检查,最后进行阻焊剂和助焊剂的涂覆处理。

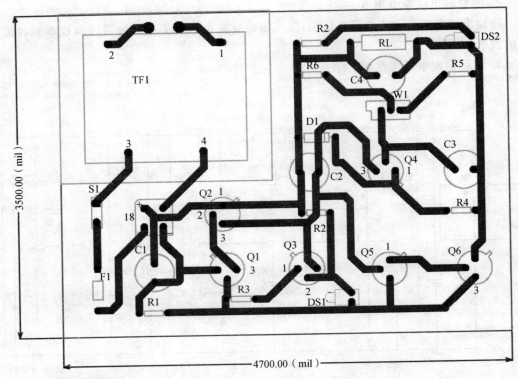

图 3-3　PCB 电路版图

七、稳压电源的安装制作

1. 在制作好了的印刷电路板上焊接元器件,并装上变压器、保险丝与输出接线等。

2. 检查焊接与安装情况,确认无误后接通 220 V 交流电源,并对直流稳压电源进行调整。

八、稳压电源的调试

1. 空载基本调试

稳压器输出端负载开路、断开保护电路。接通 220 V 电源,测量整流电路输入电压 U_2、滤波电路输出电压 U_i(稳压器输入电压)及输出电压 U_o。调节电位器 R_1,观察 U_o 的大小和变化情况,如果 U_o 能跟随 W_1 线性变化,这说明稳压电路各反馈环路工作基本正常。否则,说明稳压电路有故障,因为稳压器是一个深负反馈的闭环系统,只要环路中任一个环节出现故障(某管截止或饱和),稳压器就会失去自动调节作用。此时可分别检查基准电压 U_z、输入电压 U_i、输出电压 U_o,以及比较放大器和调整管各电极的电位(主要是 U_{BE} 和 U_{CE}),分析它们的工作状态是否都处在线性区,从而找出不能正常工作的原因。排除故障以后就可以进行下一步测试。

2. 调整输出电压为额定值

调节输出负载电位器使输出电流为 100 mA,再调节电位器 W_1 使输出电压为 6 V。

3. 测量各管静态工作点

测量各管的管脚电位 V_B、V_C、V_E 的值,确认各管都工作在放大区。

4. 测量稳压系数 S

取 $I_o = 100$ mA,改变整流电路输入电压 U_2(模拟电网电压波动),分别测出相应的稳压器输入电压 U_i 及输出直流电压 U_o,可以计算稳压系数 S。

5. 测量输出电阻 R_o

改变输出滑线变阻器位置,使 I_o 为空载、50 mA 和 100 mA,测量相应的 U_o 值,并计算输出电阻 R_o。

6. 测量输出纹波电压

取 $I_o = 100$ mA,用交流毫伏表测量输出纹波电压。

7. 调整过流保护电路

断开电源,接上保护回路,再接通工频电源,调节 W_1 及 R_L 使 $U_o = 6$ V,$I_o = 100$ mA,此时保护电路应不起作用,测出 Q_5、Q_4 管各极电位值。渐渐减小 R_L 使 I_o 增加,U_o 下降(一般 U_o 下降 0.5 V 时即可认为保护电路已作用),并测出保护起作用时 Q_5、Q_4 管各极的电位值。若保护作用过早或迟,可改变 R_1 进行调整。

用导线瞬时短接一下输出端,测量 U_o,然后去掉导线,检查电路是否能自动恢复正常工作。

九、元件清单

1. 变压器 T_1:4.5 W/12 V。

2. 整流器件:50 V/1 A 的整流桥。

3. 调整管 Q_6:2060。

4. 半可变电阻 W_1:2.2 k。

5. 晶体三极管:PNP 型硅管 9015,NPN 型硅管 9014。

6. 发光二极管:红色、绿色各一。

7. 稳压二极管 D_1:稳压管 2CW11。

8. 电解电容器:C_1 470 μF/25 V;C_2、C_3 22 μF/16 V;C_4 100 μF/16 V。

9. 电阻:R_1 4.3/2W,R_2 3k/1/8 W,R_3 680/1/8 W,R_4 560/1/8 W,R_5、R_6 200、300/1/8 W,R_7 5.1 k/1/8 W。

10. 电源开关:普通滑动开关。

11. 保险丝座和保险丝管:0.5 A。

12. 电源线:带插头电源线一条。

13. 单面敷铜板:9~12 cm 一块。

14. 接线柱:小型接线柱二只(红、黑各一只)。

15. 螺丝 M3×5 mm 二只;M3×10 mm 四只。

16. 螺母 M3 六只。

十、实验仪器和工具

1. 晶体管毫伏表一台。

2. 直流数字电压表(或数字万用表)一台。

3. 通用示波器一台。

4. 直流毫安表(0～500 mA)一只。

5. 万用表一只。

6. 滑线电阻器(1 kΩ,0.3 A)一只。

7. 制作印刷电路板工具和焊接工具各一套。

十一、设计说明书的要求

1. 说明本设计的任务。

2. 按要求对给定的电路进行验算(保护电路不必进行验算)。

3. 本设计所用的电路图和印刷电路板照相底图。

4. 各元器件分类列表。

5. 简述制作工艺过程。

6. 测试方法、测试电路图及测试结果。

7. 将给定电路、测试结果与验算结果进行比较,并对比较结果送行讨论。

8. 实验中所遇到的问题讨论。

9. 心得体会。

综合设计四　压控振荡器

一、实验目的

了解压控振荡器的组成及调试方法。

二、实验原理

调节可变电阻或可变电容可以改变波形发生电路的振荡频率，一般是通过人手来调节的，而在自动控制等场合往往要求能自动地调节振荡频率。常见的情况是给出一个控制电压（例如计算机通过接口电路输出的控制电压），要求波形发生电路的振荡频率与控制电压成正比。这种电路称为压控振荡器，又称为 VCO 或 U-f 转换电路。

利用集成运放可以构成精度高、线性好的压控振荡器。下面介绍这种电路的构成和工作原理，并求出振荡频率与输入电压的函数关系。

1. 电路的构成及工作原理

怎样用集成运放构成压控振荡器呢？我们知道积分电路输出电压变化的速率与输入电压的大小成正比，如果积分电容充电使输出电压达到一定程度后，设法使它迅速放电，然后输入电压再给它充电，如此周而复始，产生振荡，其振荡频率与输入电压成正比，即压控振荡器。图 4-1 就是实现上述意图的压控振荡器（它的输入电压 $U_i > 0$）。

图 4-1 所示电路中 A_1 是积分电路，A_2 是同相输入滞回比较器，它起开关作用。当它的输出电压 $U_{o1} = +U_Z$ 时，二极管 D 截止，输入电压（$U_i > 0$），经电阻 R_1 向电容 C 充电，输出电压 U_o 逐渐下降，当 U_o 下降到零再继续下降使滞回比较器 A_2 同相输入端电位略低于零，U_{o1} 由 $+U_Z$ 跳变为 $-U_Z$，二极管 D 由截止变导通，电容 C 放电。由于放电回路的等效电阻比 R_1 小得多，因此放电很快，U_o 迅速上升，使 A_2 的 U_+ 很快上升到大于零，U_{o1} 很快从 $-U_Z$ 跳回到 $+U_Z$，二极管又截止，输入电压经 R_1 再向电容充电。如此周而复始，产生振荡。

图 4-2 所示为压控振荡器 U_o 和 U_{o1} 的波形图。

2. 振荡频率与输入电压的函数关系：

$$f = \frac{1}{T} \approx \frac{1}{T_1} = \frac{R_4}{2R_1 R_3 C U_Z} U_i$$

可见振荡频率与输入电压成正比。

上述电路实际上就是一个方波、锯齿波发生电路，只不过这里是通过改变输入电压 U_i 的大小来改变输出波形频率，从而将电压参量转换成频率参量。

压控振荡器的用途较广。为了使用方便，一些厂家将压控振荡器做成模块，有的压控振荡器模块输出信号的频率与输入电压幅值的非线性误差小于 0.02%，但振荡频率较低，一般在 100 kHz 以下。

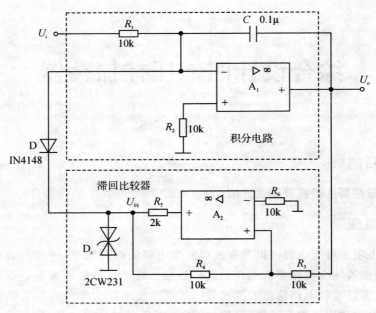

图 4-1　压控振荡器实验电路

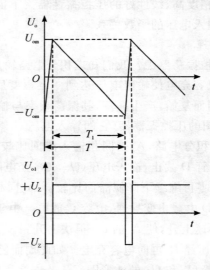

图 4-2　压控振荡器波形图

三、实验设备与器件

1. ±12 V 直流电源；

2. 双踪示波器；

3. 交流毫伏表；

4. 直流电压表；

5. 频率计；

6. 运算放大器 μA741×2；

7. 稳压管 2CW231×1；

8. 二极管 IN4148×1；

9. 电阻器、电容器若干。

四、实验内容

1. 按图 4-1 接线，用示波器监视输出波形。

2. 按表 4-1 的内容，测量电路的输入电压与振荡频率的转换关系。

3. 用双踪示波器观察并描绘 U_o、U_{o1} 波形。

表 4-1　压控振荡器实验记录表

	U_i/V	1	2	3	4	5	6
用示波器测得	T/ms						
	f/Hz						
用频率计测得	f/Hz						

五、实验总结

作出电压—频率关系曲线，并讨论其结果。

六、预习要求

1. 指出图 4-1 中电容器 C 的充电和放电回路。

2. 定性分析用可调电压 U_i 改变 U_o 频率的工作原理。

3. 电阻 R_3 和 R_4 的阻值如何确定？当要求输出信号幅值为 $12U_{OPP}$，输入电压值为 3 V，输出频率为 3000 Hz，计算出 R_3、R_4 的值。

综合设计五　温度监测及控制电路

一、实验目的

1. 学习由双臂电桥和差动输入集成运放组成的桥式放大电路。
2. 掌握滞回比较器的性能和调试方法。
3. 学会系统测量和调试。

二、实验原理

电路如图 5-1 所示，它是由负温度系数电阻特性的热敏电阻（NTC 元件）R_t 为一臂组成测温电桥，其输出经测量放大器（A_1）放大后由滞回比较器（A_2）输出"加热"与"停止"信号，经三极管（T）放大后控制加热器"加热"与"停止"。改变滞回比较器的比较电压 U_R 即改变控温的范围，而控温的精度则由滞回比较器的滞回宽度确定。

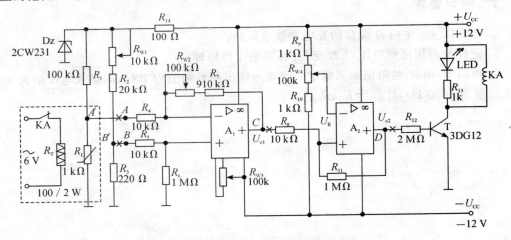

图 5-1　温度监测及控制实验电路

1. 测温电桥

由 R_1、R_2、R_3、R_{W1} 及 R_t 组成测温电桥，其中 R_t 是温度传感器。其呈现出的阻值与温度成线性变化关系且具有负温度系数（参阅表 5-3），而温度系数又与流过它的工作电流有关。为了稳定 R_t 的工作电流，达到稳定其温度系数的目的，设置了稳压管 D_2。R_{W1} 可决定测温电桥的平衡。

2. 差动放大电路

由 A_1 及外围电路组成的差动放大电路将测温电桥输出电压 ΔU 按比例放大。其输出电压

$$U_{o1} = -\left(\frac{R_7 + R_{W2}}{R_4}\right)U_A + \left(\frac{R_4 + R_7 + R_{W2}}{R_4}\right)\left(\frac{R_6}{R_5 + R_6}\right)U_B$$

当 $R_4 = R_5$，$R_7 + R_{W2} = R_6$ 时

$$U_{o1} = \frac{R_7 + R_{W2}}{R_4}(U_B - U_A)$$

R_{W3} 用于差动放大器调零。可见差动放大电路的输出电压 U_{o1} 仅取决于两个输入电压之差和外部电阻的比值。

3. 滞回比较器

差动放大器的输出电压 U_{o1} 输入由 A_2 组成的滞回比较器。

滞回比较器的单元电路如图 5-2 所示，设比较器输出高电平为 U_{oH}，输出低电平为 U_{oL}，参考电压 U_R 加在反相输入端。

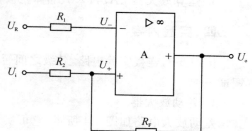

图 5-2 同相滞回比较器

当输出为高电平 U_{oH} 时，运放同相输入端电位

$$U_{+H} = \frac{R_F}{R_2 + R_F}U_i + \frac{R_2}{R_2 + R_F}U_{oH}$$

当 U_i 减小到使 $U_{+H} = U_R$，即

$$U_i = U_{TL} = \frac{R_2 + R_F}{R_F}U_R - \frac{R_2}{R_F}U_{oH}$$

此后，U_i 稍有减小，输出就从高电平跳变为低电平。当输出为低电平 U_{oL} 时，运放同相输入端电位

$$U_{+L} = \frac{R_F}{R_2 + R_F}U_i + \frac{R_2}{R_2 + R_F}U_{oL}$$

当 U_i 增大到使 $U_{+L} = U_R$，即

$$U_i = U_{TH} = \frac{R_2 + R_F}{R_F}U_R - \frac{R_2}{R_F}U_{oL}$$

此后，U_i 稍有增加，输出又从低电平跳变为高电平。

因此 U_{TL} 和 U_{TH} 为输出电平跳变时对应的输入电平，常称 U_{TL} 为下门限电平，U_{TH} 为上门限电平，而两者的差值

$$\Delta U_T = U_{TR} - U_{TL} = \frac{R_2}{R_F}(U_{oH} - U_{oL})$$

称为门限宽度，它们的大小可通过调节 R_2/R_F 的比值来调节。

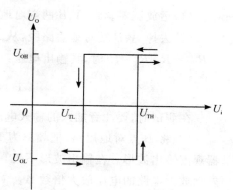

图 5-3 电压传输特性

图 5-3 为滞回比较器的电压传输特性。

由上述分析可见，差动放大器输出电压 U_{o1} 经分压后输入到由 A_2 组成的滞回比较器，与其反相输入端的参考电压 U_R 相比较。当同相输入端的电压信号大于反相输入端的电压时，A_2 输出正饱和电压，三极管 T 饱和导通。通过发光二极管 LED 的发光情况，可见负载的工作状态为加热。反之，为同相输入信号小于反相

输入端电压时，A_2 输出负饱和电压，三极管 T 截止，LED 熄灭，负载的工作状态为停止。调节 R_{W4} 可改变参考电平，也同时调节了上下门限电平，从而达到设定温度的目的。

三、实验设备与器件

1. ± 12 V 直流电源；

2. 函数信号发生器；

3. 双踪示波器；

4. 热敏电阻（NTC）；

5. 运算放大器 μA741$\times 2$、晶体三极管 3DG12、稳压管 2CW231、发光管 LED。

四、实验内容

按图 5-4，连接实验电路，各级之间暂不连通，形成各级单元电路，以便各单元分别进行调试。

1. 差动放大器

差动放大电路如图 5-4 所示，它可实现差动比例运算。

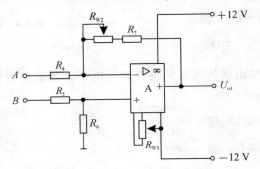

图 5-4　差动放大电路

（1）运放调零。将 A、B 两端对地短路，调节 R_{W3} 使 $U_o = 0$。

（2）去掉 A、B 端对地短路线，从 A、B 端分别加入不同的两个直流电平。当电路中 $R_7 + R_{W2} = R_6$，$R_4 = R_5$ 时，其输出电压：

$$U_o = \frac{R_7 + R_{W2}}{R_4}(U_B - U_A)$$

在测试时，要注意加入的输入电压不能太大，以免放大器输出进入饱和区。

（3）将 B 点对地短路，把频率为 100 Hz、有效值为 10 mV 的正弦波加入 A 点。用示波器观察输出波形。在输出波形不失真的情况下，用交流毫伏表测出 U_i 和 U_o 的电压。算得此差动放大电路的电压放大倍数 A。

2. 桥式测温放大电路

将差动放大电路的 A、B 端与测温电桥的 A'、B' 端相连，构成一个桥式测温放大电路。

（1）在室温下使电桥平衡

在实验室室温条件下，调节 R_{W1}，使差动放大器输出 $U_{o1} = 0$（注意：前面实验中调好的 R_{W3} 不能再动）。

（2）温度系数 $K(V/℃)$

由于测温需升温槽，为使实验简易，可虚设室温 T 及输出电压 U_{o1}，温度系数 K 也定为一个常数，具体参数由读者自行填入表 5-1 内。从表 5-1 中可得到 $K=\Delta U/\Delta T$。

表 5-1　温度系数测量记录表

温度 $T/℃$	室温/℃				
输出电压 U_{o1}/V	0				

（3）桥式测温放大器的温度—电压关系曲线

根据前面测温放大器的温度系数 K 可画出测温放大器的温度—电压关系曲线，实验时要标注相关的温度和电压的值，如图 5-5 所示。从图中可求得在其他温度时，放大器实际应输出的电压值。也可得到在当前室温时，U_{o1} 实际对应值 U_S。

（4）重调 R_{W1}，使测温放大器在当前室温下输出 U_S，即调 R_{W1}，使 $U_{o1}=U_S$。

3. 滞回比较器

滞回比较器电路如图 5-6 所示。

（1）直流法测试比较器的上下门限电平

首先确定参考电平 U_R 值。调 R_{W4}，使 $U_R=2\ V$，然后将可变的直流电压 U_i 加入比较器的输入端。比较器的输出电压 U_o 送入示波器 Y 输入端（将示波器的"输入耦合方式开关"置于"DC"，X 轴"扫描触发方式开关"置于"自动"）。改变直流输入电压 U_i 的大小，从示波器屏幕上观察到当 U_o 跳变时所对应的 U_i 值，即为上、下门限电平。

（2）交流法测试电压传输特性曲线

将频率为 100 Hz，幅度 3 V 的正弦信号加入比较器输入端，同时送入示波器的 X 轴输入端，作为 X 轴扫描信号。比较器的输出信号送入示波器的 Y 轴输入端。微调正弦信号的大小，可从示波器显示屏上到完整的电压传输特性曲线。

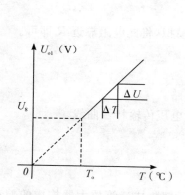

图 5-5　温度—电压关系曲线

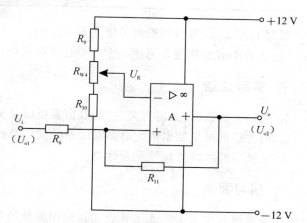

图 5-6　滞回比较器电路

4. 温度检测控制电路整机工作状况

（1）按图 5-1 连接各级电路。（注意：可调元件 R_{W1}、R_{W2}、R_{W3} 不能随意变动。如有变动，必须重新进行前面内容。）

（2）根据所需检测报警或控制的温度 T，从测温放大器温度—电压关系曲线中确定对应

的 U_{o1} 值。

（3）调节 R_{W4} 使参考电压 $U_R' = U_R = U_{o1}$。

（4）用加热器升温，观察温升情况，直至报警电路动作报警（在实验电路中当 LED 发光时作为报警），记下动作时对应的温度值 t_1 和 U_{o11} 的值。

（5）用自然降温法使热敏电阻降温，记下电路解除时所对应的温度值 t_2 和 U_{o12} 的值。

（6）改变控制温度 T，重做（2）、（3）、（4）、（5）内容。把测试结果记入表 5-2。

表 5-2　温度检测控制电路测量记录表

	设定温度 $T/℃$							
设定电压	从曲线上查得 U_{o1}							
	U_R							
动作温度	$T_1/℃$							
	$T_2/℃$							
动作电压	U_{o11}/V							
	U_{o12}/V							

根据 t_1 和 t_2 值，可得到检测灵敏度 $t_0 = t_2 - t_1$。

注：实验中的加热装置可用一个 $100\ \Omega/2W$ 的电阻 R_T 模拟，将此电阻靠近 R_t 即可。

五、实验总结

1. 整理实验数据，画出有关曲线、数据表格以及实验线路。

2. 用方格纸画出测温放大电路温度系数曲线及比较器电压传输特性曲线。

3. 实验中的故障排除情况及体会。

六、预习要求

1. 阅读教材中有关集成运算放大器应用部分的章节，了解集成运算放大器构成的差动放大器等电路的性能和特点。

2. 根据实验任务，拟出实验步骤及测试内容，画出数据记录表格。

3. 依照实验线路板上集成运放插座的位置，从左到右安排前后各级电路，画出元件排列及布线图。元件排列既要紧凑，又不能相碰，以便缩短连线，防止引入干扰，同时又要便于实验中测试方便。

4. 思考并回答下列问题：

（1）如果放大器不进行调零，将会引起什么结果？

（2）如何设定温度检测控制点？

表 5-3 热敏电阻阻值随温度的变化表

温度	热敏电阻值/kΩ	变化率 δ	温度	热敏电阻值/kΩ	变化率 δ
0	28.459	1.846	31	7.960	−0.204
1	27.199	1.720	32	7.668	−0.233
2	26.004	1.600	33	7.389	−0.261
3	24.870	1.487	34	7.122	−0.288
4	23.793	1.379	35	6.866	−0.313
5	22.770	1.277	36	6.621	−0.338
6	21.797	1.180	37	6.286	−0.361
7	20.873	1.087	38	6.160	−0.384
8	19.994	0.999	39	5.945	−0.406
9	19.158	0.916	40	5.738	−0.426
10	18.362	0.836	41	5.538	−0.446
11	17.599	0.760	42	5.346	−0.465
12	16.873	0.687	43	5.162	−0.484
13	16.182	0.618	44	4.985	−0.502
14	15.523	0.552	45	4.816	−0.518
15	14.896	0.490	46	4.653	−0.535
16	14.297	0.430	47	4.497	−0.550
17	13.727	0.373	48	4.347	−0.565
18	13.184	0.318	49	4.203	−0.580
19	12.665	0.267	50	4.064	−0.594
20	12.170	0.217	51	3.930	−0.607
21	11.695	0.170	52	3.801	−0.620
22	11.242	0.124	53	3.678	−0.632
23	10.809	0.081	54	3.559	−0.644
24	10.395	0.040	55	3.444	−0.656
25	10.000	0.000	56	3.334	−0.667
26	9.621	−0.038	57	3.228	−0.677
27	9.259	−0.074	58	3.126	−0.687
28	8.913	−0.109	59	3.028	−0.697
29	8.581	−0.142	60	2.293	−0.701
30	8.265	−0.174			

综合设计六　程控增益放大器

一、实验目的

1. 通过实验,熟练掌握采用集成运算放大器构成电压放大电路的原理和设计方法。
2. 熟悉电压比较器和模拟开关的原理及应用方法。

二、实验任务及参考电路

1. 用给定型号的集成运算放大器、模拟开关等器件设计一个增益自动切换的电压放大电路。设输入信号是直流电压信号,其最大值为 2 V。设计要求:

(1)当 $0 < U_i < 0.5$ V 时,放大电路的增益约为 10 倍。

(2)当 0.5 V $\leqslant U_i < 1.0$ V 时,放大电路的增益约为 5 倍。

(3)当 1.0 V $\leqslant U_i < 2.0$ V 时,放大电路的增益约为 2.5 倍。

一种实验参考电路的原理图如图 6-1 所示。

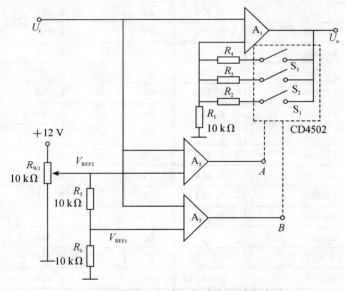

图 6-1　一种增益自动切换的电压放大电路

2. 设输入信号是正弦交流信号,其幅度最大值为 2 V,频率为 200 Hz,设计一个增益自动切换的电压放大电路,设计要求同上。

输入信号是交流电压信号时的一种参考电路如图 6-1。

三、实验原理

1. 增益的自动控制

在图 6-1 中,运算放大器 A_1 与相关的电阻构成同相比例放大电路。其电压增益 $A_V = (1+R_F/R_1)$,R_F 为接于运算放大器输出端与反相输入端的反馈电阻。改变 R_F(或 R_1)即可控制电压增益。图中用模拟开关来切换反馈电阻。当开关 S_1 闭合(S_2、S_3 断开)时,电压增益 $A_V = (1+R_2/R_1)$。类似地,当 S_2 或 S_3 单独闭合时,电压增益 $A_V = (1+R_3/R_1)$ 或 $A_V = (1+R_4/R_1)$。

2. 输入信号的幅度鉴别

运算放大器 A_2、A_3 作为电压比较器,它们的一个输入端分别加基准电压 V_{REF1} 和 V_{REF2}(这两个基准电压由 R_{W1}、R_5、R_6 组成的分压器获得)。输入信号 U_i 同时加在 A_2、A_3 的另一个输入端。A_2、A_3 分别将 U_i 与 V_{REF2}、V_{REF1} 进行比较,决定它们的输出 A、B 是高电平,还是低电平。由 A、B 电平的高低可判断出输入信号处于什么范围(即 $U_i < V_{REF1}$,$V_{REF1} < U_i < V_{REF2}$,还是 $U_i > V_{REF2}$)。这样,用 A、B 两个开关信号控制模拟开关的工作状态,切换反馈电阻即可实现增益的自动控制。

3. 模拟开关的工作原理

图 6-2 中采用模拟开关 CD4052 实现电压增益的自动切换。CD4052 是一个双路四选一模拟开关。两路开关的工作状态由控制信号 A、B 来决定。当 A、B 都是低电平时,X 接通 $X0$,Y 接通 $Y0$;当 A 为低电平,B 为高电平时,X 接通 $X1$,Y 接通 $Y1$;当 A 为高电平,B 为低电平时,X 接通 $X2$,Y 接通 $Y2$;当 A、B 都是高电平时,X 接通 $X3$,Y 接通 $Y3$。这样控制 A、B 的电平即可实现四选一的功能。

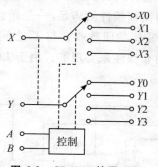

图 6-2 CD4052 的原理图

四、实验内容

1. 根据自己设计的电路图安装、调试放大电路。
2. 测试电路的性能与指标。必要时进行修改,直至满足分挡及增益的要求为止。

五、报告要求

1. 阐述设计思想,分析电路原理,计算元件参数。
2. 分析实验现象和结果。
3. 总结电路设计和实验的收获体会。

综合设计七　*LC* 正弦波振荡器

一、实验目的

1. 掌握变压器反馈式 *LC* 正弦波振荡器的调整和测试方法。
2. 研究电路参数对 *LC* 振荡器起振条件及输出波形的影响。

二、实验原理

　　LC 正弦波振荡器是用 L、C 元件组成选频网络的振荡器,一般用来产生 1 MHz 以上的高频正弦信号。根据 *LC* 调谐回路的不同连接方式,*LC* 正弦波振荡器又可分为变压器反馈式(或称互感耦合式)、电感三点式和电容三点式三种。图 7-1 为变压器反馈式 *LC* 正弦波振荡器的实验电路。其中晶体三极管 T_1 组成共射放大电路,变压器 T_r 的原绕组 L_1(振荡线圈)与电容 C 组成调谐回路,它既作为放大器的负载,又起选频作用,副绕组 L_2 为反馈线圈,L_3 为输出线圈。

　　该电路是靠变压器原、副绕组同名端的正确连接(如图 7-1 中所示)来满足自激振荡的相位条件,即满足正反馈条件。在实际调试中可以通过把振荡线圈 L_1 或反馈线圈 L_2 的首、末端对调来改变反馈的极性。而振幅条件的满足,一是靠合理选择电路参数,使放大器建立合适的静态工作点;二是改变线圈 L_2 的匝数或它与 L_1 之间的耦合程度,以得到足够强的反馈量。稳幅作用是利用晶体管的非线性来实现的。由于 *LC* 并联谐振回路具有良好的选频作用,因此输出电压波形一般失真不大。

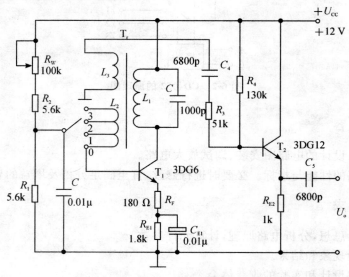

图 7-1　*LC* 正弦波振荡器实验电路

振荡器的振荡频率由谐振回路的电感和电容决定

$$f_0 = \frac{1}{2\pi \sqrt{LC}}$$

式中,L 为并联谐振回路的等效电感(即考虑其他绕组的影响)。

振荡器的输出端增加一级射极跟随器,用以提高电路的带负载能力。

三、实验设备与器件

1. +12 V 直流电源;
2. 双踪示波器;
3. 交流毫伏表;
4. 直流电压表;
5. 频率计;
6. 振荡线圈;
7. 晶体三极管 3DG6×1(9011×1),3DG12×1(9013×1);
8. 电阻器、电容器若干。

四、实验内容

按图 7-1 连接实验电路。电位器 R_W 置最大位置,振荡电路的输出端接示波器。

1. 静态工作点的调整

(1)接通 U_{CC} = +12 电源,调节电位器 R_W,使输出端得到不失真的正弦波形,如不起振,可改变 L_2 的首末端位置,使之起振。

测量两管的静态工作点及正弦波的有效值 U_o,记入表 7-1。

(2)把 R_W 调小,观察输出波形的变化。测量有关数据,记入表 7-1。

(3)调大 R_W,使振荡波形刚刚消失,测量有关数据,记入表 7-1。

表 7-1 *LC* 正弦波振荡器实验记录表

		U_B/V	U_E/V	U_C/V	I_C/mA	U_o/V	U_o 波形
R_W居中	T_1						
	T_2						
R_W小	T_1						
	T_2						
R_W大	T_1						
	T_2						

根据以上三组数据,分析静态工作点对电路起振、输出波形幅度和失真的影响。

2. 观察反馈量大小对输出波形的影响

置反馈线圈 L_2 于位置"0"（无反馈）、"1"（反馈量不足）、"2"（反馈量合适）、"3"（反馈量过强）时测量相应的输出电压波形，记入表 7-2。

表 7-2　LC 正弦波振荡器改变反馈量实验记录表

L_2 位置	"0"	"1"	"2"	"3"
U_o 波形				

3. 验证相位条件

改变线圈 L_2 的首、末端位置，观察停振现象；

恢复 L_2 的正反馈接法，改变 L_1 的首末端位置，观察停振现象。

4. 测量振荡频率

调节 R_W 使电路正常起振，同时用示波器和频率计测量以下两种情况下的振荡频率 f_0，记入表 7-3。

谐振回路电容：

(1) $C=1000$ pF；(2) $C=100$ pF。

表 7-3　测量振荡频率记录表

C/pF	1000	100
f/kHz		

5. 观察谐振回路 Q 值对电路工作的影响

谐振回路两端并入 $R=5.1$ kΩ 的电阻，观察 R 并入前后振荡波形的变化情况。

五、实验总结

1. 整理实验数据，并分析讨论：

(1) LC 正弦波振荡器的相位条件和幅值条件。

(2) 电路参数对 LC 振荡器起振条件及输出波形的影响。

2. 讨论实验中发现的问题及解决办法。

六、预习要求

1. 复习教材中有关 LC 振荡器内容。

2. LC 振荡器是怎样进行稳幅的？在不影响起振的条件下，晶体管的集电极电流是大一些好，还是小一些好？

3. 为什么可以用测量停振和起振两种情况下晶体管的 U_{BE} 变化，来判断振荡器是否起振？

第四部分 实验仪器及工具

第一章 函数信号发生器

第一节 DG1022型双通道函数/任意波形发生器

一、前后面板及各旋钮位置总揽

DG1022型双通道函数/任意波形发生器向用户提供简单而功能明晰的前面板,如图1-1所示,前面板上包括各种功能按键、旋钮及菜单软键,可以进入不同的功能菜单或直接获得特定的功能应用。后面板图如图1-2所示。

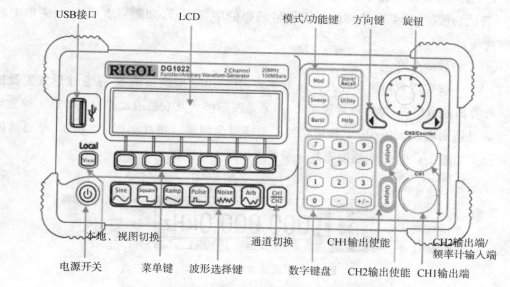

图 1-1 DG1022型双通道函数/任意波形发生器前面板

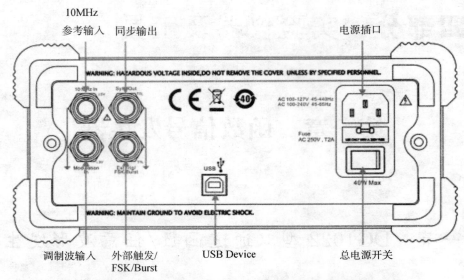

图 1-2　DG1022 型双通道函数/任意波形发生器后面板

二、DG1022 的各旋钮按键功能

按键表示说明：按键的标识用加边框的字符表示，如 Sine 代表前面板上一个标注着 Sine 字符的功能按键，菜单软键的标识用带阴影的字符表示，如 频率 表示 Sine 菜单中的"频率"选项。

1. 两个全局基本键

(1) View 按键用来切换 3 种界面显示模式。DG1022 双通道函数/任意波形发生器提供了 3 种界面显示模式：单通道常规模式、单通道图形模式及双通道常规模式。这 3 种显示模式可通过前面板左侧的 View 按键切换。单通道常规显示模式如图 1-3 所示，单通道图形显示模式如图 1-4 所示，双通道常规显示模式如图 1-5 所示。

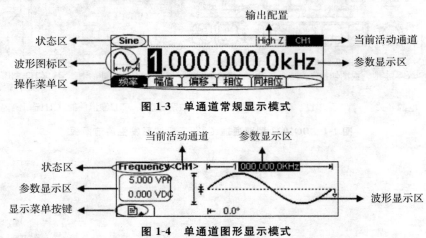

图 1-3　单通道常规显示模式

图 1-4　单通道图形显示模式

图 1-5 双通道常规显示模式

(2) $\boxed{\dfrac{CH1}{CH2}}$ 按键用来切换活动通道,以便于设定每通道的参数及观察、比较波形。

2. 波形产生控制键

操作面板左侧下方有一系列带有波形显示的按键,它们分别是正弦波、方波、锯齿波、脉冲波、噪声波、任意波,此外还有两个常用按键:通道选择和视图切换键,如图 1-6 所示。以下对波形选择的说明均在常规显示模式下进行。

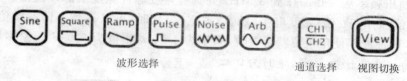

图 1-6 按键选择

(1) 使用 $\boxed{Sine}$ 按键,波形图标变为正弦信号,并在状态区左侧出现"Sine"字样。DG1022 可输出频率从 1 μHz 到 20 MHz 的正弦波形。通过设置频率/周期、幅值/高电平、偏移/低电平、相位,可以得到不同参数值的正弦波。

图 1-7 所示为正弦波使用系统默认参数:频率为 1 kHz,幅值为 5.0 V_{PP},偏移量为 0 V_{DC},初始相位为 0°。

图 1-7 正弦波常规显示界面

(2) 使用 $\boxed{Square}$ 按键,波形图标变为方波信号,并在状态区左侧出现"Square"字样,如图 1-8 所示。DG1022 可输出频率从 1 μHz 到 5 MHz 并具有可变占空比的方波。通过设置频率/周期、幅值/高电平、偏移/低电平、占空比、相位,可以得到不同参数值的方波。图 1-8 所示方波使用系统默认参数:频率为 1 kHz,幅值为 5.0 V_{PP},偏移量为 0 V_{DC},占空比为 50%,初始相位为 0°。

图 1-8 方波常规显示界面

（3）使用 Ramp 按键，波形图标变为锯齿波信号，并在状态区左侧出现"Ramp"字样。DG1022 可输出频率从 1 μHz 到 150 kHz 并具有可变对称性的锯齿波波形。通过设置频率/周期、幅值/高电平、偏移/低电平、对称性、相位，可以得到不同参数值的锯齿波。图 1-9 所示锯齿波使用系统默认参数：频率为 1 kHz，幅值为 5.0 V_{PP}，偏移量为 0 V_{DC}，对称性为 50%，初始相位为 0°。

图 1-9 锯齿波常规显示界面

（4）使用 Pulse 按键，波形图标变为脉冲波信号，并在状态区左侧出现"Pulse"字样。DG1022 可输出频率从 500 μHz 到 3 MHz 并具有可变脉冲宽度的脉冲波形。通过设置频率/周期、幅值/高电平、偏移/低电平、脉宽/占空比、延时，可以得到不同参数值的脉冲波。图 1-10 所示脉冲波形使用系统默认参数：频率为 1 kHz，幅值为 5.0 V_{PP}，偏移量为 0 V_{DC}，脉宽为 500 μs，占空比为 50%，延时为 0 s。

图 1-10 脉冲波常规显示界面

（5）使用 Noise 按键，波形图标变为噪声信号，并在状态区左侧出现"Noise"字样。DG1022 可输出带宽为 5 MHz 的噪声。通过设置幅值/高电平、偏移/低电平，可以得到不同参数值的噪声信号。图 1-11 所示波形为系统默认的信号参数：幅值为 5.0 V_{PP}，偏移量为 0 V_{DC}。

图 1-11 噪声波形常规显示界面

（6）使用 Arb 按键，波形图标变为任意波信号，并在状态区左侧出现"Arb"字样。DG1022 可输出最多 4k 个点和最高 5 MHz 重复频率的任意波形。通过设置频率/周期、幅值/高电平、偏移/低电平、相位，可以得到不同参数值的任意波信号。图 1-12 所示 NegRamp 倒三角波形使用系统默认参数：频率为 1 kHz，幅值为 5.0 V_{PP}，偏移量为 0 V_{DC}，相位为 0°。

（7）使用 $\dfrac{\text{CH1}}{\text{CH2}}$ 键切换通道，当前选中的通道可以进行参数设置。在常规和图形模式下均可以进行通道切换，以便观察和比较两通道中的波形。

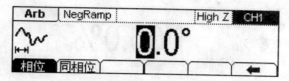

图 1-12 任意波形常规显示界面

（8）使用 $\boxed{\text{View}}$ 键切换视图，使波形显示在单通道常规模式下、单通道图形模式、双通道常规模式之间切换。此外，当仪器处于远程模式时，按下该键可以切换到本地模式。

3. 波形输出设置键

如图 1-1 所示，在前面板右侧有两个按键，用于通道输出、频率计输入的控制。

（1）使用 $\boxed{\text{Output}}$ 按键，启用或禁用前面板的输出连接器输出信号。已按下 $\boxed{\text{Output}}$ 键的通道显示"ON"且 $\boxed{\text{Output}}$ 点亮，如图 1-13 所示。

通道1输出　　通道2不输出

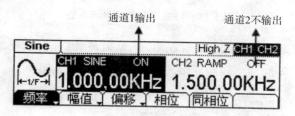

图 1-13 通道输出控制

（2）在频率计模式下，CH2 对应的 $\boxed{\text{Output}}$ 连接器作为频率计的信号输入端，CH2 自动关闭，禁用输出。

4. 调制/扫描/脉冲串产生设置键

在前面板右侧上方有三个按键，如图 1-14 所示，分别用于调制、扫描及脉冲串的设置。在本信号发生器中，这三个功能只适用于通道 1。

图 1-14 调制/扫描/脉冲串按键

（1）使用 $\boxed{\text{Mod}}$ 按键，可输出经过调制的波形，并可以通过改变类型、内调制/外调制、深度、频率、调制波等参数，来改变输出波形。DG1022 可使用 AM、FM、FSK 或 PM 调制波形，可调制正弦波、方波、锯齿波或任意波形（不能调制脉冲、噪声和 DC）。调制波形常规显示界面见图 1-15。

图 1-15　调制波形常规显示界面

（2）使用 $\boxed{\text{Sweep}}$ 按键，对正弦波、方波、锯齿波或任意波形产生扫描（不允许扫描脉冲、噪声和 DC）。在扫描模式中，DG1022 信号源在指定的扫描时间内从开始频率到终止频率而变化输出。扫描波形常规显示界面见图 1-16。

图 1-16　扫描波形常规显示界面

（3）使用 $\boxed{\text{Burst}}$ 按键，可以产生正弦波、方波、锯齿波、脉冲波或任意波形的脉冲串波形输出，噪声只能用于门控脉冲串。脉冲串波形常规显示界面见图 1-17。

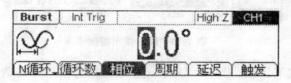

图 1-17　脉冲串波形常规显示界面

名词解释：

脉冲串：输出具有指定循环数目的波形，称为"脉冲串"。脉冲串可持续特定数目的波形循环（N 循环脉冲串），或受外部门控信号控制（为门控脉冲串）。脉冲串可适用于任何波形函数，但是噪声只能用于门控脉冲串。

5. 数字输入键

如图 1-18 所示，在前面板上有两组按键，分别是左右方向键和旋钮、数字键盘。数字输入键用来改变参数数值。

（1）使用左右方向键，用于数值不同数位的切换；使用旋钮，用于改变波形参数的某一数位数值的大小，旋钮的输入范围是 0～9，旋钮顺时针旋一格，数值增 1。

（2）使用数字键盘，用于波形参数值的设置，直接改变参数值的大小。

6. 存储和调出、辅助系统功能、帮助功能键

如图 1-19 所示，在操作面板上有三个按键，分别用于存储和调出、辅助系统功能及帮助

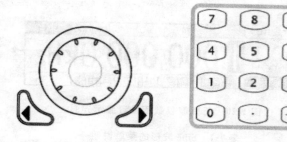

（1）方向键和旋钮　　　（2）数字键盘

图 1-18　前面板的数字输入

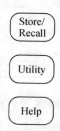

图 1-19　存储/辅助系统功能/帮助设置按键

功能的设置。

（1）使用 $\boxed{Store/Recall}$ 按键，存储或调出波形数据和配置信息。

（2）使用 $\boxed{Utility}$ 按键，可以设置同步输出开/关、输出参数、通道耦合、通道复制、频率计测量；查看接口设置、系统设置信息；执行仪器自检和校准等操作。

（3）使用 $\boxed{Help}$ 按键，查看帮助信息列表。

操作说明：

获得任意键帮助：要获得任何前面板按键或菜单按键的上下文帮助信息，按下并按住该键 2～3 秒，显示相关帮助信息。

三、DG1022 基本操作方法

1. 基本波形设置

（1）设置正弦波

使用 $\boxed{Sine}$ 按键，常规显示模式下，在屏幕下方显示正弦波的操作菜单，左上角显示当前波形名称。通过使用正弦波的操作菜单，对正弦波的输出波形参数进行设置。

设置正弦波的参数主要包括频率/周期、幅值/高电平、偏移/低电平、相位。通过改变这些参数，得到不同的正弦波。如图 1-20 所示，在操作菜单中，选中"频率"，光标位于参数显示区的频率参数位置，用户可在此位置通过数字键盘、方向键或旋钮对正弦波的频率值进行修改。Sine 波形的菜单说明见表 1-1。

提示说明：

操作菜单中的 同相位 专用于使能双通道输出时相位同步，单通道波形无需配置此项。

245

①设置输出频率/周期

输出波形

操作菜单：
通过软键
控制使用

当前参数

图 1-20　正弦波参数值设置显示界面

表 1-1　Sine 波形的菜单说明

功能菜单	设定	说明
频率/周期	—	设置波形频率或周期
幅值/高电平	—	设置波形幅值或高电平
偏移/低电平	—	设置波形偏移量或低电平
相位	—	设置正弦波的起始相位

a. 按 Sine →频率/周期→频率,选择频率参数值设置菜单。

屏幕中显示的频率为上电时的默认值,或者是预先选定的频率。在更改参数时,如果当前频率值对于新波形是有效的,则继续使用当前值。若要设置波形周期,则再次按频率/周期软键,以切换到周期软键(当前选项为反色显示)。

b. 输入所需的频率值。

使用数字键盘,直接输入所选参数值,然后选择频率所需单位,按下对应于所需单位的软键。也可以使用左右键选择需要修改的参数值的数位,使用旋钮改变该数位值的大小。如图 1-21 所示。

当前操作参数：
频率

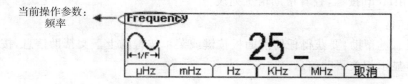

图 1-21　设置频率的参数值

提示说明：

• 当使用数字键盘输入数值时,使用方向键的左键退位,删除前一位的输入,修改输入的数值。

• 当使用旋钮输入数值时,使用方向键选择需要修改的位数,使其反色显示,然后转动旋钮,修改此位数字,获得所需要的数值。

②设置输出幅值

a. 按 Sine →幅值/高电平→幅值,设置幅值参数值。

屏幕显示的幅值为上电时的默认值,或者是预先选定的幅值。在更改参数时,如果当前幅值对于新波形是有效的,则继续使用当前值。若要使用高电平和低电平设置幅值,再次按幅值/高电平或者偏移/低电平软键,以切换到高电平和低电平软键(当前选项为反色显示)

b. 输入所需的幅值。

使用数字键盘或旋钮,输入所选参数值,然后选择幅值所需单位,按下对应于所需单位的软键。如图 1-22 所示。

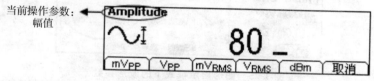

图 1-22 设置幅值的参数值

提示说明:

幅值设置中的"dBm"单位选项只有在输出阻抗设置为 50 Ω 时才会出现。

③设置偏移电压

a. 按 Sine →偏移/低电平→偏移,设置偏移电压参数值。

屏幕显示的偏移电压为上电时的默认值,或者是预先选定的偏移量。在更改参数时,如果当前偏移量对于新波形是有效的,则继续使用当前偏移值。

b. 输入所需的偏移电压。

使用数字键盘或旋钮,输入所选参数值,然后选择偏移量所需单位,按下对应于所需单位的软键。如图 1-23 所示。

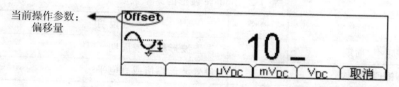

图 1-23 设置偏移量的参数值

④设置起始相位

a. 按 Sine →相位,设置起始相位参数值。

屏幕显示的初始相位为上电时的默认值,或者是预先选定的相位。在更改参数时,如果当前相位对于新波形是有效的,则继续使用当前偏移值。

b. 输入所需的相位。

使用数字键盘或旋钮,输入所选参数值,然后选择单位。如图 1-24 所示。

图 1-24 设置相位参数值

此时按 View 键切换为图形显示模式,查看波形参数,如图 1-25 所示。

(2)设置方波

使用 $\boxed{\text{Square}}$ 按键，常规显示模式下，在屏幕下方显示方波的操作菜单。通过使用方波的操作菜单，对方波的输出波形参数进行设置。

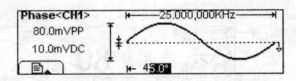

图 1-25   图形显示模式下的波形参数

设置方波的参数主要包括频率/周期、幅值/高电平、偏移/低电平、占空比、相位。通过改变这些参数，得到不同的方波。如图 1-26 所示，在软键菜单中，选中占空比，在参数显示区中，与占空比相对应的参数值反色显示，可以在此位置对方波的占空比值进行修改。Square 波形的菜单说明见表 1-2。

图 1-26   方波参数值设置显示界面

表 1-2   Square 波形的菜单说明

功能菜单	设定	说明
频率/周期	—	设置波形频率或周期
幅值/高电平	—	设置波形幅值或高电平
偏移/低电平	—	设置波形偏移量或低电平
占空比	—	设置方波的占空比
相位	—	设置方波的起始相位

名词解释：

占空比：方波高电平期间占整个周期的百分比。

小于 3 MHz（包含）：   20%到 80%；

3 MHz（不包含）到 4 MHz（包含）：   40%到 60%；

4 MHz（不包含）到 5 MHz（包含）：   50%。

设置占空比：

a 按 $\boxed{\text{Square}}$→占空比，设置占空比参数值。

屏幕中显示的占空比为上电时的默认值，或者是预先选定的数值。在更改参数时，如果当前值对于新波形是有效的，则使用当前值。

b 输入所需的占空比。

使用数字键盘或旋钮，输入所选参数值，然后选择占空比所需单位，按下对应于所需单位的软键，信号发生器立即调整占空比，并以指定的值输出方波。见图 1-27。

当前操作参数：
占空比

图 1-27　设置占空比参数值

此时按 View 键切换为图形显示模式，查看波形参数，如图 1-28 所示。

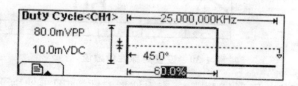

图 1-28　图形显示模式下的波形参数

（3）设置锯齿波

使用 Ramp 按键，常规显示模式下，在屏幕下方显示锯齿波的操作菜单。通过使用锯齿波形的操作菜单，对锯齿波的输出波形参数进行设置。

设置锯齿波的参数包括频率/周期、幅值/高电平、偏移/低电平、对称性、相位，通过改变这些参数得到不同的锯齿波。如图 1-29，在软键菜单中选中对称性，与对称性相对应的参数值反色显示，可在此位置对锯齿波的对称性值进行修改。Ramp 波形的菜单说明见表 1-3。

图 1-29　锯齿波形参数值设置显示界面

表 1-3　Ramp 波形的菜单说明

功能菜单	设定	说明
频率/周期	—	设置波形频率或周期
幅值/高电平	—	设置波形幅值或高电平
偏移/低电平	—	设置波形偏移量或低电平
对称性	—	设置锯齿波的对称性
相位	—	设置波形的起始相位

名词解释：

对称性：设置锯齿波形处于上升期间所占周期的百分比。

输入范围：0～100%。

设置对称性：

a. 按 Ramp →对称性，设置对称性的参数值。

屏幕中显示的对称性为上电时的值,或者是预先选定的百分比。在更改参数时,如果当前值对于新波形是有效的,则使用当前值。

b. 输入所需的对称性。

使用数字键盘或旋钮,输入所选参数值,然后选择对称性所需单位,按下对应于所需单位的软键,信号发生器立即调整对称性,并以指定的值输出锯齿波。见图 1-30。

当前操作参数:
对称比 ←

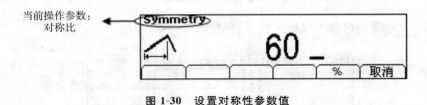

图 1-30 设置对称性参数值

此时按 View 键切换为图形显示模式,查看波形参数,如图 1-31 所示。

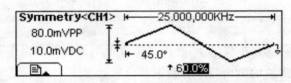

图 1-31 图形显示模式下的波形参数

(4)设置脉冲波

使用 Pulse 按键,常规显示模式下,在屏幕下方显示脉冲波的操作菜单。通过使用脉冲的操作菜单,对脉冲波的输出波形参数进行设置。

设置脉冲波的参数主要包括频率/周期、幅值/高电平、偏移/低电平、脉宽/占空比、延时,通过改变这些参数,得到不同的脉冲波形。如图 1-32 所示,在软键菜单中,选中脉宽,在参数显示区中,与脉宽相对应的参数值反色显示,用户可在此位置对脉冲波的脉宽数值进行修改。Pulse 波形的菜单说明见表 1-4。

	High Z	CH1
Pulse		

20.000,0μs

频率 ╱ 幅值 ╱ 偏移 ╱ **脉宽** ╱ 延时 ╱ 同相位

图 1-32 脉冲波形参数值设置显示界面

表 1-4 Pulse 波形的菜单说明

功能菜单	设定	说明
频率/周期	—	设置波形频率或周期
幅值/高电平	—	设置波形幅值或高电平
偏移/低电平	—	设置波形偏移量或低电平
脉宽/占空比	—	设置脉冲波的脉冲宽度或占空比
延时	—	设置脉冲的起始时间延迟

名词解释:

脉宽:从上升沿幅度的 50％阈值处到紧接着的一个下降沿幅度的 50％阈值处之间的时间间隔。

①设置脉冲宽度

a. 按 Pulse →脉宽,设置脉冲宽度参数值。

屏幕中显示的脉冲宽度为上电时的默认值,或者是预先选定的脉宽值。在更改参数时,如果当前值对于新波形是有效的,则使用当前值。

b. 输入所需的脉冲宽度。

使用数字键盘或旋钮,输入所选参数值,然后选择脉冲宽度所需单位,按下对应于所需单位的软键,信号发生器立即调整脉冲宽度,并以指定的值输出脉冲波。如图 1-33 所示。

当前操作参数:
脉冲宽度

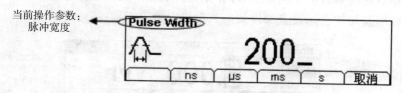

图 1-33　设置脉宽的参数值

要点说明:

• 脉冲宽度受最小脉冲宽度和脉冲周期的限制。

最小脉冲宽度＝20 ns。

脉冲宽度≥最小脉冲宽度。

脉冲宽度≤脉冲周期－最小脉冲宽度。

• 脉冲占空比受最小脉冲宽度和脉冲周期的限制。

脉冲占空比≥100×最小脉冲宽度÷脉冲周期

脉冲占空比≤100×(1－最小脉冲宽度÷脉冲周期)

• 脉冲宽度与占空比的设置相关。

其中一个会随另一个的改变而改变,如当前周期为 1 ms,脉宽为 500 μs,占空比为 50％,将脉宽设为 200 μs 后,占空比将变为 20％。

• 占空比的设置方法请参照方波的占空比设置,这里不再赘述。

②设置脉冲延时

a. 按 Pulse →延时,设置脉冲延时参数值。

屏幕中显示的脉冲延时为上电时的默认值,或者是预先选定的值。在更改参数时,如果当前值对于新波形是有效的,则使用当前值。

b. 输入所需的脉冲延时。

使用数字键盘或旋钮,输入所选参数值,然后选择脉冲延时所需单位,按下对应于所需单位的软键,信号发生器立即调整脉冲延时,并以指定的值输出脉冲波。如图 1-34 所示。

此时按 View 键切换为图形显示模式,查看波形参数。

(5)设置噪声波

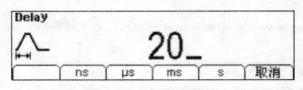

图 1-34　设置脉冲延时

使用 Noise 按键,常规显示模式下,在屏幕下方显示噪声波的操作菜单。通过使用噪声波形的操作菜单,对噪声波的输出波形参数进行设置。

设置噪声波的参数主要包括幅值/高电平、偏移/低电平,通过改变这些参数,得到不同的噪声波。如图 1-35 所示,在软键菜单中,选中幅值,光标位于参数显示区的幅值参数位置,与幅值相对应的参数值反色显示,可在此位置对噪声波的幅值进行修改。噪声为无规则信号,没有频率及周期性。设置噪声波的菜单说明见表 1-5。

图 1-35　噪声波形参数值设置显示界面

表 1-5　Noise 波形的菜单说明

功能菜单	设定	说明
幅值/高电平	—	设置波形幅值或高电平
偏移/低电平	—	设置波形偏移量或低电平

此时按 View 键切换为图形显示模式,查看波形参数,如图 1-36 所示。

图 1-36　图形显示模式下的波形参数

2. 任意波形设置

选择 Arb 按键,常规显示模式下,在屏幕下方显示任意波的操作菜单。通过使用任意波形的操作菜单,对任意波的输出波形参数进行设置。

任意波包括系统内建可选波形和用户自定义波形两种类型。设置任意波的参数主要包括频率/周期、幅值/高电平、偏移/低电平、相位,通过改变这些参数,得到不同的任意波。如图 1-37 所示,在软键菜单中,选中频率,光标位于参数显示区的"频率"参数位置,与"频率"相对应的菜单反色显示,可在此位置对任意波的频率进行修改。任意波形的主菜单说明见表 1-6。

(1)选择任意波形

信号发生器内部存有 48 个内建任意波形,并提供 10 个非易失性存储位置以存储用户自定义的任意波形。

选择其中的任意波形,按 Arb →装载,进入如图 1-38 所示界面。内置波形的选择菜单说明见表 1-7。

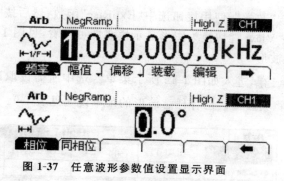

图 1-37　任意波形参数值设置显示界面

表 1-6　Arb 波形的主菜单说明

功能菜单	设定	说明
频率/周期	—	设置波形频率或周期
幅值/高电平	—	设置波形幅值或高电平
偏移/低电平	—	设置波形偏移量或低电平
装载	—	选择内置任意波形作为输出
编辑	—	创建和编辑任意波形
相位	—	设置任意波初始相位

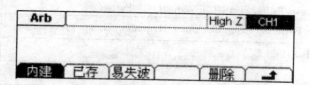

图 1-38　任意波选择操作菜单

表 1-7　内置波形的选择菜单说明

功能菜单	设定	说明
内建	—	选择内建的 48 个任意波形之一
已存	—	选择存储在非易失存储器中的任意波形
易失波	—	选择存储在易失性存储器中的任意波形。当创建新波形时,旧波形将被覆盖
删除	—	删除存储在 10 个非易失性存储器中的一个任意波形
↰	—	取消当前操作,返回上层菜单

提示说明:

- 当非易失存储器中没有波形存储时,已存菜单隐藏,删除菜单隐藏。
- 当易失存储器中没有波形存储时,易失波菜单隐藏。

a. 选择内建波形

按 Arb →装载→内建,进入图 1-39 所示界面。内建波形主菜单说明见表 1-8。

如图 1-40 所示,按"数学",使用旋钮选中"ExpRise"函数,然后按"选择",信号发生器将输出所选波形,此时按 View 键切换为图形显示模式即可查看,见图 1-41。

b. 选择已存任意波形

按 Arb →装载→已存,进入如图 1-42 所示菜单。选中所需读取取得波形文件,使其反色显示,之后按读取,将其读出。已存任意波形的菜单说明见表 1-9。

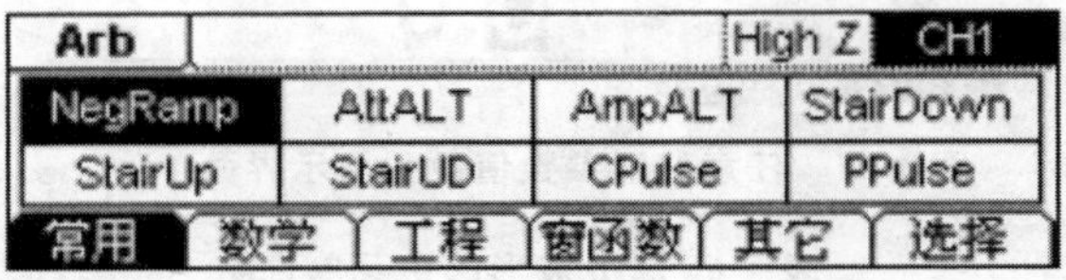

Arb			High Z	CH1
NegRamp	AttALT	AmpALT	StairDown
StairUp	StairUD	CPulse	PPulse
常用	数学	工程	窗函数	其它	选择

图 1-39 内建波形

表 1-8 任意波的内建波形

功能菜单	设定	说明
常用	NegRamp/AttALT/AmpALT/StairDown/StairUp/StairUD/CPulse/PPulse/NPulse/Trapezia/RoundHalf/AbsSine/AbsSineHalf/SineTra/SineVer	选择常用波形
数学	ExpRise/ExpFall/Tan/Cot/Sqrt/X∧2/Sinc/Gauss/HaverSine/Lorentz/Dirichlet/GaussPulse/Airy	选择常用数学函数
工程	Cardic/Quake/Gamma/Voice/TV/Combin/BandLimited/StepResp/Butterworth/Chebyshev1/Chebyshev2	选择常用工程波形
窗函数	Boxcar/Barlett/Triang/Blackman/Hamming/Hanning/Kaiser	选择常用窗函数
其它	RounsPM/DC	选择其他波形
选择	—	选择已选中的波形

Arb			High Z	CH1
ExpRise	ExpFall	Tan	Cot
Sqrt	X^2	Sinc	Gauss
常用	数学	工程	窗函数	其它	选择

图 1-40 选择内建"ExpRise"函数

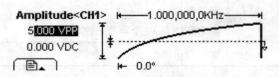

图 1-41 图形显示模式下的波形

本地	状态	ARB1: 00
U盘	▶数据	ARB2: 01
	所有	ARB3:

| 浏览器 | 类型 | 读取 | 存储 | 删除 | ↰ |

图 1-42　读取已存波形

表 1-9　已存任意波形的菜单说明

功能菜单	设定	说明
浏览器	本地	切换文件系统显示的路径
	U 盘（U 盘插入时）	
类型	数据	信号发生器的设置
	状态	任意波形文件
	所有	所有类型文件
读取	—	读取存储区指定位置的波形和设置等信息
存储	—	保存波形和设置文件到指定位置
删除	—	删除存储器内已存波形或设置

（2）用户自定义任意波形

信号发生器具有编辑任意波形的功能，用户可以通过初始化点的操作来创建任意的新波形，具体的操作如下。

按 Arb →编辑，进入图 1-43 所示界面。编辑波形的操作菜单见表 1-10。

Arb		High Z	CH1

| 创建 | 已存 | 易失波 | | 删除 | ↰ |

图 1-43　操作菜单

表 1-10　编辑波形的操作菜单

功能菜单	设定	说明
创建	—	创建新的任意波形，并覆盖易失性存储器中的波形
已存	—	编辑存储在非易失性存储器中的任意波形
易失波	—	编辑存储在易失性存储器中的任意波形
删除	—	删除存储在 10 个非易失性存储器中的一个任意波形

提示说明：

• 当非易失存储器中没有存储波形时，已存菜单隐藏，删除菜单隐藏。

• 当易失存储器中没有存储波形时，易失波菜单隐藏。

①创建新波形（略）；

②编辑已存储波形（略）。

3. 调制波形设置

使用 $\boxed{\text{Mod}}$ 按键,可输出经过调制的波形。DG1022 可输出 AM、FM、FSK 或 PM 调制波形。根据不同的调制类型,需要设置不同的调制参数。

幅度调制时,可对内调制/外调制、深度、频率和调制波进行设置。

频率调制时,可对内调制/外调制、频偏、频率和调制波进行设置。

频移键控调制时,可对内调制/外调制、跳频和速率进行设置。

相位调制时,可对内调制/外调制、相移、频率、调制波进行设置。

以下将根据调制类型的不同,分别介绍各种调制参数的设置。

(1)幅度调制(AM)

已调制波形由载波和调制波形组成。在 AM(调幅)中,载波的幅度是随调制波形的瞬时电压而变化的。幅度调制所使用的载波通过前面板上 Sine、Square、Ramp、Arb 功能键设置。

按 $\boxed{\text{Mod}}$ →类型→AM,进入如图 1-44 所示界面。设置幅度调制波形参数菜单说明见表 1-11。

表 1-11 设置幅度调制参数

功能菜单	设定	说明
类型	AM	选择幅度调制
	深度	设置振幅变化深度(0%~120%)
	频率	设置调制波频率(2 mHz~20 kHz)
内调制	调制波	选择内部调制信号: Sine Square Triangle UpRamp DnRamp Noise Arb
外调制	—	选择外调制时,调制信号通过后面板[Modulation In]端输入

图 1-44 幅度调制波形参数设置界面

此时按 $\boxed{\text{View}}$ 键切换为图形显示模式,查看波形参数,如图 1-45 所示。

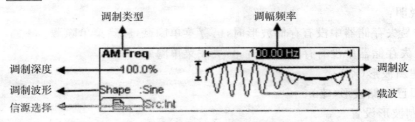

图 1-45 图形显示模式下 AM 波形参数

名词解释：

调制深度：设置幅度变化的范围（也称"百分比调制"）。调制深度可以在 0%～120%之间变化。

在 0%调制时，输出幅度是指定值的一半。

在 100%调制时，输出幅度等于指定值。

在大于 100%调制时，仪器的输出不会超过 10 V$_{PP}$。

对于外部源，AM 深度由[Modulation In]连接器上的信号电平控制。100%的内调制与 +5 V 的外接信号源对应。

（2）频率调制（FM）

已调制波形由载波和调制波组成。在 FM（调频）中，载波的频率是随调制波形的瞬时电压而变化的。频率调制所使用的载波通过前面板上 Sine 、Square 、Ramp 、Arb 功能键设置。设置频率调制参数菜单说明见表 1-12。

表 1-12 设置频率调制参数

功能菜单	设定	说明
类型	FM	选择频率调制
	频偏	设置调制波形的频率相对于载波频率的偏差
	频率	设置调制波频率（2 mHz～20 kHz）
内调制	调制波	选择内部调制信号： Sine Square Triangle UpRamp DnRamp Noise Arb
外调制	频偏	选择外调制时，调制信号通过后面板[Modulation In]端输入，此时只需设置"频偏"参数

按 Mod →类型→FM，进入如图 1-46 所示菜单。

图 1-46 频率调制波形参数值设置界面

名词解释：

频率偏移：偏移量必须小于或等于载波频率。偏移量和载波频率的和必须小于或等于所选函数的最大频率加上 1 kHz。

对于外部源，偏移量由[Modulation In]连接器上的±5 V 电平控制。+5 V 加上所选偏移量,较低的外部信号电平产生较少的偏移,负信号电平将频率降低到载波频率之下。

（3）频移键控（FSK）

使用 FSK 调制,是在两个预置频率（"载波频率"和"跳跃频率"）值间移动其输出频率。输出频率在载波频率和跳跃频率之间移动的频率称为 FSK 速率。该输出以何种频率在两个预置频率间移动,是由内部频率发生器或后面板［Ext Trig］连接器上的信号电平所决定的。

在选择内调制时,输出频率在载波频率和跳跃频率之间移动的频率是由指定的 FSK 速率决定的。

在选定外调制时,FSK 速率不可调节,输出频率由后面板［Ext Trig］连接器上的信号电平决定。在输出逻辑低电平时,输出载波频率;在出现逻辑高电平时,输出跳跃频率。

频移键控调制所使用的载波通过前面板上 Sine 、 Square 、 Ramp 、 Arb 功能键设置。按 Mod →类型→FSK,进入图 1-47 所示菜单。设置频移键控参数菜单说明见表 1-13。

表 1-13   设置频移键控参数

功能菜单	设定	说明
类型	FSK	选择频移键控
内调制	跳频	内调制时,调制信号为 50％占空比的方波。设置跳跃频率范围（不超过载波的频率范围）
	速率	设置输出频率在"载波频率"和"跳跃频率"之间交替的频率（2 mHz～50 kHz）
外调制	跳频	外调制时,调制信号通过后面板的［Ext Trig］端输入,此时只需设置"跳频"参数

图 1-47   频移键控波形参数值设置界面

此时按 View 键切换为图形显示模式,查看波形参数,如图 1-48 所示。

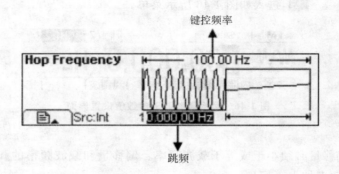

图 1-48   图形显示模式下的 FSK 波形参数

（4）相位调制（PM）

已调制波形由载波和调制波形组成。在 PM（调相）中，载波的相位是随调制波形的瞬时电压而变化的。相位调制所使用的载波通过前面板上 Sine 、 Square 、 Ramp 、 Arb 功能键设置。按 Mod →类型→PM，进入图 1-49 所示界面。设置相位调制参数菜单说明见表 1-14。

表 1-14　设置相位调制参数

功能菜单	设定	说明
类型	PM	选择相位调制
内调制	相移	设置相位的偏移量（0°～360°）
	频率	设置调制波形的频率（2 mHz～20 kHz）
	调制波	选择内部调制信号： Sine Square Triangle UpRamp DnRamp Noise Arb
外调制	跳频	选择外调制时，调制信号通过后面板的［Modulation In］端输入，此时只需设置"相移"参数

图 1-49　相位调制波形参数设置界面

此时按 View 键切换为图形显示模式，查看波形参数，如图 1-50 所示。

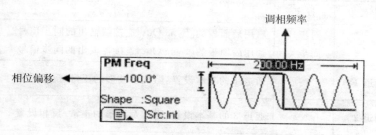

图 1-50　图形显示模式下的 PM 波形参数

4. 设置扫频波形

略。

5. 设置脉冲串波形

略。

6. 存储和读取

略。

7. 辅助系统功能设置

使用 Utility 按键，可以设置同步输出开/关、通道输出参数、通道耦合、通道复制、频率计测量；查看接口设置、系统设置信息；执行仪器自检和校准等操作。

同步开关提供了同步信号的选择功能。

通道输出参数能够提供对负载/阻抗、常规/反向波形调整参数的设置。

通道耦合提供双通道频率或相位耦合的设置。

通道复制提供双通道参数复制的设置。

频率计提供频率测量相关参数的设置。

接口设置提供 USB 序列号查看。

系统设置提供对显示数字格式、本地语言选择的存取、蜂鸣、显示屏幕保护、显示屏、上电系统配置和出厂值的设置。

检测提供对仪器的自检和校准例程的存取，以及密码和安全开关。

按 Utility 键，进入辅助系统功能设置菜单（共两页），如图 1-51 所示。辅助系统功能设置菜单说明见表 1-15。

图 1-51 辅助系统功能设置界面

表 1-15 辅助系统功能设置菜单

功能菜单	设定	说明
同步	同步开 同步关	启用后面板的［Sync Out］连接器输出的同步信号 禁用后面板的［Sync Out］连接器输出的同步信号
通道 1	—	通道 1 的基本设置：阻抗及波形的正常/反相设置
通道 2	—	通道 2 的基本设置：阻抗及波形的正常/反相设置
耦合	—	双通道耦合、复制的相关设置

续表

功能菜单	设定	说明
频率计	—	单通道测量频率,可测范围:100 mHz～200 MHz
➡	—	显示下一页菜单
System	—	设置系统配置信息
接口	—	提供 USB 接口进行远程操作,显示 USB 序列号
检测	—	对仪器进行自检和校准
⬅	—	显示上一页菜单
↰	—	保存设置,退出 Utility 功能设置

提示说明:

同步开关设置:在较低幅度时,可通过禁用同步信号减少输出失真。当前选择保存在非易失性存储器中。

(1)同步输出设置

信号发生器通过后面板上的[Sync Out]连接器提供 CH1 的同步输出。所有标准输出函数(除 DC 和噪声之外)都具有一个相关的同步信号。对于某些同步信号的应用,若用户不想输出,可以禁用[Sync Out]连接器。

默认情况下关闭同步信号输出,[Sync Out]连接器上输出逻辑低电平。

在波形反相时,与波形相关的同步信号并不反相。

标准输出函数(除 DC 和噪声之外)的频率大于 2 MHz 时,同步输出将自动关闭。

对于正弦波、方波、锯齿波和脉冲波,同步信号是占空比为 50% 的方波。在波形输出为正时,相对于 0 V 电压(或者 DC 偏移值),同步信号为 TTL 高电平。在波形输出为负时,相对于 0 V 电压(或者 DC 偏移值),同步信号为 TTL 低电平。

对于任意波形,同步信号是占空比为 50% 的方波。在输出第一个下载的波形点时,同步信号为 TTL 高电平。

对于 AM、FM、PM,内部调制时,同步信号以调制波(不是载波)为参考,同步信号是占空比为 50% 的方波。在第一个半个调制波形期间,同步信号为 TTL 高电平。外部调制时,同步信号以载波(不是调制波)为参考,同步信号是占空比为 50% 的方波。

对于 FSK,同步信号以跳跃频率为参考,同步信号是占空比为 50% 的方波。对于跳跃频率,在转换时,同步信号是 TTL 高电平。

对于触发脉冲串,在脉冲串开始时,同步信号是 TTL 高电平。在指定循环数结束处,同步信号为 TTL 低电平(如果波形具有一个相关的起始相位,则可能不是零交叉点)。对于一个无限计数脉冲串,其同步信号与连续波形的同步信号相同。

对于外部门控脉冲串,同步信号遵循外部门控信号。然而,请注意该信号直到最后一个周期结束才会变为 TTL 低电平(如果该波形具有一个相关的起始相位,则可能不是零交叉点)。

(2)通道设置

下面以通道 1 为例介绍通道的相关设置。

按 Utility →通道 1,进入图 1-52 所示界面。输出设置菜单说明见表 1-16。

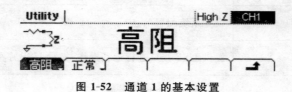

图 1-52 通道 1 的基本设置

表 1-16 输出设置菜单

功能菜单	设定	说明
负载	—	设置连接到 Output 连接器的负载值
高阻		设置连接到 Output 连接器的是高阻
常规		波形常规输出
反相		波形倒置输出(偏移电压不变)

①设置输出的负载值

对于前面板[Output]连接器,信号发生器具有一个 50 Ω 的固定串联输出阻抗。如果实际负载阻抗与指定的值不同,则显示的幅度和偏移电平是不正确的。所提供的负载阻抗设置只是为了方便用户将显示电压与期望负载相匹配。负载值的设置操作如下:

a. 按 Utility →通道 1→高阻/负载→负载,进入图 1-53 所示界面。

图 1-53 负载值设置界面

屏幕中显示的负载参数值为上电时的默认值,或者是预先选定的负载值。在更改参数时,如果当前值对于新输出是有效的,则使用当前负载值。

b. 输入所需的负载值

使用数字键盘或旋钮,输入所选参数值,按下所需单位 Ω 或 kΩ 对应的软键,如图 1-54所示。

图 1-54 设置输出负载值

②设置反相波形

按 $\boxed{\text{Utility}}$→通道 1→正常/反相→反相,设置波形倒置输出。

当波形倒置后,任何偏移电压表示都不变。在图形显示模式时,将显示一个反相的视图。注意,此时同步输出信号是不反相的。常规波形见图 1-55,反相波形见图 1-56。

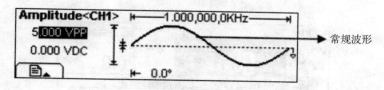

图 1-55 常规波形

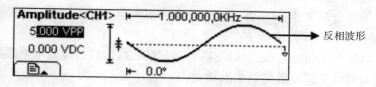

图 1-56 反相波形

(3)耦合设置

按 $\boxed{\text{Utility}}$→耦合,进入图 1-57 所示界面。通道耦合设置菜单说明见表 1-17。

图 1-57 通道耦合设置界面

表 1-17 通道耦合设置菜单

功能菜单	设定	说明
开关	耦合开 耦合关	打开或关闭耦合功能
基准源	通道 1 通道 2	选择 CH1 或者 CH2 为耦合基准源
频率差 相位差	—	频率差耦合:设置基准通道与另一通道频率间的关系 相位差耦合:设置基准通道与另一通道相位间的关系
复制	1→2 2→1	将通道 1 的波形参数复制到通道 2 将通道 2 的波形参数复制到通道 1 耦合开时,此菜单隐藏
⤶	—	保存设置,返回上层菜单

要点说明：

①通道耦合

a. 耦合只针对频率和相位而言，如图 1-58 所示，耦合基准源在相位或频率菜单下，显示屏中会显示一个"＊"标记，表明当前通道 1 的相位参数有耦合。

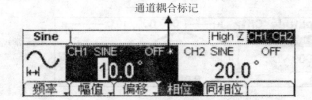

图 1-58　通道耦合标记

b. 每次只能耦合频率或相位，默认耦合的是当前选中的是相位差或频率差。

②通道复制

a. 通道复制时仅复制参数，复制时不耦合，因此耦合打开时，复制菜单隐藏。

b. 通道复制时会受到参数验证的限制。

• 频率限制：

不同波形频率上下限不一样，当两个通道波形不一样时，能复制的最高频率取频率较低的波形频率。比如 5 MHz 的正弦波不能复制到锯齿波（频率上限为 150 kHz）。

• 幅度、输出阻抗设置的限制：

不同通道不同模式下，幅度上下限不一样。

复制时双通道的输出阻抗设置必须一致。以通道 1 为例，设置方法：Utility→通道 1→负载/高阻，设置负载值或使用"高阻"，用同样方法设置通道 2。

• 通道反相的限制：

如果其中一个通道设置为"反相"，进行通道复制的时候，即使相位参数已经复制，双通道输出波形仍存在 180°相位差。

（4）频率计设置

频率计采用单通道测频，可测量频率范围 100 mHz～200 MHz 的信号。按 Utility→频率计，进入如图 1-59 所示界面。常规显示模式下，在屏幕下方显示频率计的操作菜单。频率计的菜单说明见表 1-18。

表 1-18　频率计的菜单说明

功能菜单	设定	说明
频率	—	显示待测信号的频率测量值
周期	—	显示待测信号的周期测量值
占空比	—	显示待测信号的占空比测量值
正脉宽/负脉宽	—	显示待测信号的正脉宽、负脉宽测量值
自动	—	自动设置频率计测量参数
设置	—	手动设置频率计的测量参数

图 1-59 频率计设置界面

频率计的测量参数主要包括耦合方式、灵敏度、触发电平、高频抑制开/关，通过改变这些参数值，得到不同的测量效果。

提示说明：

当外部有频率信号输入时，屏幕数值会定时刷新；如果断开外部频率信号，则刷新停止，屏幕保留上次频率值。

①自动测量设置

按 Utility →频率计→自动，信号发生器将自动设置触发电平、灵敏度以及高频抑制的开关，测量信号的频率等相关参数。

②手动测量设置

按 Utility →频率计→设置，进入手动测量模式。

a. 设置耦合方式

按频率计→设置→DC/AC，设置耦合方式。如图 1-60 所示，软键菜单中显示的"DC"或"AC"为当前耦合方式，每按一次该软键，耦合方式切换一次，如当前耦合方式为"AC"，按该软键一次后，切换为"DC"耦合方式。

图 1-60 设置耦合方式

b. 设置灵敏度

灵敏度分为高、中、低三挡。按频率计→设置→灵敏度，设置灵敏度。屏幕左端显示的和菜单中深色所指示的为当前灵敏度，按对应软键，可切换灵敏度，如图 1-61 所示。

图 1-61 设置灵敏度

提示说明：对小幅值信号，灵敏度选择中或者高，对于低频大幅度信号或者上升沿比较慢的信号，选择低灵敏度，测量结果更准确。

c. 设置触发电平

触发电平（−3～+3 V）分为 1000 份，每"0.1"为 6 mV，即调整间隔为 6 mV。如输入值为"62.0"，则触发电平被设置为：−3 V+（62.0/0.1）×6 mV=0.72 V。

按频率计→设置→TrigLev,设置触发电平参数值。

屏幕中显示的触发电平为接通电源时的默认值,或者是上一次设定的值。如果当前值对于本次测量是有效的,则使用当前值。

输入所需的触发电平。使用左右键切换到需要编辑的数位,当前可编辑的数位呈白底显示。使用旋钮来调节触发电平的大小。频率计立即调整触发电平,并以指定的值进行触发。设置触发电平参数值界面见图 1-62。

注意:在 DC 耦合时需手动调整触发电平。

图 1-62　设置触发电平参数值

d. 设置高频抑制开/关

高频抑制可用于在测量低频信号时,滤除高频成分,提高测量精确度。按频率计→设置→HFR 开/关,设置高频抑制开/关。如图 1-63 所示,软键菜单中显示的"HFR 开"或"HFR 关"为当前的高频抑制状态,每按一次该软键,高频抑制状态切换一次。

图 1-63　设置高频抑制开/关

提示说明:在测量频率小于 1 kHz 的低频信号时,打开高频抑制,以滤除高频噪声干扰;在测量频率大于 1 kHz 的高频信号时,关闭高频抑制。

(5)系统设置

系统设置按 Utility →➡→System,进入图 1-64 所示界面。系统设置菜单说明见表 1-19。

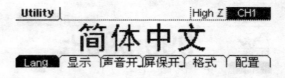

图 1-64　系统设置界面

表 1-19　系统设置菜单

功能菜单	设定	说明
Lang	—	设置屏幕显示语言类型
显示	—	设置屏幕显示的参数

续表

功能菜单	设定	说明
声音开		打开蜂鸣开关
声音关		关闭蜂鸣开关
屏保开		打开屏幕保护程序。对屏幕不操作保持3分钟时间,生成屏保,按任意键恢复
屏保关		关闭屏幕保护程序
格式	—	设置参数显示的数字格式
配置	上电值	默认值:上电时将所有设置恢复为出厂默认值 上次值:上电时恢复上次仪器关闭时的所有设置
	出厂值	将所有仪器设置恢复为出厂默认值
	时钟源	选择内部或外部时钟源

8. 使用内置帮助系统

DG1022 内置帮助系统对任何一个前面板按键或菜单软键提供上下文相关帮助,用户可以利用帮助主题列表,获得有关一些前面板按键操作的帮助。

按 Help 键,进入内建的帮助信息菜单,如图1-65所示。

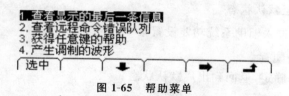

图 1-65 帮助菜单

帮助菜单的软键菜单说明见表1-20。

表 1-20 帮助菜单的软键菜单说明

功能菜单	设定	说明
选中	—	选中并读取菜单信息
↑	—	翻至上一页帮助信息菜单
↓	—	翻至下一页帮助信息菜单
←	—	向上移动光标选择帮助信息菜单
→	—	向下移动光标选择帮助信息菜单
↰	—	退出帮助菜单

(1)查看显示的最后一条信息

用于回看显示的最后一条提示信息。

(2)查看远程命令错误队列

在远程操作时,用于查看用户在使用信号发生器过程中出现的所有错误。

（3）获得任意键的帮助

要获得任何前面板按键或菜单按键的上下文帮助信息，按下并按住该键。

（4）产生调制的波形

①通过选择波形、频率、幅度等配置载波波形。

②按 Mod 键，配置正在调制的波形。

③要更改载波参数，按下突出显示的功能键（Sine、Square 等）。

④要关闭调制，按下突出显示的 Mod 键。

（5）创建一个任意波形

①按下 Arb 选择编辑。

②选择创建，输入所需周期、电压限定值和点数，然后按下编辑点，系统默认起始两个点由仪器自定义产生。

③选中旋钮选择需要编辑的点，使用时间、电压定义点，使用插入来插入新的点。

④波形编辑器自动地将最后一个点连接到点♯1的电压电平，创建一个连续的波形。最后一个点的时间值必须小于指定的周期。

（6）输出 DC 信号

输出直流信号的步骤：按下 Arb → 装载 → 内建 → 其他 → "DC" → 选择，然后可以调节 DC 的偏移。

（7）将仪器复位至默认状态

①按下 Utility，进入辅助系统功能设置菜单。

②选择 System → 配置。

③选择出厂值 → 确定，返回到出厂默认状态。

第二节　EE1641B型低频功率信号发生器

一、原理简述

低频函数信号发生器是提供低频正弦波、矩形波和三角波等电压信号的电子仪器，它可以根据各种低频电路测试的需要，供给的电压、频率均能连续地变化。

不同型号的低频信号发生器的工作原理不尽相同，一个典型的电路是以一个 RC 正弦波振荡器为核心部分，它的整机工作原理大致如图 1-66 所示。

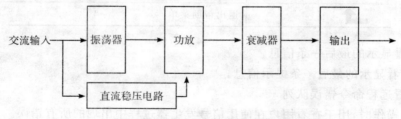

图 1-66　低频信号发生器原理框图

不同型号的低频信号发生器的输出电压、功率和频率不同,一般其输出电压从零伏变化到上百伏,最大输出功率可以从几分之一瓦到几瓦和几十瓦,频率可以从 20 Hz 到 200 kHz。下面对实验室中常用的低频信号发生器的使用方法进行简单介绍。

二、EE1641B 型低频功率信号发生器面板实物图

EE1641B 型低频功率信号发生器面板实物如图 1-67 所示。

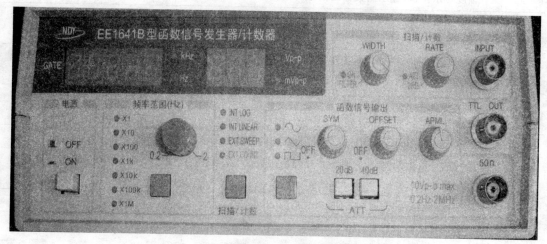

图 1-67　EE1641B 型前面板实物图

三、EE1641 型低频功率信号发生器/频率计使用说明

1. 面板

EE1641 型低频功率信号发生器/频率计前面板布局参见图 1-68。

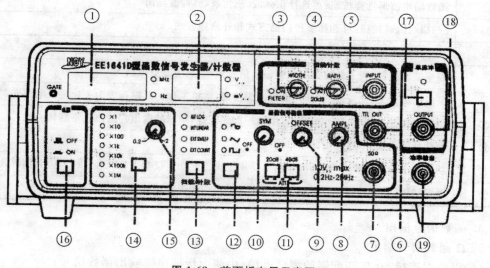

图 1-68　前面板布局示意图

2. EE1641 型低频功率信号发生器/频率计前面板功能说明

EE1641 型低频功率信号发生器/频率计详细功能说明见表 1-21。

表 1-21　详细功能说明

序号	相应名称和用法
①	频率显示窗口:显示输出信号的频率或外测频信号的频率
②	幅度显示窗口:显示函数输出信号的幅度
③	扫描宽度调节旋钮:调节此电位器可以改变内扫描的时间长短。在外测频时,逆时针旋到底(绿灯亮),为外输入测量信号经过低通开关进入测量系统
④	速率调节旋钮:调节此电位器可调节扫频输出的扫频范围。在外测频时,逆时针旋到底(绿灯亮),为外输入测量信号经过衰减"20 dB"进入测量系统
⑤	外部输入插座:当"扫描/计数键"⑬功能选择在外扫描状态或外测频功能时,外扫描控制信号或外测频信号由此输入
⑥	TTL 信号输出器:输同标准的 TTL 幅度的脉冲信号,输出阻抗为 600 Ω
⑦	函数信号输出端:输出多种波形受控的函数信号,输出幅度 20 V_{p-p}(1 MΩ 负载),10 V_{p-p}(50 Ω 负载)
⑧	函数信号输出幅度调节旋钮:调节范围 20 dB
⑨	函数信号输出信号直流电平预置调节旋钮:调节范围:−5～＋5 V(50 Ω 负载),当电位器处在中心位置时,则为 0 电平
⑩	输出波形,对称性调节旋钮:调节此旋钮可改变输出信号的对称性。当电位器处在中心位置时,则输出对称信号
⑪	函数信号输出幅度衰减开关:"20 dB"、"40 dB"键均不按下,输出信号不经衰减,直接输出到插座口。"20 dB"、"40 dB"键分别按下,则可选择 20 dB 或 40 dB 衰减
⑫	函数输出波形选择按钮:可选择正弦波、三角波、脉冲波输出
⑬	"扫描/计数"按钮:可选择多种扫描方式和外测频方式
⑭	频率范围选择按钮:每按一次此按钮可改变输出频率的 1 个频段
⑮	频率微调旋钮:调节此旋钮可微调输出信号频率,调节基数范围为 0.2～2.0
⑯	整机电源开关:此按键揿下时,机内电源接通,整机工作。此键释放为关掉整机电源
⑰	单脉冲按键:控制单脉冲输出,每揿动一次此按键,单脉冲输出⑰输出电平翻转一次
⑱	单脉冲输出端:单脉冲由此端口输出
⑲	功率输出端:提供＞4 W 的间频信号功率输出。此功能仅对×100、×1 k、×10 k 挡有效
⑳	电源插座:交流市电 220 V 输入插座。该插座内置保险丝管座,保险容量为 0.5 A

3. 函数信号输出

50 Ω 函数信号输出:

(1)以终端连接 50 Ω 匹配器的测试电缆,由前面板插座⑦输出函数信号;

(2)由频率选择按钮⑭选定输出函数信号的频段,由频率微调旋钮调整输出信号频率,直到所需的工作频率值;

（3）由波形选择按钮⑫选定输出函数的波形，分别获得正弦波、三角波、脉冲波；

（4）由信号幅度选择器⑪和⑧选定和调节输出信号的幅度；

（5）由信号电平设定器⑨选定输出信号所携带的直流电平；

（6）输出波形对称调节器⑩可改变输出脉冲信号空度比，与此类似，输出波形为三角或正弦时可使三角波调变为锯齿波，正弦波调变为正与负半周分别为不同角频率的正弦波形，且可移相180°。

4. TTL 脉冲信号输出

（1）除信号电平为标准 TTL 电平外，其重复频率、调控操作均与函数输出信号一致；

（2）以测试电缆（终端不加 50 Ω 匹配器）由输出插座⑥输出 TTL 脉冲信号。

5. 内扫描/扫频信号输出

（1）"扫描/计数"按钮⑬选定为内扫描方式；

（2）分别调节扫描宽度调节③和扫描速率调节器④获得所需的扫描信号输出；

（3）函数输出插座⑦、TTL 脉冲输出插座⑥均输出相应的内扫描的扫频信号。

6. 外扫描/扫频信号输出

（1）"扫描/计数"按钮⑬选定为"外扫描方式"；

（2）由外部输入插座⑤输入相应的控制信号，即可得到相应的受控扫描信号。

7. 外测调频功能检查

（1）"扫描/计数"按钮⑬选定为"外计数方式"；

（2）用本机提供的测试电缆，将函数信号引入外部输入插座⑤，观察显示频率应与"内"测量时相同。

第二章　数字万用表

一、安全事项

该系列仪表在设计上符合 IEC1010 条款(国际电工委员会颁布的安全标准),在使用之前,请先阅读安全注意事项。

1. 测量电压时,请勿输入超过 1000 V 或交流 700 V 有效值的极限电压。

2.36 V 以下的电压为安全电压,在测高于 36 V 直流、25 V 交流电压时,要检查表笔是否可靠接触,是否正确连接,是否绝缘良好等,以避免电击。

3. 换功能和量程时,表笔应离开测量点。

4. 选择正确的功能和量程,谨防误操作,该系列仪表虽然有全量程保护功能,但为了安全起见,仍请多加注意。

5. 测量电流时,请勿输入超过 20 A 的电流。

6. 安全符号说明:

"⚠"存在危险电压,"⏚"接地,"▣"双绝缘,"△"操作者必须参阅说明书,"🔋"低电压符号。

二、特性

1. 显示方式:液晶显示。

2. 最大显示:1999(31/2)位自动极性显示。

3. 测量方式:双积分式 A/D 转换。

4. 采样速率:约每秒 3 次。

5. 超量程显示:最高位显"1"或"OL"。

6. 低电压显示:"🔋"符号出现。

7. 工作环境:0~40 ℃,相对湿度<80%。

8. 电源:一只 9 V 电池(6F22 或同等型号)。

9. 体积(尺寸):190 mm×88.5 mm×27.5 mm(长×宽×高)。

三、使用方法

1. 操作面板说明

实物如图 2-1 所示,操作面板如图 2-2。

(1)液晶显示器:显示仪表测量的数值及单位。

(2)功能键:

①POWER 电源开关:开启及关闭电源。

图 2-1　VC9801A 万用表实物

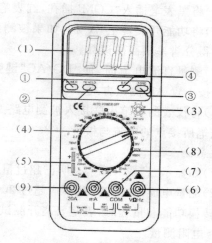

图 2-2　操作面板示意图

②PK HOLD 峰值保持开关:按下此功能键,将仪表当前所测量数值的最大值保持在液晶显示器上并出现"PH"符号,再次按下,"PH"符号消失,退出峰值保持功能状态(仅限VC9808+)。

③B/L 背光开关,开启及关闭背光灯。

④HOLD 保持开关:按下此功能键,仪表当前所测量数值保持在液晶显示器上并出现"H"符号,再次按下,"H"符号消失,退出保持此功能状态。

(3)hFE 测试插座:用于测量晶体三极管 hFE 数值大小。

(4)旋钮开关:用于改变测量功能及量程。

(5)电容(Cx)或电感(Lx)插座。

(6)电压、电阻插座。

(7)公共地。

(8)小于 200 mA 电流测试插座;

(9)200 mA～20 A 电流测试插座。

2. 电压测量

(1)将黑表笔插入"COM"插孔,红表笔插入"V/Ω"插孔。

(2)将功能开关转至"V"挡,如果被测量电压大小未知,应选择最大量程,再逐步减少,直至获得分辨率最高的读数。

(3)测量直流电压时,使"DC/AC"键弹起置 DC 测量方式;测量交流电压时,显示为红表笔所接点的电压与极性。

注意:

(1)如显示"1"或"OL",表明已超过测量范围,需将量程开关转至高一挡;

(2)测量电压不应超过 1000 V 直流和 700 V 交流,转换功能和量程时,表笔要离开测试点;

(3)当测量高电压时,千万注意避免触及高压电路。

3. 电流测量

(1)将黑表笔插入"COM"插孔,红表笔插入"mA"或"20A"插孔中。

(2)将功能开关转至"A"挡,如果被测量电流大小未知,应选择最大量程,再逐步减小,直至获得分辨率最高的读数。

(3)测量直流电流时,使"DC/AC"键弹起置 DC 测量方式;测量交流电流时,使"DC/AC"键按下置 AC 测量方式。

(4)将仪表的表笔串联接入被测电路上,屏幕即显示被测电流值;测量直流电流时,显示为红表笔所接点的电流与极性。

注意:

(1)如显示"1"或"OL",表明已超过量程范围,需将量程开关转至高一挡。

(2)测量电流时,"mA"孔不应超过 200 mA,"20 A"孔不应超过 20 A(测量时间小于 10 秒)。转换功能和量程时,表笔要离开测试点。

4. 电阻测量

(1)将黑表笔插入"COM"插孔,红表笔插"V/Ω"插孔;

(2)将量程开关转至相应的电阻量程上,将两表笔跨接在被测电阻上。

注意:

(1)如果电阻值超过所选的量程值,则会显示"1"或"OL",这时应将开关转高一挡。

(2)当输入端开路时,则显示过载情形。

(3)测量在线电阻时,要确认被测电路所有电源已关断而所有电容已完全放电,才可进行。

(4)请勿在电阻量程输入电压!

(5)当测量电阻值超过 1 MΩ 时,读数需几秒时间才能稳定,这在测量高电阻时是正常的。

5. 电容测量

(1)将测量开关置于相应之电容量程上,将测试电容插入"Cx"插孔;

(2)将测试表笔跨接在电容两端进行测量,必要时注意极性。

注意:

(1)如被测电容超过所选量程之最大值,显示器将只显示"1"或"OL",此时则应将开关转高一挡;

(2)在测试电容之前,屏幕显示可能尚有残留读数,属正常现象,不会影响测量结果;

(3)大电容挡测量严重漏电或击穿电容时,将显示一数字值且不稳定;

(4)请在测试电容容量之前,应对电容充分放电,以防止损坏仪表。

6. 电感测量

将量程开关置于相应之电感量程上,被测电感插入"Lx"插口。

注意:

(1)如被测电感超过所选量程之最大值,显示器将只显示"1",此时则应将开关转高一挡;

(2)同一电感量存在不同阻抗时测得的电感值不同;

(3)在使用 2 mH 量程时,应先将表笔短路,测得引线电感值,然后在实测中减去。

7. 频率测量(仅 VC9808*)

（1）将表笔或屏蔽电缆接入"COM"和"V/Ω/Hz"输入端；

（2）将量程开关转到频率挡上，将表笔或屏蔽电缆跨接在信号源或被测负载上。

注意：

（1）输入超过 100 V 有效值时，可以读数，但不保证准确度；

（2）在噪声环境下，测量小信号时最好使用屏蔽电缆；

（3）在测量高压电路时，千万不要触及高压电路；

（4）禁止输入超过 250 V 直流或交流峰值的电压，以免损坏仪表；

（5）VC9808＋频率挡可自动量程测试，量程从 2 kHz 到 10 MHz。

8. 三极管 h_{FE} 测量

（1）将量程开关置于"h_{FE}"挡；

（2）决定所测晶体管为 NPN 型或 PNP 型，将发射级、基级、集电极分别插入相应插孔。

9. 二极管极性及通断测试

（1）将黑表笔插入"COM"插孔，红表笔插入"V/Ω"插孔（注意红表笔极性为"＋"）；

（2）将量程开关置 ⤙·))) 挡，并将表笔连接到待测试二极管，红表笔接二极管正极，读数为二极管正向压降的近似值；

（3）将表笔连接到待测线路的两点，如果内置蜂鸣器发声，则两点之间阻值低于（70± 20)Ω。

10. 数据保持

按下 HOLD 保持开关，当前数据就会保持在显示器上；再按一次，保持取消。

11. 自动休眠

当仪表停止使用或开机使用（20±10)分钟后，仪表便自动进入休眠状态。若要重新启动电源，再按两次"POWER"键，就可重新接通电源。

12. 背光显示

按下"B/L"键，背光灯亮，再按一次，背光取消。

注意：

背光灯亮时，工作电流增大，会造成电池使用寿命缩短及个别功能测量时误差变大。

四、仪表保养

该系列仪表是一台精密仪器，使用者不要随意更改电路。

1. 请注意防水、防尘、防摔。

2. 不宜在高温高湿、易燃易爆和强磁场的环境下存放、使用仪表。

3. 请使用湿布和温和的清洁剂清洁仪表外表，不要使用研磨剂及酒精等烈性溶剂。

4. 如果长时间不使用，应取出电池，防止电池漏液腐蚀仪表。

5. 注意 9 V 电池使用情况，当屏幕显示出"⊏⊐"符号时，应更换电池。

第三章 模拟示波器

第一节 示波器简介

示波器是用来显示被测电路中电压或电流波形的一种电子测量仪器,其核心部件是示波管,利用它能够直接观察电压、电流的波形,并可以测量电压值。示波器的型号很多,基本操作方法和原理相同。示波器是现代电子技特别是数字电子技术必不可少的测量仪器。通用示波器主要包括简易示波器、示教示波器、高灵敏度示波器、慢扫描示波器、多线示波器、多踪示波器等。尽管通用示波器品种繁多,电路程序各异,但都可分为垂直放大系统、水平扫描系统、电源及显示电路等部分,其工作原理大致相同。

示波器主要是由示波管、X 轴与 Y 轴衰减器和放大器、锯齿波发生器、整步电路和电源等几部分组成。其框图如图 3-1 所示。

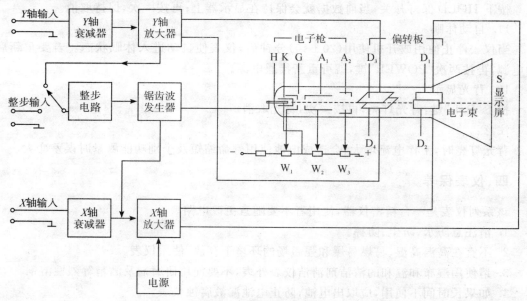

图 3-1 示波器结构框图

一、示波器结构

1. 示波管

示波管由电子枪、偏转板、显示屏组成。

电子枪:由灯丝 H、阴极 K、控制栅极 G、第一阳极 A_1、第二阳极 A_2 组成。灯丝通电发热,使阴极受热后发射大量电子并经栅极孔出射。这束发散的电子经圆筒状的第一阳极 A_1 和第二阳极 A_2 所产生的电场加速后会聚于荧光屏上一点,称为聚焦。A_1 与 K 之间的电压通常为几百伏特,可用电位器 W_2 调节,A_1 与 K 之间的电压除有加速电子的作用外,主要是达到聚焦电子的目的,所以 A_1 称为聚焦阳极。W_2 即为示波器面板上的聚焦旋钮。A_2 与 K 之间的电压为 1000 多伏,可通过电位器 W_3 调节,A_2 与 K 之间的电压除了有聚焦电子的作用外,主要是加速电子,因其对电子的加速作用比 A_1 大得多,故称 A_2 为加速阳极。在有的示波器面板上设有 W_3,并称其为辅助聚焦旋钮。

在栅极 G 与阳极 K 之间加了一负电压,即 $U_K > U_G$,调节电位器 W_1 可改变它们之间的电势差。G、K 间的负电压的绝对值越小,通过 G 的电子就越多,电子束打到荧光屏上的光点就越亮,调节 W_1 可调节光点的亮度。W_1 在示波器面板上为"辉度"旋钮。

偏转板:水平(X 轴)偏转板由 D_1、D_2 组成,垂直(Y 轴)偏转板由 D_3、D_4 组成。偏转板加上电压后可改变电子束的运动方向,从而可改变电子束在荧光屏上产生的亮点的位置。电子束偏转的距离与偏转板两极板间的电势差成正比。

显示屏:显示屏是在示波器底部玻璃内涂上一层荧光物质,高速电子打在上面就会发荧光,单位时间打在上面的电子越多,电子的速度越大,光点的辉度就越大。荧光屏上的发光能持续一段时间称为余辉时间。按余辉的长短,示波器分为长、中、短余辉三种。

2. X 轴与 Y 轴衰减器和放大器

示波管偏转板的灵敏度较低(约为 $0.1 \sim 1$ mm/V),当输入信号电压不大时,荧光屏上的光点偏移很小而无法观测。因而要对信号电压放大后再加到偏转板上,为此在示波器中设置了 X 轴与 Y 轴放大器。当输入信号电压很大时,放大器无法正常工作,使输入信号发生畸变,甚至使仪器损坏,因此在放大器前级设置衰减器。X 轴与 Y 轴衰减器和放大器配合使用,以满足对各种信号观测的要求。

3. 锯齿波发生器

锯齿波发生器能在示波器本机内产生一种随时间变化类似于锯齿状、频率调节范围很宽的电压波形,称锯齿波,作为 X 轴偏转板的扫描电压。锯齿波频率的调节可由示波器面板上的旋钮控制。锯齿波电压较低,必须经 X 轴放大器放大后,再加到 X 轴偏转板上,使电子束产生水平扫描,即使显示屏上的水平坐标变成时间坐标,来展开 Y 轴输入的待测信号。

4. 触发电路(整步电路)

用于产生触发信号以实现触发扫描的电路,实现同步。为了扩展示波器应用范围,一般示波器上都设有触发源控制开关、触发电平与极性控制旋钮以及触发方式选择开关等。

在普通示波器中,X 轴的扫描总是连续进行的,称为"连续扫描"。为了能更好地观测各种脉冲波形,在脉冲示波器中,通常采用"触发扫描"。采用这种扫描方式时,扫描发生器将工作在待触发状态。它仅在外加触发信号作用下,时基信号才开始扫描,否则便不扫描。这个外加触发信号通过触发选择开关取自"内触发"(Y 轴的输入信号经由内触发放大器输出触发信号),也可取自"外触发"输入端的外接同步信号。其基本原理是利用这些触发脉冲信号的上升沿或下降沿来触发扫描发生器,产生锯齿波扫描电压,然后经 X 轴放大后送 X 轴偏转板进行光点扫描。适当地调节"扫描速率"开关和"电平"调节旋钮,能方便地在荧光屏上显示具有合适宽度的被测信号波形。

二、示波器的二踪显示原理

示波器的二踪显示是依靠电子开关的控制作用来实现的。

电子开关由"显示方式"开关控制,共有五种工作状态,即 Y_1、Y_2、Y_1+Y_2、交替、断续。当开关置于"交替"或"断续"位置时,荧光屏上便可同时显示两个波形。当开关置于"交替"位置时,电子开关的转换频率受扫描系统控制,工作过程如图 3-2 所示。即电子开关首先接通 Y_2 通道,进行第一次扫描,显示由 Y_2 通道送入的被测信号的波形;然后电子开关接通 Y_1 通道,进行第二次扫描,显示由 Y_1 通道送入的被测信号的波形;接着再接通 Y_2 通道……这样便轮流地对 Y_2 和 Y_1 两通道送入的信号进行扫描、显示,由于电子开关转换速度较快,每次扫描的回扫线在荧光屏上又不显示出来,借助于荧光屏的余辉作用和人眼的视觉暂留特性,使用者便能在荧光屏上同时观察到两个清晰的波形。这种工作方式适宜于观察频率较高的输入信号场合。

当开关置于"断续"位置时,相当于将一次扫描分成许多个相等的时间间隔。在第一次扫描的第一个时间间隔内显示 Y_2 信号波形的某一段,在第二个时间时隔内显示 Y_1 信号波形的某一段,以后各个时间间隔轮流地显示 Y_2、Y_1 两信号波形的其余段,经过若干次断续转换,使荧光屏上显示出两个由光点组成的完整波形,如图 3-3(a)所示。由于转换的频率很高,光点靠得很近,其间隙用肉眼几乎分辨不出,再利用消隐的方法使两通道间转换过程的过渡线不显示出来,见图 3-3(b),因而同样可达到同时清晰地显示两个波形的目的。这种工作方式适合于输入信号频率较低时使用。

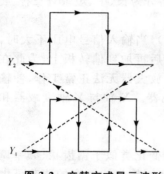

图 3-2　交替方式显示波形

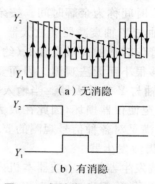

图 3-3　断续方式显示波形

上面介绍了示波器的基本结构,下面将结合使用介绍电子技术实验中常用的几种示波器。

三、示波器的操作方法

(1)电源检查。检查示波器电源电压设定,符合 220±10% V、50 Hz 的电网才可以。若电压设定不对,将可能导致仪器损毁。

(2)通电前,检查主要旋钮的位置。"X 轴衰减"置"扫描"处,"X 轴位移"和"Y 轴位移"置中间,"扫描范围"置于相近频率处,"整步选择"置"内正"或"内负"。

(3)通电预热。接通电源,预热 10 分钟左右,屏幕出现光点后,调节"扫描范围"旋钮,使之出现水平线。

(4)调节"辉度"、"聚焦"、"Y 轴位移"、"X 轴位移"等旋钮,使水平线亮度适中、清晰,并位于屏幕中间。

(5)垂直系统的操作。

①方式选择。只观察一路信号时,选择 CH1(X)或 CH2(Y),然后在输入时确定是 X 或 Y 即可。若同时观察两路信号,则选择 ALT(交替)或 CHOP(断续),调节 CH1 和 CH2,使两路信号在屏幕上分清。若观察两路信号的代数和,则选择 ADD,但此时两路衰减要一

致,选择 CH2 正常或反相,可以得到 CH1+CH2 或 CH1-CH2 的合成信号。

②输入耦合的选择。直流(AC):被测量信号主要为直流电平。交流(DC):被测量的信号为交流信号或高频的直流小信号。接地(GND):用于确定输入为零时光迹的位置。

(6)水平系统的操作。

①扫描速度的设定。扫描速度范围为 $0.2\ \mu s/div \sim 0.5\ s/div$,按 1、2、5 进位分 20 挡,微调提供至少 2.5 倍的连续调节。根据被测量信号频率的高低,选择合适的挡级。在微调顺时针旋足(校正位置)时,由开关所在位置示值和波形在轴向上的距离读出被测量信号的时间参数。如果要观察波形的细节,可以进行水平拓展(×10),此时原波形在水平方向扩大 10 倍。

②触发方式的选择。常态(NORM):当被测信号频率低于 20 Hz 时采用这一方式。自动(AUTO):被测信号频率高于 20 Hz 时采用,这一方式最常用。电视场(TV):对电视信号进行同步,在这种方式下,被测量信号是同步信号为负极的电视信号;如果是正极性,则可以由 CH2 输入,借助 Y_2 反相把正极性转变为负极性后再测量。峰值自动(P-PAUTO):这种方式同自动方式,它一般适用于正弦波、对称方波或占空比相差不大的脉冲波,但与自动和常态方式相比,灵敏度要低。

③极性的选择(SLOPE)。用于选择被测量信号的上升沿或下降沿去触发扫描。

④电平的设置(LEVER)。用于调节被测量信号在某一个合适的电平上启动扫描。

(7)示波器的地端与被测信号的地端接在一起,以免干扰。"X 轴输入"与"Y 轴输入"的地端是连接在一起的,在同时使用 X、Y 输入时,注意不要把两个信号短路。

第二节 GOS-620 型示波器的使用

一、GOS-620 型示波器面板说明

GOS-620 型示波器前面板示意图如图 3-4 所示,前面板按键或旋钮的功能如表 3-1 所示。

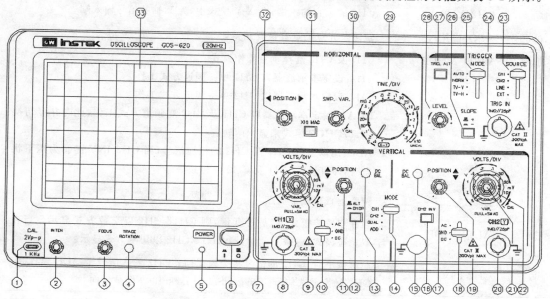

图 3-4 GOS-620 型示波器前面板示意图

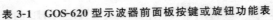

表 3-1   GOS-620 型示波器前面板按键或旋钮功能表

CRT 显示屏:

序号	名称	功能
②	INTEN	轨迹及光点亮度控制钮
③	FOCUS	轨迹聚焦调整钮
④	TRACE ROTATION	使水平轨迹与刻度线成平行的调整钮
⑥	POWER	电源主开关,压下此钮可接通电源,电源指示灯⑤会发亮;再按一次,开关凸起时,则切断电源
㉝	FILTER	滤光镜片,可使波形易于观察

VERTICAL 垂直偏向:

序号	名称	功能
⑦㉒	VOLTS/DIV	垂直衰减选钮,选择 CH1 及 CH2 的输入信号衰减幅度,5 mV/DIV～5 V/DIV,共 10 挡
⑩⑱	AC-GND-DC	输入信号耦合选择按键组
		AC:垂直输入信号电容耦合,截止直流或极低频信号输入
		GND:按下此键则隔离信号输入,并将垂直衰减器输入端接地
		DC:垂直输入信号直流耦合,AC 与 DC 信号一齐输入放大器
⑧	CH1(X)输入	CH1 的垂直输入端;在 $X\text{-}Y$ 模式中,为 X 轴的信号输入端
⑨㉑	VARIABLE	灵敏度微调控制,至少可调到显示值的 1/2.5。在 CAL 位置时,灵敏度即为挡位显示值。当此旋钮拉出时($\times$5MAG 状态),垂直放大器灵敏度增加 5 倍
⑳	CH2(Y)输入	CH2 的垂直输入端;在 $X\text{-}Y$ 模式中,为 Y 轴的信号输入端
⑪⑲	⬍POSITION	轨迹及光点的垂直位置调整钮
⑭	VERT MODE	CH1 及 CH2 选择垂直操作模式
		CH1:设定本示波器以 CH1 单一频道方式工作
		CH2:设定本示波器以 CH2 单一频道方式工作
		DUAL:设定本示波器以 CH1 及 CH2 双频道方式工作,此时并可切换 ALT/CHOP 模式来显示两轨迹
		ADD:用以显示 CH1 及 CH2 的相加信号;当 CH2 INV 键⑯为压下状态时,即可显示 CH1 及 CH2 的相减信号
⑬⑰	DC BAL.	调整垂直直流平衡点
⑫	ALT/CHOP	当在双轨迹模式下,放开此键,则 CH1&CH2 以交替方式显示。当在双轨迹模式下,按下此键,则 CH1&CH2 以切割方式显示
⑯	CH2 INV	此键按下时,CH2 的信号将会被反向。CH2 输入信号于 ADD 模式时,CH2 触发截选信号(Trigger Signal Pickoff)亦会被反向

TRIGGER 触发:

序号	名称	功能
㉖	SLOPE	触发斜率选择键
		＋凸起时为正斜率触发,当信号正向通过触发准位时进行触发
		一压下时为负斜率触发,当信号负向通过触发准位时进行触发
㉕	EXT TRIG. IN	TRIG. IN 输入端子,可输入外部触发信号。欲用此端子时,需先将 SOURCE 选择器㉓置于 EXT 位置
㉗	TRIG. ALT	触发源交替设定键,当 VERT MODE 选择器⑭在 DUAL 或 ADD 位置,且 SOURCE 选择器㉓置于 CH1 或 CH2 位置时,按下此键,本仪器即会自动设定 CH1 与 CH2 的输入信号以交替方式轮流作为内部触发信号源
㉓	SOURCE	内部触发源信号及外部 EXT TRIG. IN 输入信号选择器
		CH1:当 VERT MODE 选择器⑭在 DUAL 或 ADD 位置时,以 CH1 输入端的信号作为内部触发源
		CH2:当 VERT MODE 选择器⑭在 DUAL 或 ADD 位置时,以 CH2 输入端的信号作为内部触发源
		LINE:将 AC 电源线频率作为触发信号
		EXT:将 TRIG. IN 端子输入的信号作为外部触发信号源
㉕	TRIGGER MODE	触发模式选择开关
		AUTO:当没有触发信号或触发信号的频率小于 25 Hz 时,扫描会自动产生
		NORM:当没有触发信号时,扫描将处于预备状态,屏幕上不会显示任何轨迹。本功能主要用于观察≤25 Hz 的信号
		TV-V:用于观测电视信号之垂直画面信号
		TV-H:用于观测电视信号之水平画面信号
㉘	LEVEL	触发准位调整钮,旋转此钮以同步波形,并设定该波形的起始点。将旋钮向"＋"方向旋转,触发准位会向上移;将旋钮向"－"方向旋转,则触发准位向下移

水平偏向:

序号	名称	功能
㉙	TIME/DIV	扫描时间钮,扫描范围从 0.2～0.5 μs/DIV 共 20 个挡位。X-Y:设定为 X-Y 模式
㉚	SWP. VAR	扫描时间的可变控制旋钮,若按下 SWP. UNCAL 键⑲,并旋转此控制钮,扫描时间可延长至少为指示数值的 2.5 倍;该键若未压下时,则指示数值将被校准
㉛	×10 MAG	水平放大键,按下此键可将扫描放大 10 倍
㉜	◀ POSITION ▶	轨迹及光点的水平位置调整钮

其他功能：

序号	名称	功能
①	CAL(2 V$_{p-p}$)	此端子会输出一个 2 V$_{p-p}$,1 kHz 的方波,用以校正测试棒及检查垂直偏向的灵敏度
⑮	GND	示波器接地端子

二、基本测量方法

1. 单一频道基本操作法

本节以 CH1 为范例,介绍单一频道的基本操作法。CH2 单频道的操作程序是相同的,仅需注意要改为设定 CH2 栏的旋钮及按键组。通电前,请依照表 3-2 设定各旋钮及按键。

表 3-2　通电前各旋钮及按键的设置

项目	序号	设定
POWER	⑥	OFF 状态
INTEN	②	中央位置
FOCUS	③	中央位置
VERT MODE	⑭	CH1
ALT/CHOP	⑫	凸起(ALT)
CH2 INV	⑯	凸起
POSITION ⬍	⑪⑲	中央位置
VOLTS/DIV	⑦㉒	0.5 V/DIV
VARIABLE	⑨㉑	顺时针转到底 CAL 位置
AC-GND-DC	⑩⑱	GND
SOURCE	㉓	CH1
SLOPE	㉖	凸起(+斜率)
TRIG. ALT	㉗	凸起
TRIGGER MODE	㉕	AUTO
TIME/DIV	㉙	0.5 ms/DIV
SWP. VAR	㉚	顺时针到底 CAL 位置
◀ POSITION ▶	㉜	中央位置
×10 MAG	㉛	凸起

按照表 3-2 设定完成后,请插上电源插头,继续表 3-3 步骤。

表 3-3 通电后操作步骤

❶ 按下电源开关⑥,并确认电源指示灯⑤亮起。约 20 秒后 CRT 显示屏上应会出现一条轨迹,若在 60 秒之后仍未有轨迹出现,请检查上列各项设定是否正确

❷ 转动 INTEN②及 FOCUS③钮,以调整出适当的轨迹亮度及聚焦

❸ 调 CH1 POSITION 钮⑪及 TRACE ROTATION④,使轨迹与中央水平刻度线平行

❹ 将探棒连接至 CH1 输入端⑧,并将探棒接上 2 V_{pp} 校准信号端子①

❺ 将 AC-GND-DC⑩置于 AC 位置,此时,CRT 上会显示如图 3-5 的波形

❻ 调整 FOCUS③钮,使轨迹更清晰

❼ 欲观察细微部分,可调整 VOLTS/DIV⑦及 TIME/DIV㉙钮,以显示更清晰的波形

❽ 调整 ⬍POSITION⑪及 ◀ POSITION ▶㉜钮,以使波形与刻度线齐平,并使电压值(V_{pp})及周期(T)易于读取

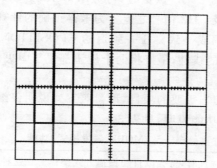

图 3-5 单一频道操作轨迹

2. 双频道操作法

双频道操作法可按照表 3-4 步骤操作。

表 3-4 双频道操作步骤

❶ 将 VERT MODE⑭置于 DUAL 位置。此时,显示屏上应有两条扫描线,CH1 的轨迹为校准信号的方波;CH2 则因尚未连接信号,轨迹呈一条直线

❷ 将探棒连接至 CH2 输入端⑳,并将探棒接上 2 V_{pp} 校准信号端子①

❸ 按下 AC-GND-DC 置于 AC 位置,调⬍POSITION 钮⑪⑲,以使两条轨迹如图 3-6 般显示

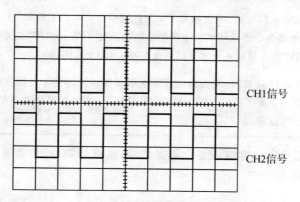

图 3-6 双频道操作轨迹

当 ALT/CHOP 放开时（ALT 模式），则 CH1＆CH2 的输入信号将以交替扫描方式轮流显示，一般使用于较快速的水平扫描文件位；当 ALT/CHOP 按下时（CHOP 模式），则 CH1＆CH2 的输入信号将以大约 250 kHz 斩切方式显示在屏幕上，一般使用于较慢速的水平扫描文件位。

在双轨迹（DUAL 或 ADD）模式中操作时，SOURCE 选择器㉓必须拨向 CH1 或 CH2 位置，选择其一作为触发源。若 CH1 及 CH2 的信号同步，二者的波形皆会是稳定的；若不同步，则仅有选择器所设定之触发源的波形会稳定，此时，若按下 TRIG. ALT 键㉗，则两种波形皆会同步稳定显示。

注意：请勿在 CHOP 模式时按下 TRIG. ALT 键，因为 TRIG. ALT 功能仅适用于 ALT 模式。

3. ADD 之操作

将 MODE 选择器⑭置于 ADD 位置时，可显示 CH1 及 CH2 信号相加之和；按下 CH2 INV 键⑯，则会显示 CH1 及 CH2 信号之差。为求得正确的计算结果，事前请先以 VAR. 钮⑨㉑将两个频道的精确度调成一致。任一频道的 ⬍POSITION 钮皆可调整波形的垂直位置，但为了维持垂直放大器的线性，最好将两个旋钮都置于中央位置。

4. 触发

触发是操作示波器时相当重要的项目，请参照下列说明仔细进行。

（1）MODE（触发模式）功能说明，见表 3-5。

表 3-5　MODE（触发模式）功能

AUTO	当设定于 AUTO 位置时，将会以自动扫描方式操作。在这种模式之下即使没有输入触发信号，扫描产生器仍会自动产生扫描线；若有输入触发信号时，则会自动进入触发扫描方式工作。一般而言，当在初次设定面板时，AUTO 模式可以轻易得到扫描线，直到其他控制旋钮设定在适当位置，一旦设定完后，时常将其再切回 NORM 模式，因为此种模式可以得到更好的灵敏度。AUTO 模式一般在直流测量以及信号振幅非常低，低到无法触发扫描的情况下使用
NORM	当设定于 NORM 位置时，将会以正常扫描方式操作，扫描线一般维持在待备状况，直到输入触发信号借由调整 TRIG LEVEL 控制钮越过触发准位时，将会产生一次扫描线。假如没有输入触发信号，将不会产生任何扫描线。在双轨迹操作时，若同时设定 TRIG. ALT 及 NORM 扫描模式，除非 CH1 及 CH2 均被触发，否则不会有扫描线产生
TV-V	当设定于 TV-V 位置时，将会触发 TV 垂直同步脉波以便于观测 TV 垂直图场（field）或图框（frame）的电视复合影像信号。水平扫描时间设定于 2 ms/DIV 时适合观测影像图场信号，而 5 ms/DIV 适合观测一个完整的影像图框（两个交叉图场）
TV-H	当设定于 TV-H 位置时，将会触发 TV 水平同步脉波以便于观测 TV 水平线（lines）的电视复合影像信号。水平扫描时间一般设定于 10 μs/DIV，并可转动 SWP. VAR 控制钮来显示更多的水平线波形

本示波器仅适用于负极性电视复合影像信号，也就是说，同步脉波位于负端而影像信号位于正端，如图 3-7 所示。

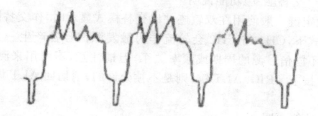

图 3-7 负极性电视复合信号

（2）SOURCE 触发源功能说明，见表 3-6。

表 3-6 SOURCE 触发源功能

CH1	CH1 内部触发
CH2	CH2 内部触发。加入垂直输入端的信号，自前置放大器中分离出来之后，透过 SOURCE 选择 CH1 或 CH2 作为内部触发信号。因为触发信号是自动调整过的，所以 CRT 上会显示稳定触发的波形
LINE	自交流电源中拾取触发信号，此种触发源适合用于观察与电源频率有关的波形，尤其在测量音频设备与门流体等低准位 AC 噪声方面，特别有效
EXT	外部信号加入外部触发输入端以产生扫描，所使用的信号应与被测量的信号有周期上的关系。因为被测量的信号若不作为触发信号，那么此法将可以捕捉到想要的波形

（3）TRIG LEVEL（触发准位）及 SLOPE（斜率）功能说明

TRIG LEVEL 旋钮可用来调整触发准位以显示稳定的波形。当触发信号通过所设定的触发准位时，便会触发扫描，并在屏幕上显示波形。将旋钮向"＋"方向旋转，触发准位会向上移动；将旋钮向"－"方向旋转，触发准位会向下移动；当旋钮转至中央时，则触发准位大约设定在中间值。调整 TRIG LEVEL 可以设定波形中任何一点作为扫描线的起始点，以正弦波为例，可以调整起始点来改变显示波形的相位。但请注意，假如转动 TRIG LEVEL 旋钮超出＋或－设定值，在 NORM 触发模式下将不会有扫描线出现，因为触发准位已经超出同步信号的峰值电压。

当 TRIG SLOPE 开关设定在"＋"位置，则扫描线的产生将发生在触发同步信号之正斜率方向通过触发准位时；若设定在"－"位置，则扫描线的产生将发生在触发同步信号之负斜率方向通过触发准位时。如图 3-8 所示。

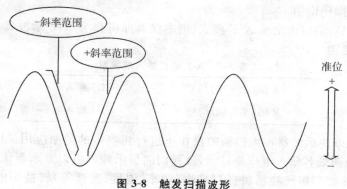

图 3-8 触发扫描波形

(4) TRIG. ALT(交替触发)功能说明

TRIG. ALT 设定键一般使用在双轨迹并以交替模式显示时,作交替同步触发来产生稳定的波形。在此模式下,CH1 与 CH2 会轮流作为触发源信号各产生一次扫描。此项功能非常适合用来比较不同信号源的周期或频率关系,但请注意,不可用来测量相位或时间差。当在 CHOP 模式时按下 TRIG. ALT 键,则是不被允许的,请切回 ALT 模式或选择 CH1 与 CH2 作为触发源。

5. TIME/DIV 功能说明

此旋钮可用来控制所要显示波形的周期数,假如所显示的波形太过于密集时,则可将此旋钮转至较快速的扫描文件位;假如所显示的波形太过于扩张,或当输入脉波信号时可能呈现一直线,则可将此旋钮转至低速挡,以显示完整的周期波形。

6. 扫描放大

若欲将波形的某一部分放大,则要使用较快的扫描速度,然而,如果放大的部分包含了扫描的起始点,那么该部分将会超出显示屏。在这种情况下,必须按下×10MAG 键,即可以屏幕中央作为放大中心,将波形向左右放大十倍。如图3-9所示。

放大时的扫描时间为:(TIME/DIV 所显示之值)×1/10。

因此,未放大时的最高扫描速度 1 μs/DIV 在放大后,可增加为 100 ns/DIV。

计算方式:1 μs/DIV×1/10＝100 ns/DIV。

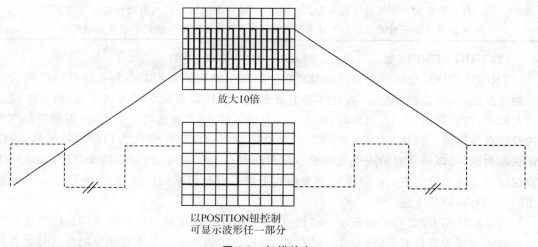

放大10倍

以POSITION钮控制
可显示波形任一部分

图 3-9　扫描放大

7. X-Y 模式操作说明

将 TIME/DIV 旋钮设定至 X-Y 模式,则本仪器即可作为 X-Y 示波器。其输入端关系见表3-7。波形见图3-10。

表 3-7　X-Y 模式输入端关系

X 轴(水平轴)信号	CH1 输入端
Y 轴(垂直轴)信号	CH2 输入端

X-Y 模式可以使示波器在无扫描的操作下进行相当多的量测应用。以 X 轴(水平轴)与 Y 轴(垂直轴)两端各输入电压来显示,就如同向量示波器可以显示影像彩色条状图形一般。当然,假如能够利用转换器将任何特性(频率、温度、速度等)转换为电压信号,那么在

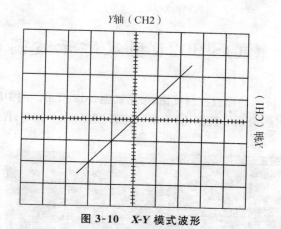

图 3-10 X-Y 模式波形

X-Y 模式之下几乎可以作任何动态特性区线图形,但请注意,当应用于频率响应量测时,Y 轴必须为信号峰值大小,而 X 轴必须为频率轴。其一般设定调整如下:

(1)设定 TIME/DIV 旋钮至 X-Y 位置(逆时钟方向至底),CH1 为 X 轴输入端,CH2 为 Y 轴输入端。

(2)X 及 Y 之位置可调整水平 ◀▶POSITION 及 CH2 ⬍POSITION 旋钮。

(3)垂直(Y 轴)偏向感度可调整 CH2 VOLT/DIV 及 VAR 旋钮。

(4)水平(X 轴)偏向感度可调整 CH1 VOLT/DIV 及 VAR 旋钮。

8. 探棒校正

探棒可进行极大范围的衰减,因此,若没有适当的相位补偿,所显示的波形可能会失真而造成量测错误。因此,在使用探棒之前,请参阅图 3-11,并依照下列步骤做好补偿:

(1)将探棒的 BNC 连接至示波器上 CH1 或 CH2 的输入端(探棒上的开关置于×10 位置)。

(2)将 VOLTS/DIV 钮转至 50 mV 位置。

(3)将探棒连接至校正电压输出端 CAL。

(4)调整探棒上的补偿螺丝,直到 CRT 出现最佳、最平坦的方波为止。

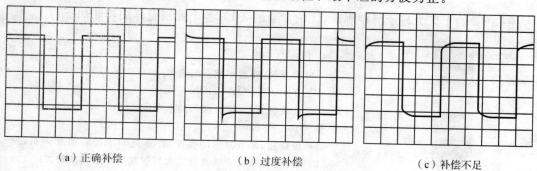

（a）正确补偿　　　　　　　（b）过度补偿　　　　　　　（c）补偿不足

图 3-11 相位补偿

9. DC BAL 的调整

垂直轴衰减直流平衡的调整十分容易,其步骤如下:

(1)设定 CH1 及 CH2 之输入耦合开关至 GND 位置,然后设定 TRIG MODE 置于 AUTO,利用 ◀▶POSITION 将时基线位置调整到 CRT 中央。

(2)重复转动 VOLT/DIV 5~10 mV/DIV,并调整 DC BAL 直到时基线不再移动为止。

第三节　GOS-6021 型双踪示波器的使用

GOS-6021 型双踪示波器的面板控制旋钮、按钮如图 3-12 所示。图中所标出的Ⅰ、Ⅱ、Ⅲ、Ⅳ区为示波器的常用功能区。Ⅰ区:显示屏控制;Ⅱ区:垂直控制;Ⅲ区:水平控制;Ⅳ区:波形测量。

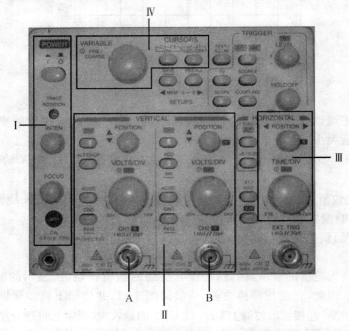

图 3-12　GOS-6021 型模拟示波器控制面板图

一、显示屏控制

图 3-12 的Ⅰ区为显示屏控制区,详细参看图 3-13,各个控制键详细功能如下:

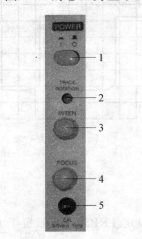

图 3-13　显示屏控制

标号 1:POWER

　　电源开关,接通示波器的电源

标号 2:TRACE ROTATION

　　光迹旋转螺丝,调节波形的水平度

标号 3:INTEN(intensity)

　　辉度旋扭,调节波形的亮度,注意此时不能将波形调得过亮,以免造成视觉疲劳以及波形太粗引起的测量误差较大

标号 4:FOCUS

　　聚焦旋扭,调节波形的清晰度

标号 5:CAL(calibrate)

　　校准信号输出端,此端子输出一个峰峰值为 0.5 V、频率为 1 kHz 的方波信号,可以给探头使用,用于校准探头

二、垂直控制

图 3-12 的 II 区为垂直控制区，其下方的按钮及旋钮用于控制示波器在垂直方向上的参数，详细参看图 3-14，各个控制键详细功能如下：

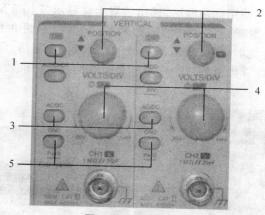

图 3-14 垂直控制

1. 标号 1：CH1/CH2

信号通道开关，可关闭其中任意一个通道，关闭后该指示灯灭，且对应的波形消失。

2. 标号 2：POSITION

垂直波形定位，可调节波形在垂直方向的位置。

3. 标号 3：AC/DC

通道 1 和通道 2 的交流（"～"符号）或直流（"＝"符号）输入耦合键，若示波器用于测量交流信号，请选择"～"；若示波器用于测量直流信号，则要选择"＝"。可从显示器下方的读出装置上看出示波器处于何种耦合状态。

4. 标号 4：VOLTS/DIV

伏/格，表示显示器上垂直方向每一格代表的电压值，具体值可从显示器下方的读出装置上读出，可用于调节波形幅值的放大倍数，以便使波形以合适的比例显示于荧光屏上。通过数出波形从波峰到波谷所占用的格数，即可得出该波形的峰峰值，如图 3-15，由读出装置可得垂直方向一格为 0.5 V，而正弦波的波峰波谷占用了 4 格，因而其峰峰值为 2 V。

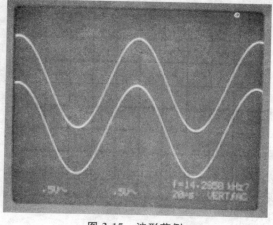

图 3-15 波形范例

5. 标号 5：GND(ground)、P10

(1)短按该按钮,接地,使用此功能后,交流/直流耦合的符号"～"/"＝"将会变成"⊥",示波器上的波形变成一条直线,即直流地电位的波形;再短按此按钮,直线恢复成原来的波形。

(2)长按该按钮,将垂直方向每一格代表的电压值乘以 10,若使用此功能前,读出装置上显示"0.5 V～",那么在使用此功能后,读出装置上将显示"P10 5 V～"。此功能需配合探头使用,在探头上有一个滑动键,分为"×1"挡和"×10"挡,如图 3-16 所示,选择"×10"挡时,才可使用 P10 功能。此时,探头将所测信号的幅值衰减 10 倍,而 P10 功能将所测信号的幅值放大 10 倍,这样计算出来的波形幅值才是正确的。此功能适用于幅值较大容易超过显示屏范围的波形。

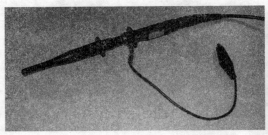

图 3-16　示波器探头及其滑动键

三、水平控制

图 3-12 的 Ⅲ 区为水平控制区,其下方的按钮及旋钮用于控制示波器在水平方向上的参数,详细参看图 3-17,各个控制键详细功能如下:

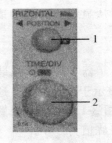

图 3-17　水平控制

标号 1：POSITION

　　水平波形定位,可调节波形在水平方向的位置

标号 2：TIME/DIV

　　秒/格,表示荧光屏上水平方向每一格代表的时间,具体值可从显示器下方的读出装置上读出,可用于调节显示器上显示波形周期的个数,一般调出 1～2 个周期即可。通过数出每个周期占用的格数,即可得出该波形的周期。例如,由读出装置可得水平方向一格为 20 μs,而正弦波的一个周期占用了五格,因而其周期为 0.1 ms,频率为 10 kHz

四、波形测量

图 3-12 的 Ⅳ 区为波形测量区,详细参看图 3-18,各个控制键详细功能如下:

图 3-18　波形测量

1. 标号 1：ΔV-ΔT-1/ΔT-OFF

选择测量功能,使用此按钮可开启或关闭测量功能,可测量的参数有波形的峰峰值、周期以及频率;该按钮为循环功能按钮,可反复按它来选择需要的功能。

2. 标号 2：C1-C2-TRK

选择光标,水平光标的左侧或竖直光标的上方有三角形符号,该符号所在的光标即选中。该按钮是循环功能按钮,可反复按它来选择其中任意一个光标或两个同时被选中。

3. 标号3:VARIABLE

移动光标,旋转它可改变光标在屏幕中的位置,该旋钮同时也是按钮,按一下再旋转即可在微调和粗调(FINE/COARSE)间切换。

测量原理:示波器自动计算两个水平光标间的电压差或两个竖直光标间的时间差。

测量方法:将两个光标分别与波形的波峰波谷相切,可得到波形的峰峰值,从显示器左上方读出。

将两个光标夹住一个周期的波形(即相邻的两个波峰或波谷),可测量其周期或频率,从显示器左上方读出。

五、波形走动

若示波器上的波形不稳定,即"走动"时,可调节示波器面板右上角的"LEVEL"旋钮,如图3-19所示。

图3-19 "LEVEL"旋钮

第四节 CA8020型双踪示波器的使用

CA8020型示波器为便携式双通道示波器。本机垂直系统具有0～20 MHz频带宽度和5 mV/DIV～5 V/DIV的偏转灵敏度,配以10∶1探极,灵敏度可达5 V/DIV。本机在全频带范围内可获得稳定触发,触发方式设有常态、自动、TV和峰值自动,尤其峰值自动给使用带来了极大的方便。内触设置了交替触发,可以稳定地显示两个频率不相关的信号。本机水平系统具有0.5 s/DIV～0.2 μs/DIV的扫描速度,并设有扩展×10,可将最快扫速度提高到20 ns/DIV。

一、面板控制件介绍

CA8020面板图如图3-20所示。各按钮功能见表3-8。

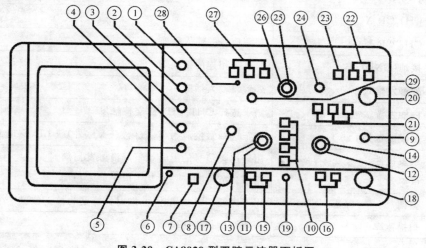

图3-20 CA8020型双踪示波器面板图

表 3-8　CA8020 型双踪示波器按钮功能

序号	控制件名称	功　能
①	亮度	调节光迹的亮度
②	辅助聚焦	与聚焦配合,调节光迹的清晰度
③	聚焦	调节光迹的清晰度
④	迹线旋转	调节光迹与水平刻度线平行
⑤	校正信号	提供幅度为 0.5 V,频率为 1 kHz 的方波信号,用于校正 10：1 探极的补偿电容器,检测示波器垂直与水平的偏转因数
⑥	电源指示	电源接通时,灯亮
⑦	电源开关	电源接通或关闭
⑧	CH1 移位 PULL CH1－X,CH2－Y	调节通道 1 光迹在屏幕上的垂直位置,用作 X-Y 显示
⑨	CH2 移位 PULL INVERT	调节通道 2 光迹在屏幕上的垂直位置,在 ADD 方式时使 CH1+CH2 或 CH1－CH2
⑩	垂直方式	CH1 或 CH2:通道 1 或通道 2 单独显示 ALT:两个通道交替显示 CHOP:两个通道断续显示,用于扫速较慢时的双踪显示 ADD:用于两个通道的代数和或差
⑪	垂直衰减器	调节垂直偏转灵敏度
⑫	垂直衰减器	调节垂直偏转灵敏度
⑬	微调	用于连续调节垂直偏转灵敏度,顺时针旋足为校正位置
⑭	微调	用于连续调节垂直偏转灵敏度,顺时针旋足为校正位置
⑮	耦合方式 (AC-DC-GND)	用于选择被测信号馈入垂直通道的耦合方式
⑯	耦合方式 (AC-DC-GND)	用于选择被测信号馈入垂直通道的耦合方式
⑰	CH1 OR X	被测信号的输入插座
⑱	CH2 OR Y	被测信号的输入插座
⑲	接地(GND)	与机壳相连的接地端
⑳	外触发输入	外触发输入插座
㉑	内触发源	用于选择 CH1、CH2 或交替触发
㉒	触发源选择	用于选择触发源为 INT(内)、EXT(外)或 LINE(电源)
㉓	触发极性	用于选择信号的上升或下降沿触发扫描
㉔	电平	用于调节被测信号在某一电平触发扫描
㉕	微调	用于连续调节扫描速度,顺时针旋足为校正位置
㉖	扫描速率	用于调节扫描速度

续表

序号	控制件名称	功　　能
㉗	触发方式	常态(NORM)：无信号时，屏幕上无显示；有信号时，与电平控制配合显示稳定波形 自动(AUTO)：无信号时，屏幕上显示光迹；有信号时，与电平控制配合显示稳定波形 电视场(TV)：用于显示电视场信号 峰值自动(P-P AUTO)：无信号时，屏幕上显示光迹；有信号时，无须调节电平即能获得稳定波形显示
㉘	触发指示	在触发扫描时，指示灯亮
㉙	水平移位 PULL×10	调节迹线在屏幕上的水平位置，拉出时扫描速度被扩展 10 倍

二、测量电参数

1. 电压的测量

示波器的电压测量实际上是对所显示波形的幅度进行测量，测量时应使被测波形稳定地显示在荧光屏中央，幅度一般不宜超过 6 DIV，以避免非线性失真造成的测量误差。

(1)交流电压的测量

①将信号输入至 CH1 或 CH2 插座，将垂直方式置于被选用的通道。

②将 Y 轴"灵敏度微调"旋钮置校准位置，调整示波器有关控制件，使荧光屏上显示稳定、易观察的波形，则交流电压幅值

$$V_{\mathrm{P-P}}=垂直方向格数(DIV)×垂直偏转因数(V/DIV)$$

(2)直流电平的测量

①设置面板控制件，使屏幕显示扫描基线。

②设置被选用通道的输入耦合方式为"GND"。

③调节垂直移位，将扫描基线调至合适位置，作为零电平基准线。

④将"灵敏度微调"旋钮置校准位置，输入耦合方式置"DC"，被测电平由相应 Y 输入端输入，这时扫描基线将偏移，读出扫描基线在垂直方向偏移的格数(DIV)，则被测电平

$$V=垂直方向偏移格数(DIV)×垂直偏转因数(V/DIV)×偏转方向(＋或－)$$

式中，基线向上偏移取正号，基线向下偏移取负号。

2. 时间测量

时间测量是指对脉冲波形的宽度、周期、边沿时间及两个信号波形间的时间间隔(相位差)等参数的测量。一般要求被测部分在荧光屏 X 轴方向应占 4～6 DIV。

(1)时间间隔的测量

对于一个波形中两点间的时间间隔的测量，测量时先将"扫描微调"旋钮置校准位置，调整示波器有关控制件，使荧光屏上波形在 X 轴方向大小适中，读出波形中需测量两点间水平方向格数，则：

$$时间间隔=两点之间水平方向格数(DIV)×扫描时间因数(t/DIV)$$

(2)脉冲边沿时间的测量

上升(或下降)时间的测量方法和时间间隔的测量方法一样,只不过是测量被测波形满幅度的 10% 和 90% 两点之间的水平方向距离,如图 3-21 所示。

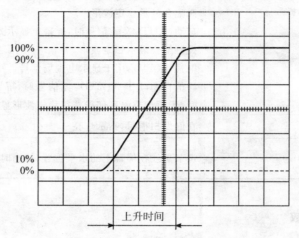

图 3-21　上升时间的测量

用示波器观察脉冲波形的上升边沿、下降边沿时,必须合理选择示波器的触发极性(用触发极性开关控制)。显示波形的上升边沿用"＋"极性触发,显示波形下降边沿用"－"极性触发。如波形的上升沿或下降沿较快则可将水平扩展×10,使波形在水平方向上扩展 10 倍,则上升(或下降)时间:

$$上升(或下降)时间=\frac{水平方向格数(DIV)\times 扫描时间因数(t/DIV)}{水平扩展倍数}$$

3. 相位差的测量

(1)参考信号和一个待比较信号分别馈入"CH1"和"CH2"输入插座。

(2)根据信号频率,将垂直方式置于"交替"或"断续"。

(3)设置内触发源至参考信号那个通道。

(4)将 CH1 和 CH2 输入耦合方式置"地",调节 CH1、CH2 移位旋钮,使两条扫描基线重合。

(5)将 CH1、CH2 耦合方式开关置"AC",调整有关控制件,使荧光屏显示大小适中、便于观察两路信号,如图 3-22 所示。读出两波形水平方向差距格数 D 及信号周期所占格数 T,则相位差:

$$\theta=\frac{D}{T}\times 360°$$

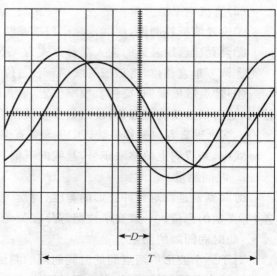

图 3-22　相位差的测量

第五节　YB4320A 型示波器面板说明

　　YB4320A 型示波器为双踪(线)示波器,图 3-23 所示为该示波器前面板的按键,表 3-9 列出了各个按键和旋钮的作用。

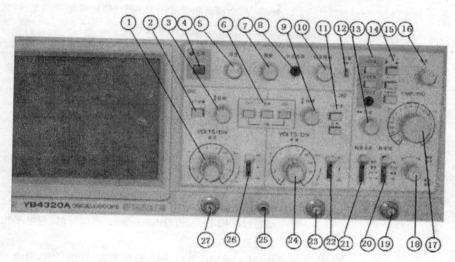

图 3-23　YB4320A 型示波器前面板

表 3-9　YB4320A 型示波器前面板按键或旋钮的功能

序号	名称	功能
①	垂直衰减器(粗调) (VOLTS/DIV) 微调(VAR)	调节垂直偏转灵敏度;用于连续调节垂直偏转灵敏度,顺时针旋足为校正位置
②	×5	垂直方向上幅度×5
③	CH1 位移(POSITION)	调节通道 1 光迹在屏幕上的垂直位置
④	电源开关(POWER)	接通或关断电源
⑤	灰度(INTER)	调节光迹的亮度
⑥	垂直方式 (VERT MODE)	CH1 或 CH2:通道 1 或 2 单独显示 交替:两个通道交替显示
⑦	聚焦(FOCUS)	调节光迹的清晰度
⑧	迹线旋转(ROTATION)	调节光迹与水平刻度线平行
⑨	CH2 位移(POSITION)	调节通道 2 光迹在屏幕上的垂直位置
⑩	刻度照明	照亮屏幕中坐标尺
⑪	×5 Y2 反相(CH2 INVERT)	垂直方向上幅度×5 在 ADD 方式下得到 CH1−CH2 或 CH1＋CH2

续表

序号	名称	功能
⑫	校正信号(CAL)	提供幅度为 0.5 V、频率为 1 kHz 的用于校正 IO 的方波信号
⑬	水平位移(POSITION)	调节光迹在屏幕上的水平位置
⑭	×5 垂直方式 (VERT MODE)	接入时扫描速率被扩展为 5 倍 断续:两个通道断续显示,用于扫描慢时的双踪显示 X-Y:两个通道的代数和或差
⑮	触发极性(SLOP)	用于选择信号的上升沿或下降沿触发扫描
⑯	微调(VARIABLE)	用于连续调节扫描速度,顺时针旋足为校正位置
⑰	扫描速率(SEC/DIV)	用于调节扫描速度,顺时针旋足为 X-Y
⑱	电平(LEVER)	用于调节被测信号在某一电平触发扫描
⑲	外触发输入 (EXT. INPUT)	外触发输入插座
⑳	触发源选择 (TRIG SOURCE)	用于选择触发源:INT(内)和 EXT(外)
㉑	触发方式 (TRIG MODE)	常态(NORM):无信号时,无显示;有信号时,与电平控制配合显示稳定波形 自动(AUTO):无信号时,显示光迹;有信号时,与电平控制配合显示稳定波形 电视场(TV-V,TV-H):用于显示电视场信号 峰值自动(P-P AUTO):无信号时,屏幕显示光迹;有信号时,无须与电平配合即能够获得稳定波形显示
㉒	耦合方式 (AC-DC-GND)	用于选择被测信号馈入垂直通道的耦合方式
㉓	CH1 OR Y	被测信号的输入插座
㉔	垂直衰减器(粗调) (VOLTS/DIV) 微调(VAR)	调节垂直偏转灵敏度;用于连续调节垂直偏转灵敏度,顺时针旋足为校正位置
㉕	GND	示波器公共地端
㉖	耦合方式 (AC-DC-GND)	用于选择被测信号馈入垂直通道的耦合方式
㉗	CH1 OR X	被测信号的输入插座

第四章　数字示波器

使用一款新型示波器时,首先需要了解示波器前操作面板,DS1000E、DS1000D 系列数字示波器也不例外。本附录对 DS1000E、DS1000D 系列的前面板的操作及功能做简单的描述和介绍,以便熟悉该系列示波器的使用。

DS1000E、DS1000D 系列面板上包括旋钮和功能按键。旋钮的功能与其他示波器类似。显示屏右侧的一列 5 个灰色按键为菜单操作键(自上而下定义为 1 号至 5 号)。通过它们,可以设置当前菜单的不同选项;其他按键为功能键,通过它们,可以进入不同的功能菜单或直接获得特定的功能应用。DS1000E、DS1000D 系列前面板、操作说明及显示的界面分别如图 4-1、图 4-2、图 4-3 所示。

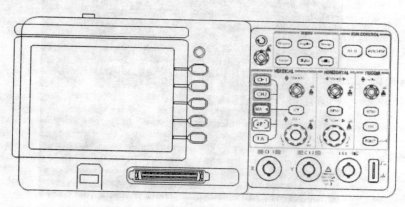

图 4-1　DS1000E、DS1000D 系列面板图

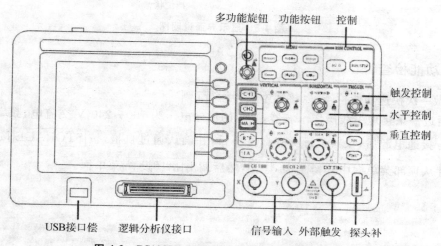

图 4-2　DS1000E、DS1000D 系列面板操作说明图

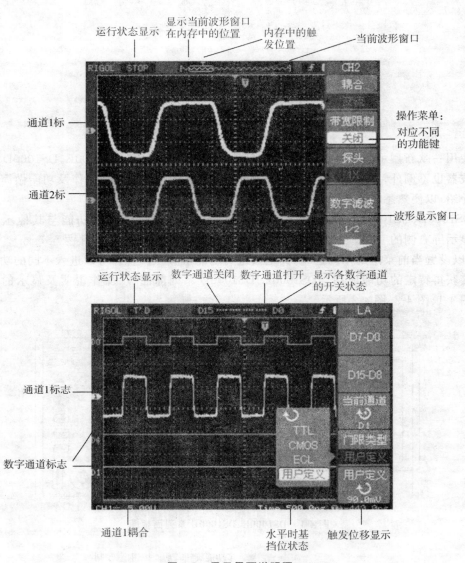

图 4-3　显示界面说明图

一、功能检查

1. 做一次快速功能检查,以核实本仪器运行正常

可通过一条接地主线操作示波器,电线的供电电压为 $100\sim240$ V 交流电,频率为 $45\sim440$ Hz。接通电源后,仪器执行所有自检项目,并确认通过自检,按 STORAGE 按钮,用菜单操作键从顶部菜单框中选择 存储类型 ,然后调出 出厂设置 菜单框。

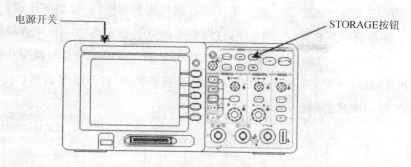

图 4-4 上电后检查

警告：为避免电击，请确认示波器已经正确接地。

2. 示波器接入信号

DS1000E 系列为双通道输入加一个外触发输入通道的数字示波器。

请按照如下步骤接入信号：

(1)用示波器探头将信号接入通道 1(CH1)：将探头上的开关设定为 10×，并将示波器探头与通道 1 连接。将探头连接器上的插槽对准 CH1 同轴电缆插接件(BNC)上的插口并插入，然后向右旋转以拧紧探头。

(2)示波器需要输入探头衰减系数。此衰减系数改变仪器的垂直挡位比例，从而使得测量结果正确反映被测信号的电平。默认的探头菜单衰减系数设定值为 1×。设置探头衰减系数的方法如下：按 CH1 功能键显示通道 1 的操作菜单，如图 4-5 所示，应用与探头项目平行的 3 号菜单操作键，选择与所使用的探头同比例的衰减系数。此时设定应为 10×。

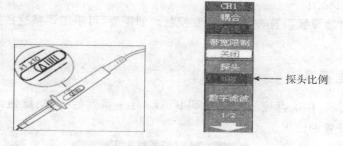

图 4-5 设定探头及菜单中的系数

(3)把探头端部和接地夹接到探头补偿器的连接器上，按 AUTO (自动设置)按钮，几秒钟内，可见到方波显示。

(4)以同样的方法检查通道 2(CH2)。按 OFF 功能按钮或再次按下 CH1 功能按钮以关闭通道 1，按 CH2 功能按钮以打开通道 2，重复步骤 2 和步骤 3。

注意：探头补偿连接器输出的信号仅作探头补偿调整之用，不可用于校准。

二、探头补偿

在首次将探头与任一输入通道连接时，进行此项调节，使探头与输入通道相配。未经补偿或补偿偏差的探头会导致测量误差或错误。若调整探头补偿，请按如下步骤：

1. 将探头菜单衰减系数设定为 $10\times$，将探头上的开关设定为 $10\times$，并将示波器探头与通道 1 连接。如使用探头钩形头，应确保与探头接触紧密。将探头端部与探头补偿器的信号输出连接器相连，基准导线夹与探头补偿器的地线连接器相连，打开通道 1，然后按 AUTO。

2. 检查所显示波形的形状，见图 4-6。

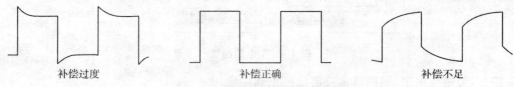

图 4-6　探头补偿调节波形图

3. 如有必要，可用非金属质地的改锥调整探头上的可变电容，直到屏幕显示如图 4-6 补偿正确的波形。

三、波形显示的自动设置

DS1000E、DS1000D 系列数字示波器具有自动设置的功能。根据输入的信号，可自动调整电压倍率、时基以及触发方式至最好形态显示。应用自动设置要求被测信号的频率大于或等于 50 Hz，占空比大于 1%。

使用自动设置：

1. 将被测信号连接到信号输入通道。

2. 按下 AUTO 按钮。

示波器将自动设置垂直、水平和触发控制。如需要，可手工调整这些控制使波形显示达到最佳。

四、了解垂直系统

如图 4-7 所示，在垂直控制区（VERTICAL）有一系列的按键、旋钮。下面的练习逐步引导熟悉垂直设置的使用。

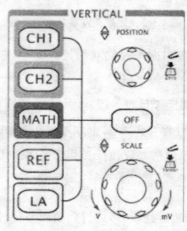

图 4-7　垂直控制系统

1. 使用垂直 POSITION 旋钮调整信号在波形窗口居中显示

垂直 POSITION 旋钮控制信号的垂直显示位置。当转动垂直 POSITION 旋钮时,指示通道地(GROUND)的标识跟随波形而上下移动。

2. 测量技巧

如果通道耦合方式为 DC ,可以通过观察波形与信号地之间的差距来快速测量信号的直流分量。如果耦合方式为 AC ,信号里面的直流分量被滤除。这种方式方便用更高的灵敏度显示信号的交流分量。旋动垂直 POSITION 旋钮不但可以改变通道的垂直显示位置,也可以通过按下该旋钮作为设置通道垂直显示位置恢复到零点的快捷键。

3. 改变垂直设置,并观察因此导致的状态信息变化

可以通过波形窗口下方的状态栏显示的信息,确定任何垂直挡位的变化。转动垂直 SCALE 旋钮即改变垂直挡位 Volt/div(伏/格),可以发现状态栏对应通道的挡位显示发生了相应的变化。按 CH1 、 CH2 、 MATH 、 REF 、 LA (仅 DS1000D 系列),屏幕显示对应通道的操作菜单、标志、波形和挡位状态信息。按 OFF 按键关闭当前选择的通道。可通过按下垂直 SCALE 旋钮作为设置输入通道的粗调/微调状态的快捷键,然后调节该旋钮即可粗调/微调垂直挡位。

4. 垂直位移和垂直挡位旋钮的应用

(1)垂直 POSITION 旋钮调整所有通道(包括数学运算, REF 和 LA)波形的垂直位置。这个控制钮的解析度根据垂直挡位而变化(适用于 DS1000D 系列,对数字通道,根据所选的波形显示大小而变化),按下此旋钮使选中通道的位移立即回零(适用于 DS1000D 系列,该功能不包括数字通道)。

(2)垂直 SCALE 旋钮调整所有通道(包括数学运算和 REF ,不包括 LA)波形的垂直分辨率。粗调是以 1-2-5 方式步进确定垂直挡位灵敏度,顺时针增大,逆时针减小。细调是在当前挡位进一步调节波形显示幅度,同样顺时针增大,逆时针减小。粗调、微调可通过按垂直 SCALE 旋钮切换。

(3)需要调整的通道(包括数学运算, LA 和 REF)只有处于选中的状态(见上节所述),垂直 POSITION 和垂直 SCALE 旋钮才能调节此通道。 REF (参考波形)的垂直挡位调整对应其存储位置的波形设置。

(4)调整通道波形的垂直位置时,屏幕在左下角显示垂直位置信息。例如:
POS:32.4 mV,显示的文字颜色与通道波形的颜色相同。

五、了解水平系统

如图 4-8 所示,在水平控制区(HORIZONTAL)有一个按键、两个旋钮。下面的练习逐渐引导熟悉水平时基的设置。

1. 使用水平 SCALE 旋钮改变水平挡位设置,并观察因此导致的状态信息变化

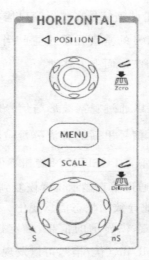

图 4-8　水平控制区

转动水平 $\boxed{\text{SCALE}}$ 旋钮即改变水平挡位 s/div(秒/格),可以发现状态栏对应通道的挡位显示发生了相应的变化。水平扫描速度从 2 ns 至 50 s,以 1-2-5 的形式步进。水平 $\boxed{\text{SCALE}}$ 旋钮不但可以通过转动改变水平挡位,也可以按下切换到延迟扫描状态。

注:示波器型号不同,其水平扫描速度也有差别。

2. 使用水平 $\boxed{\text{POSITION}}$ 旋钮调整信号在波形窗口的水平位置

水平 $\boxed{\text{POSITION}}$ 旋钮控制信号的触发位移。当应用于触发位移时,转动 $\boxed{\text{POSITION}}$ 旋钮时,可以观察到波形随旋钮而水平移动。按 $\boxed{\text{MENU}}$ 按钮,显示 TIME 菜单。在此菜单下,可以开启/关闭延迟扫描或切换 Y-T、X-Y 和 Roll 模式,还可以设置水平触发位移复位。

3. 触发点位移恢复到水平零点快捷键

水平 $\boxed{\text{POSITION}}$ 旋钮不但可以通过转动调整信号在波形窗口的水平位置,也可以按下该键使触发位移(或延迟扫描位移)恢复到水平零点处。

4. 水平控制旋钮

使用水平控制钮可改变水平刻度(时基)、触发在内存中的水平位置(触发位移)。屏幕水平方向上的中点是波形的时间参考点。改变水平刻度会导致波形相对屏幕中心扩张或收缩。水平位置改变波形相对于触发点的位置。

(1)水平 POSITION

调整通道波形(包括数学运算)的水平位置。这个控制钮的解析度依时基而变化,按下此旋钮使触发位置立即回到屏幕中心。

(2)水平 SCALE

调整主时基或延迟扫描(Delayed)时基,即秒/格(s/div)。当延迟扫描被打开时,将通过改变水平 $\boxed{\text{SCALE}}$ 旋钮改变延迟扫描时基而改变窗口宽度。

5. 水平设置标志说明

如图 4-9 所示。

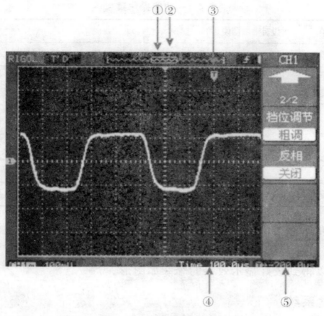

图 4-9 水平设置标志说明

标志说明：

①标志代表当前的波形视窗在内存中的位置。

②标识触发点在内存中的位置。

③标识触发点在当前波形视窗中的位置。

④水平时基（主时基）显示，即水平挡位秒/格（s/div）。

⑤触发位置相对于视窗中点的水平距离。

六、*X-Y* 方式

选择 *X-Y* 显示方式如图 4-10 所示。以后，水平轴上显示通道 1 电压，垂直轴上显示通道 2 电压。此方式只适用于通道 1 和通道 2，操作菜单如表 4-1 所示。

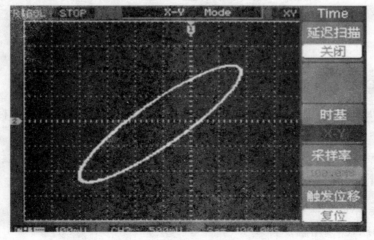

图 4-10 *X-Y* 显示方式

303

表 4-1　功能操作菜单

功能菜单	设定	说明
延迟扫描	打开	进入 Delayed 波形延迟扫描,关闭延迟扫描
时基	X-Y Roll	Y-T 方式显示垂直电压与水平时间的相对关系 X-Y 方式在水平轴上显示通道 1 幅值,在垂直轴上显示通道 2 幅值 Roll 方式下示波器从屏幕右侧到左侧滚动更新波形采样点
采样率	—	显示系统采样率
触发位移复位	—	调整触发位置到中心零点

注意:示波器在正常 Y-T 方式下可应用任意采样速率捕获波形。在 X-Y 方式下同样可以调整采样率和通道的垂直挡位。X-Y 方式缺省的采样率是 100 MS/s。一般情况下,将采样率适当降低,可以得到较好显示效果的李萨如图形。

七、了解触发系统

如图 4-11 所示,在触发控制区(TRIGGER)有一个旋钮、三个按键。下面的练习逐渐引导熟悉触发系统的设置。

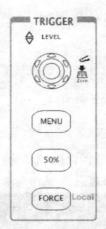

图 4-11　触发控制区

1. 使用 LEVEL 旋钮改变触发电平设置

转动 LEVEL 旋钮,可以发现屏幕上出现一条橘红色的触发线以及触发标志,随旋钮转动而上下移动。停止转动旋钮,此触发线和触发标志会在约 5 秒后消失。

在移动触发线的同时,可以观察到在屏幕上触发电平的数值发生了变化。

旋动垂直 LEVEL 旋钮不但可以改变触发电平值,也可以通过按下该旋钮作为设置触发电平恢复到零点的快捷键。

2. 使用 MENU 调出触发

操作菜单见图4-12,改变触发的设置,观察由此造成的状态变化。

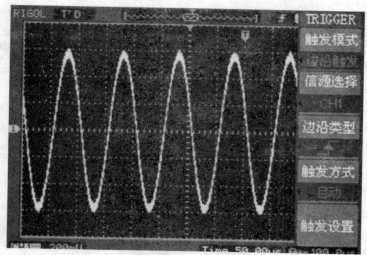

图 4-12 触发系统设置界面

按1号菜单操作按键,选择"边沿触发"。

按2号菜单操作按键,选择"信源选择"为"CH1"。

按3号菜单操作按键,设置"边沿类型"为"上升沿"。

按4号菜单操作按键,设置"触发方式"为"自动"。

按5号菜单操作按键,进入"触发设置"的二级菜单,

对触发的耦合方式、触发灵敏度和触发释抑时间进行设置。按 50% 按钮,设定触发电平在触发信号幅值的垂直中点。按 FORCE 按钮,强制产生一触发信号,主要应用于触发方式中的"普通"和"单次"模式。

注:改变前三项的设置会导致屏幕右上角状态栏的变化。

3. 设置触发系统

触发决定了示波器何时开始采集数据和显示波形。一旦触发被正确设定,就可以将不稳定的显示转换成有意义的波形。示波器在开始采集数据时,先收集足够的数据用来在触发点的左方画出波形。示波器在等待触发条件发生的同时连续地采集数据。当检测到触发后,示波器连续地采集足够的数据以在触发点的右方画出波形。示波器操作面板的触发控制区包括触发电平调整旋钮 LEVEL 、触发菜单按键 MENU 、设定触发电平在信号垂直中点的 50% 、强制触发按键 FORCE 。

LEVEL :触发电平设定触发点对应的信号电压,按下此旋钮使触发电平立即回零。

50% :　将触发电平设定在触发信号幅值的垂直中点。

FORCE :强制产生一触发信号,主要应用于触发方式中的"普通"和"单次"模式。

MENU :触发设置菜单键。

八、通道的设置

1. 每个通道有独立的垂直菜单,每个项目都按不同的通道单独设置

按 CH1 或 CH2 功能按键,系统显示 CH1 或 CH2 通道菜单,如图 4-13 所示,菜单操作设置说明见表 4-2。

图 4-13 CH1 或 CH2 通道操作菜单

表 4-2 通道的操作菜单使用说明

功能菜单	设定	说明
耦合	交流 直流 接地	阻挡输入信号的直流成分 通过输入信号的交流和直流成分 断开输入信号
带宽限制	打开 关闭	限制带宽至 20 MHz,以减少显示噪音 满带宽
探头	1× 50× 100× 500× 1000×	根据探头衰减因数选取其中一个值,以保持垂直标尺读数准确
数字滤波	—	设置数字滤波
↓ (下一页)	1/2	进入下一页菜单(以下均同,不再说明)
↑ (上一页)	2/2	返回上一页菜单(以下均同,不再说明)
挡位调节	粗调 微调	粗调按 1-2-5 进制设定垂直灵敏度 微调则在粗调设置范围之间进一步细分,以改善垂直分辨率
反相	打开	打开波形反向功能 波形正常显示

2. 选择和关闭通道

DS1000E、DS1000D 系列的 CH1、CH2 以及 LA(仅 DS1000D 系列)为信号输入通道。此外,对于数学运算(MATH)和(REF)的显示和操作也按通道等同处理,即在处理 MATH 和 REF 时,也可以理解为是在处理相对独立的通道。欲打开或选择某一通道时,只需按其对应的通道按键。通道按键灯亮说明该通道已被激活,若希望关闭某个通道,再次按下该通道按键或此通道在当前处于选中状态时,按 OFF 按键也可将其关闭,通道按键灯灭。可参阅通道状态说明,见表 4-3。

表 4-3 通道打开和关闭的状态标志

通道类型	通道状态	状态标志
通道 1(CH1)	打开	CH1(黄底黑字)
	当前选中	CH1(黑底黄字)
	关闭	无状态标志
通道 2(CH2)	打开	CH1(蓝底黑字)
	当前选中	CH1(黑底蓝字)
	关闭	无状态标志
数学运算(MATH)	打开	CH1(紫底黑字)
	当前选中	CH1(黑底紫字)
	关闭	无状态标志

注:示波器在屏幕左下角显示上述通道状态标志。对 LA 进行操作,将关闭或打开所有数字通道。

九、捕捉单次信号

方便地捕捉脉冲、毛刺等非周期性的信号是数字示波器的优势和特点。

若捕捉一个单次信号,首先需要对此信号有一定的先验知识,才能设置触发电平和触发沿。例如,如果脉冲是一个 TTL 电平的逻辑信号,触发电平应该设置成 2 伏,触发沿设置成上升沿触发。如果对于信号的情况不确定,可以通过自动或普通的触发方式先行观察,以确定触发电平和触发沿。

操作步骤如下:

1. 设置探头和 CH1 通道的衰减系数。

2. 进行触发设定。

(1)按下触发(TRIGGER)控制区域 MENU 按钮,显示触发设置菜单。

(2)在此菜单下分别应用 1~5 号菜单操作键设置触发类型为边沿触发,边沿类型为上升沿,信源选择为 CH1,触发方式为单次,触发设置耦合为直流。

(3)调整水平时基和垂直挡位至适合的范围。

(4)旋转触发 (TRIGGER) 控制区域 LEVEL 旋钮,调整适合的触发电平。

(5)按 RUN/STOP 执行按钮,等待符合触发条件的信号出现。如果有某一信号达到设定的触发电平,即采样一次,显示在屏幕上。利用此功能可以轻易捕捉到偶然发生的事件,如对幅度较大的突发性毛刺,将触发电平设置到刚刚高于正常信号电平,按 RUN/STOP 按钮开始等待,当毛刺发生时,机器自动触发并把触发前后一段时间的波形记录下来。通过旋转面板上水平控制区域(HORIZONTAL)的水平 POSITION 旋钮,改变触发位置的水平位置可以得到不同长度的负延迟触发,便于观察毛刺发生之前的波形。

十、应用光标测量

本示波器可以自动测量 20 种波形参数。所有的自动测量参数都可以通过光标进行测量。使用光标可迅速地对波形进行时间和电压测量。

1. 测量 Sinc 第一个波峰的频率

欲测量信号上升沿处的 Sinc 频率,按如下步骤操作:

(1)按下 CURSOR 按钮以显示光标测量菜单。

(2)按下 1 号菜单操作键设置光标模式为手动。

(3)按下 2 号菜单操作键设置光标类型为 X。

(4)将光标 1 置于 Sinc 的第一个峰值处。

(5)将光标 2 置于 Sinc 的第二个峰值处。

测量 Sinc 第一个波峰的频率,测量结果如图 4-14 所示。

注意光标菜单中显示出增量时间和频率(测得的 Sinc 频率)。

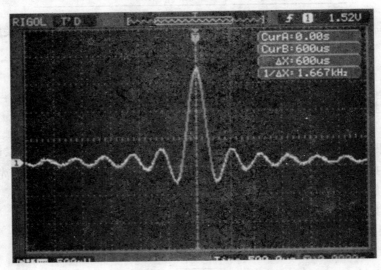

图 4-14　测量第一个波峰的频率

2. 测量 Sinc 第一个波峰的幅值

欲测量 Sinc 幅值,按如下步骤操作:

(1)按下 CURSOR 按钮以显示光标测量菜单。

(2)按下 1 号菜单操作键设置光标模式为手动。

(3)按下 2 号菜单操作键设置光标类型为 Y。

(4)将光标 1 置于 Sinc 的第一个峰值处。

(5)将光标 2 置于 Sinc 的第二个峰值处。

(6)光标菜单中将显示下列测量值：

增量电压(Sinc 的峰—峰电压)

　　　光标 1 处的电压

　　　光标 2 处的电压

测量 Sinc 第一个波峰的幅值,测量结果如图 4-15 所示。

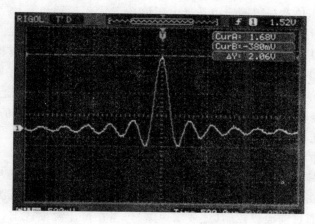

图 4-15　测量第一个波峰的幅值

十一、DS1102E 型示波器实物图

见图 4-16。

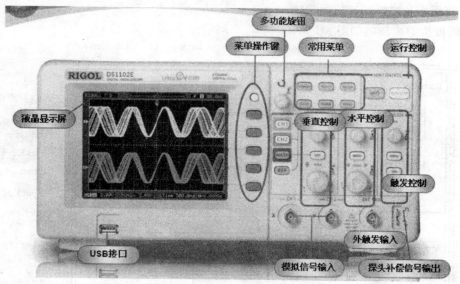

图 4-16　示波器实物图

第五章　直流电源

一、简介

GPD-3303 系列直流电源供应器,轻便,可调,多功能工作配置。它有三组独立输出,其中包括两组可调电压值和一组固定可选择电压值 2.5 V、3.3 V 和 5 V。

1. 独立/串联/并联输出

GPD-3303 系列有三种输出模式:独立、串联和并联,通过按前面板上的跟踪开关来选择。在独立模式下,输出电压和电流各自单独控制。输出端子与底座之间或输出端子与输出端子之间的绝缘度为 300 V。在跟踪模式下,CH1 与 CH2 的输出自动连接成串联或并联,不需要连接输出导线。在串联模式下,输出电压是独立输出的 2 倍;在并联模式下,输出电流是独立输出的 2 倍。

2. 恒压/恒流输出

除了 CH3 外,其余每组输出通道根据负载不同,自动转换工作在恒压源或恒流源模式。即针对大负载工作在恒压源,而针对小负载,工作在恒流源。当在恒压源模式下(独立或跟踪模式),输出电流通过前面板控制(过载或短路)。当在恒流源模式下(仅独立模式),最大输出电压(最高限值)通过前面板控制。

3. 自动跟踪模式

前面板显示(CH1、CH2)输出电压和电流。当操作在跟踪模式下,电源将自动连接成自动跟踪模式。

4. 前面板及按键或旋钮的功能

前面板按键或旋钮如图 5-1 所示。

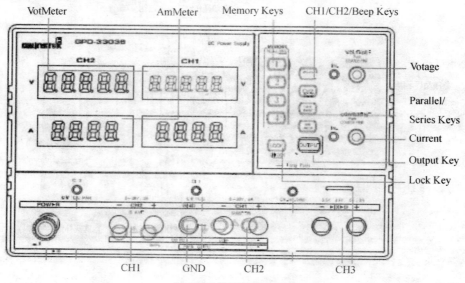

图 5-1　前面板示意图

二、操作方法

1. CH1/CH2 独立模式

CH1 和 CH2 输出各自独立且单独控制。每个通道输出额定值 0~30 V/0~3 A。连接电路如图 5-2 所示。

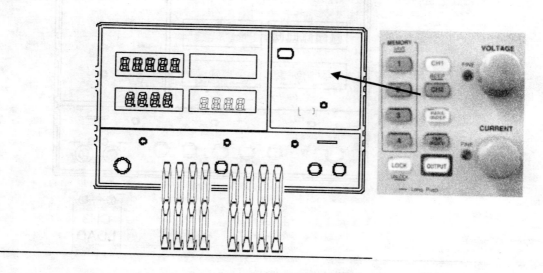

图 5-2　CH1/CH2 独立模式连接图

面板操作：

(1)确定并联和串联键关闭(按键灯不亮)。

(2)连接负载到前面板负载端子，CH1+/−,CH2+/−。

(3)按下 CH2 开关(灯点亮)，旋转电流旋钮来设置 CH2 输出电流到最大值(3.0 A)，见图 5-3。通常，电压和电流旋钮工作在粗调模式。按下电流旋钮，"FINE 灯"亮，启动细调模式。

- 粗调:0.1 V 或 0.1 A/每转。
- 细调:最小精度/每转。

(4)按下 CH1 开关(灯点亮)，使用电压和电流选通来设置输出电压和电流值，见图 5-4。

(5)按下输出键，打开输出(按键灯打开)，见图 5-4。

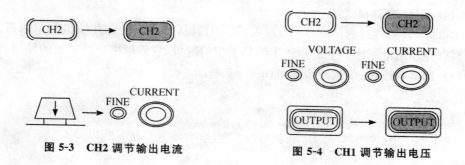

图 5-3　CH2 调节输出电流　　　　**图 5-4　CH1 调节输出电压**

2. CH3 独立模式

CH3 额定输出值为 2.5 V/3.3 V/5 V,3 A。CH3 没有串联/并联模式,独立于 CH1 和 CH2,输出不受 CH1 和 CH2 模式的影响。连接电路如图 5-5 所示。

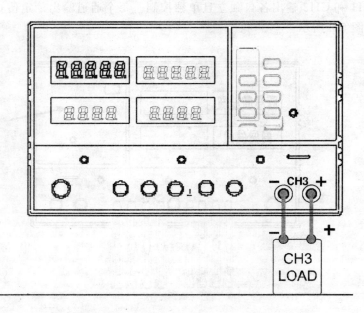

图 5-5   CH3 独立模式连接

面板操作:

(1)连接负载到前面板 CH3+/一连接端子。

(2)选择输出电压,2.5 V/3.3 V/5 V,如图 5-6 所示。

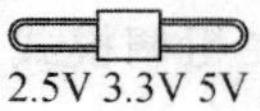

2.5V 3.3V 5V

图 5-6   选择输出电压

(3)按下输出键,打开输出,此时输出键灯点亮。

注:当输出电流值超过 3 A,过载指示灯("overload"灯)显示红色,此时 CH3 操作模式从恒压源转变为恒流源。"overload"这种情况并不意味着异常操作。

3. CH1/CH2 串联模式

GPD-3303 系列通过内部连接 CH1(主)和 CH2(从),使串联合并输出为单通道。CH1(主)控制合并输出电压值。下面描述了两种类型的配置,它们取决于公共地的使用。

无公共端串联连接:负载连接电路如图 5-7 所示。

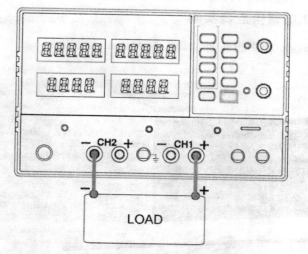

图 5-7　CH1/CH2 无公共端串联连接

有公共端串联连接:负载连接电路如图 5-8 所示。

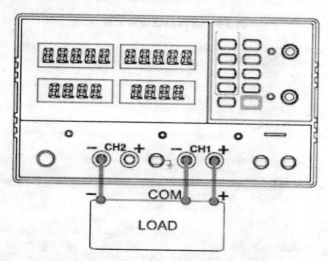

图 5-8　CH1/CH2 有公共端串联连接

面板操作:

(1)按下 SER/INDEP 键来启动 $\boxed{\text{SER/INDFP}} \rightarrow \boxed{\text{SER/INDFP}}$ 串联模式,按键灯点亮。连接负载到前面板端子,CH1+&CH2−(合并为一组电源)。参见图 5-7 和图 5-8。

(2)按下 CH2 开关(灯点亮)和电流旋钮来设置 CH2 输出电流到最大值(3.0 A)。通常,电压和电流旋钮工作在粗调模式。按下电流旋钮,启动细调模式,此时"FINE 灯"亮。

(3)按下 CH1 开关(灯点亮),使用电压和电流选通来设置输出电压和电流值。

(4)按下输出键,打开输出。此时"OUTPUT 键灯"打开。

(5)按下 CH2 开关(LED 点亮),使用电压和电流选通来设置输出电压和电流值。

注:CH1/CH2 并联模式的操作方法与串联模式的操作方法基本相同,这里就不介绍了。

三、GPD-3303 电源供应器实物

GPD-3303 电源供应器实物如图 5-9 所示。

图 5-9　GPD-3303 电源实物

第六章 毫伏表的使用

一、概述

AS2173 交流毫伏表是放大—检波式交流电压测量仪表,它具有高灵敏度、高的输入阻抗及高稳定性等优点,在电路上采用了大信号检波使仪器有良好的线性,而且噪声对测量精度影响很小,使用中不需调零。仪器还具有输出电路,可对输入信号进行监视,而且可当作放大使用。该仪器造型美观,测量方便,可广泛应用于工厂、科研单位及学校实验室等。

仪器的成套性和附件:

1. ASZI73 交流毫伏表	1台
2. 输入线	1根
3. 保险丝管 0.1A(在电源插座内)	2只
4. 使用说明书	1份
5. 合格证(贴在产品上)	1张

二、工作特性

1. 测量电压范围:10 μV～300 V。

分 12 挡:1 mV、3 mV、10 mV、30 mV、100 mV、300 mV;

   1 V、3 V、10 V、30 V、100 V、300 V。

2. 测量电平范围:－70～＋52 dB。

3. 被测电压频率范围:5 Hz～2 MHz。

4. 固有误差(在基准条件和基准频率为 1 kHz 时)

电压测量误差:1 mV～300 V 各挡,<3%(满度值)。

频率影响误差(以 1 kHz 为基准):5 Hz～2 MHz<5%。

5. 工作误差(以 1 kHz 为基准)

5 Hz～20 Hz<±10%;

20 Hz～100 Hz≤±5%;

100 Hz～100 kHz<±3%;

100 kHz～2 MHz<±5%。

6. 噪声电压在输入端良好短路 1 mV 时<20μV。

7. 输入阻抗

1 kHz 时约 2 MΩ;输入电容 1 mV～300 mV 各挡为 45 pF;

1～300 V 各挡为 25 pF(输入电缆线约 50 pF 不计在内)。

三、工作原理

该仪器由高阻输入电路、电阻性步级衰减器、前置放大器、输出放大器、检波指示器及稳压电源等单元电路组成。方框图如图 6-1 所示。

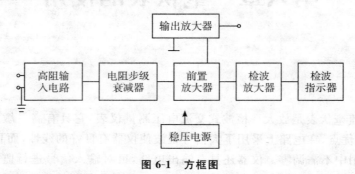

图 6-1 方框图

高阻输入电路具有高阻抗衰减和高阻抗输入转为低阻抗输出的功能。当被测信号由输入端加到输入电路,首先经过阻抗衰减器衰减,其衰减量分 0 dB 和 60 dB 二挡,经衰减后的信号输入到阻抗变换电路。为了尽可能提高输入阻抗,输入级采用场效应晶体管,而且还应用了自举反馈电路,电路用了深的电流串联负反馈,故增益较低,但工作稳定。

经放大后的信号耦合到电阻步级衰减器,总衰减量为 60 dB,共分 6 个挡级,每挡衰减量为 10 dB,改变衰减的挡级可改变毫伏表的量程。

前置放大器放大步级衰减器的输出信号很小,一般仅几十微伏到几毫伏,输入电阻设计得相当大,这对步级衰减器换挡时的工作状态影响很小。电路中采用了很深的负反馈,所以放大器的频响及增益的稳定性均很好。

检波放大是两级直接耦合的电流并联反馈放大器,它的作用是将前置放大器的输出信号进一步放大以满足检波器工作在大信号检波状态,可使检波二极管工作于线性区域,这样电流表的指示与被测电压成正比,使仪器精度提高且便于生产。

检波指示器是倍压式检波器,由极间电容很小的点触型二极管组成。该检波电路又是一只检波频率很高的峰值检波器,检波后的直流成分反馈到检波放大器的输入级,形成了一个负反馈网络,从而提高了检波器的线性。

输出放大器是一级共基极放大器,便于与外负载的连接。该输出供对测量信号的监视用,同时可使仪器当放大器使用。

稳压电源输出 +15 V 直流电压,该稳压器稳定时纹波小,完全可满足整个电路的要求。

四、结构特性

该仪器由分压器、放大器、电表指示器、稳压电源及机箱等部分组成,分压器、放大器等安装在一块电路板上,稳压电源及变压器单独装后板上,这样便于安装调试。面板采用 P7C 塑料,机箱采用立式,仪表造型美观。

五、使用方法

1. 说明

(1)该仪器的电源电压为(220±22) V。

(2)被测电压应为纯正的正弦波,若电压波形有过大的失真可引起读数不准。

(3)当被测电压源的内阻很高或被测信号电压很小时,馈线应使用屏蔽线,以减少外部干扰。

2. 交流电压的测量

(1)仪器在接通电源之前,先观察指针机械零位,如果不在零位上应调到零位。

(2)将量程开关预置于 100 V 挡。

(3)接通电源,数秒内表针有所摆动,然后稳定。

(4)将被测信号输入,将量程开关逆转动,使表针指在适当的位置,便可按挡级及表针的位置读出被测电压值。

3. dB 的测量

当测量 dB 值时,可将量程开关所置的 dB 值与表针所指的 dB 值相加读出。

4. 输出端的使用

当输入信号使仪器在任一挡的刻度指针在满度值时,可在仪器面板输出端得 100 mV 的输出,这可用于示波器的前置放大器。

六、维修保养

1. 维护

(1)仪器应放在干燥的及通风的地方,并保持仪器清洁。

(2)仪器使用时应避免剧烈振动,仪器周围不应置有产生高热和电磁场的设备。

(3)仪器应垂直放置,面板开关不应频繁剧烈地拨动、旋转,以免人为损坏。

2. 仪器的校准

若因种种原因需要重新校准仪器时,可按下列步骤进行:

(1)将量程开关置于 10 mV 挡,用 1 kHz 10 mV 标准电压输入到毫伏表的输入端,调整 W_2,使毫伏表 10 mV 达满度。

(2)将量程开关置于 10 mV 挡,用电压表校准仪输出 1 V 信号,调整 W_1 使 1 V 挡正好 1 V 满度。

(3)将电压表校准仪换成 1 MHz 的信号源,并用标准电压表进行监视,调节输入信号为 1 V,调节 C_1 使电压表指示与标准表的指示为 1 V 满度,然后用标准电压表测仪器面板上的输出孔,应有 150 mV 的输出,若达不到可调节 W_3。经过上述校准后,仪器基本上可达到出厂时的指标。

第七章 放大器干扰、噪声抑制和自激振荡的消除

放大器的调试一般包括调整和测量静态工作点,调整和测量放大器的性能指标:放大倍数、输入电阻、输出电阻和通频带等。由于放大电路是一种弱电系统,具有很高的灵敏度,因此很容易接受外界和内部一些无规则信号的影响。也就是在放大器的输入端短路时,输出端仍有杂乱无规则的电压输出,这就是放大器的噪声和干扰电压。另外,由于安装、布线不合理,负反馈太深以及各级放大器共用一个直流电源造成级间耦合等,也能使放大器没有输入信号时,有一定幅度和频率的电压输出,例如收音机的尖叫声或"突突"的汽船声,这就是放大器发生了自激振荡。噪声、干扰和自激振荡的存在都妨碍了对有用信号的观察和测量,严重时放大器将不能正常工作。所以必须抑制干扰、噪声和消除自激振荡,才能进行正常的调试和测量。

一、干扰和噪声的抑制

把放大器输入端短路,在放大器输出端仍可测量到一定的噪声和干扰电压。其频率如果是 50 Hz(或 100 Hz),一般称为 50 Hz 交流声,有时是非周期性的,没有一定规律,可以用示波器观察到如图 7-1 所示波形。50 Hz 交流声大都来自电源变压器或交流电源线,100 Hz 交流声往往是由于整流滤波不良造成的。另外,由电路周围的电磁波干扰信号引起的干扰电压也是常见的。由于放大器的放大倍数很高(特别是多级放大器),只要在它的前级引进一点微弱的干扰,经过几级放大,在输出端就可以产生一个很大的干扰电压。还有,电路中的地线接得不合理,也会引起干扰。

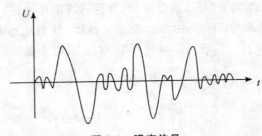

图 7-1 噪声信号

抑制干扰和噪声的措施一般有以下几种:

1. 选用低噪声的元器件

如噪声小的集成运放和金属膜电阻等。另外,可加低噪声的前置差动放大电路。由于集成运放内部电路复杂,因此它的噪声较大。即使是"极低噪声"的集成运放,也不如某些噪声小的场效应对管或双极型超 β 对管,所以在要求噪声系数极低的场合,以挑选噪声小对管

组成前置差动放大电路为宜,也可加有源滤波器。

2. 合理布线

放大器输入回路的导线和输出回路、交流电源的导线要分开,不要平行铺设或捆扎在一起,以免相互感应。

3. 屏蔽

小信号的输入线可以采用具有金属丝外套的屏蔽线,外套接地。整个输入级用单独金属盒罩起来,外罩接地。电源变压器的初、次级之间加屏蔽层。电源变压器要远离放大器前级,必要时可以把变压器也用金属盒罩起来,以利隔离。

4. 滤波

为防止电源串入干扰信号,可在交(直)流电源线的进线处加滤波电路。图 7-2(a)、(b)、(c)所示的无源滤波器可以滤除天电干扰(雷电等引起)和工业干扰(电机、电磁铁等设备起、制动时引起)等干扰信号,而不影响 50 Hz 电源的引入。图中电感、电容元件,一般 L 为几至几十毫亨,C 为几千微微法。图(d)中阻容串联电路对电源电压的突变有吸收作用,以免其进入放大器。R 和 C 的数值可选 100 Ω 和 2 μF 左右。

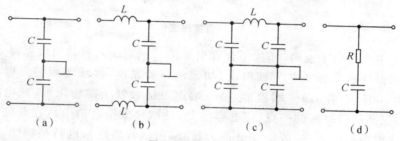

图 7-2　无源滤波器

5. 选择合理的接地点

在各级放大电路中,如果接地点安排不当,也会造成严重的干扰。例如,在图 7-3 中,同一台电子设备的放大器,由前置放大级和功率放大级组成。当接地点如图中实线所示时,功率级的输出电流是比较大的,此电流通过导线产生的压降,与电源电压一起作用于前置级引起扰动,甚至产生振荡。还因负载电流流回电源时,造成机壳(地)与电源负端之间电压波动,而前置放大级的输入端接到这个不稳定的"地"上,会引起更为严重的干扰。如将接地点改成图中虚线所示,则可克服上述弊端。

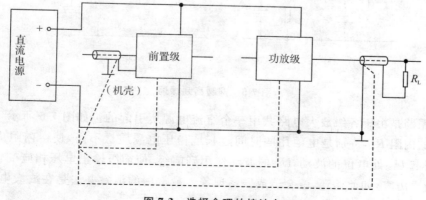

图 7-3　选择合理的接地点

二、自激振荡的消除

检查放大器是否发生自激振荡,可以把输入端短路,用示波器(或毫伏表)接在放大器的输出端进行观察,如图 7-4 所示波形。自激振荡和噪声的区别是,自激振荡的频率一般为比较高的或极低的数值,而且频率随着放大器元件参数不同而改变(甚至拨动一下放大器内部导线的位置,频率也会改变),振荡波形一般是比较规则的,幅度也较大,往往使三极管处于饱和和截止状态。

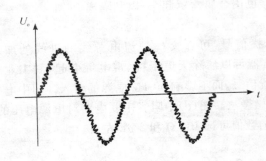

图 7-4　自激振荡信号

高频振荡主要是由于安装、布线不合理引起的。例如输入和输出线靠得太近,产生正反馈作用。对此应从安装工艺方面解决,如元件布置紧凑,接线要短等。也可以用一个小电容(例如 1000 pF 左右)一端接地,另一端逐级接触管子的输入端,或电路中合适部位,找到抑制振荡的最灵敏的一点(即电容接此点时,自激振荡消失),在此处外接一个合适的电阻电容或单一电容(一般 100 pF～0.1 μF,由试验决定),进行高频滤波或负反馈,以压低放大电路对高频信号的放大倍数或移动高频电压的相位,从而抑制高频振荡(如图 7-5 所示)。

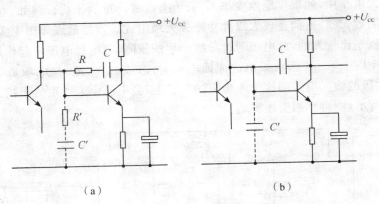

（a）　　　　　　　　　　　　　（b）

图 7-5　抑制高频振荡

低频振荡是由于各级放大电路共用一个直流电源所引起的。如图 7-6 所示,因为电源总有一定的内阻 R_0,特别是电池用的时间过长或稳压电源质量不高,使得内阻 R_0 比较大时,则会引起 U_{cc}' 处电位的波动,U_{cc}' 的波动作用到前级,使前级输出电压相应变化,经放大后,使波动更厉害,如此循环,就会造成振荡现象。最常用的消除办法是在放大电路各级之间加上"去耦电路"，如图中的 R 和 C，从电源方面使前后级减小相互影响。去耦电路 R 的值一般为几百欧，电容 C 选几十微法或更大一些。

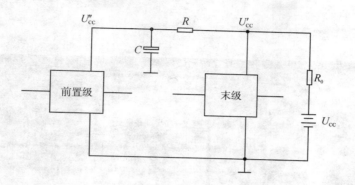

图 7-6　抑制低频振荡——去耦电路

第八章 模拟电路实验箱面板

浙江天煌 HTM-4 模拟电路实验箱

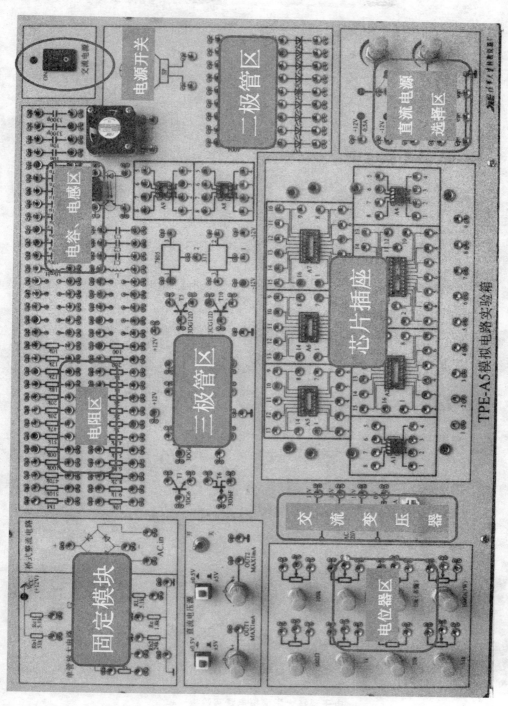

TPE-A5模拟电路实验箱

清华大学 TPE-A5 模拟电路实验箱

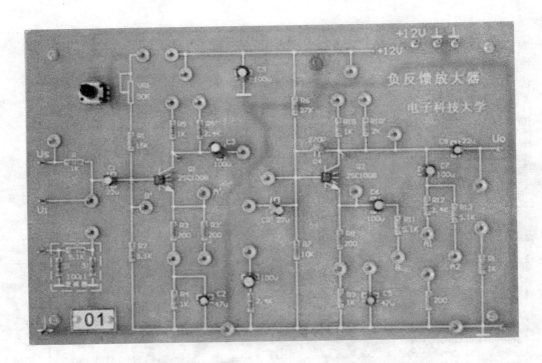

电子科技大学模拟电路实验板

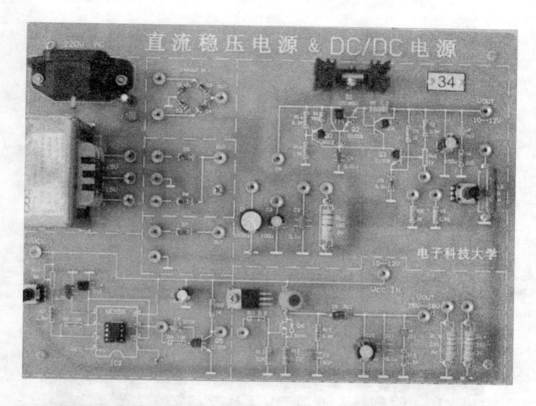

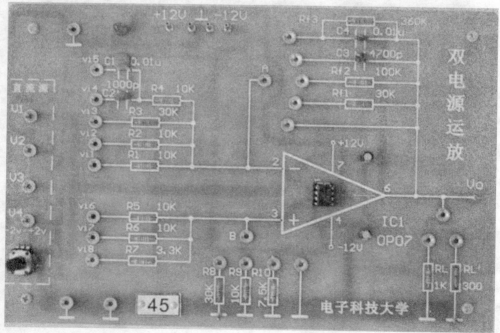

电子科技大学模拟电路实验板

第九章　常用元器件实物图

电阻（线绕）

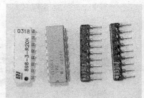

排阻

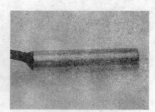

温度传感器1

水泥电阻

绕线电阻

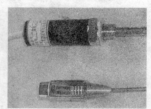

温度传感器2

光敏电阻

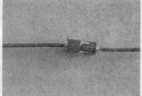

热敏电阴

温度传感器3

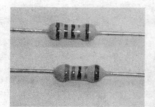

金属膜电阻

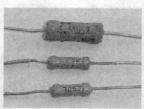

碳膜电阻

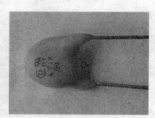

压敏电阻

电位器1

电位器2

精密电位器

电阻与电位器实物图

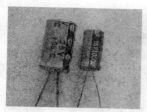

电解电容

压敏电容

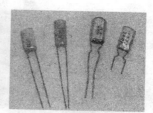

电容（有机）

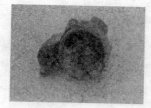

半可变电容

电容（双联）

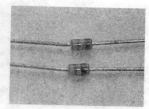

二极管（变容）

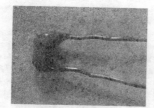

独石电容

电容话筒

云母电容

电容（胆）

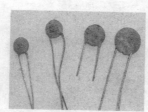

陶瓷电容

压电陶瓷

电容（交流）

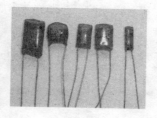

电容（膜）

电容实物图

变压器1

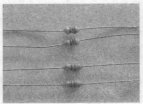
电感1

偏转线圈

变压器2

电感2

音频变压器

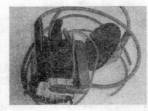
变压器3

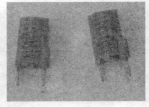
电感3

中周（中频变压器）

电感4

电感实物图

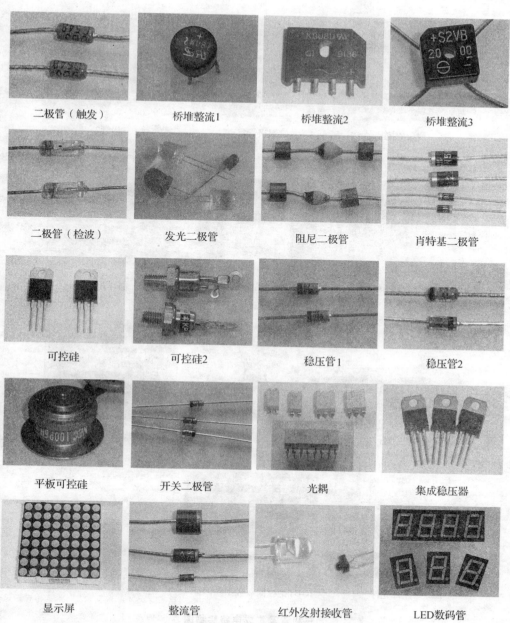

二极管（触发）　　桥堆整流1　　桥堆整流2　　桥堆整流3

二极管（检波）　　发光二极管　　阻尼二极管　　肖特基二极管

可控硅　　可控硅2　　稳压管1　　稳压管2

平板可控硅　　开关二极管　　光耦　　集成稳压器

显示屏　　整流管　　红外发射接收管　　LED数码管

二极管实物图

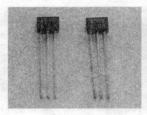
场效应管

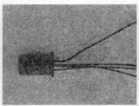
三极管1

三极管2

结星场效应管

集成电路

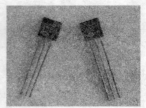
霍耳开关

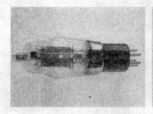
电子管

单节晶体管

大规模集成电路

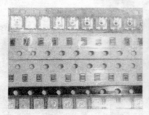
贴片元件

IGBT绝缘栅双极型晶体管

三极管及集成电路实物图

第十章　晶体管型号与封装

一、常用晶体管封装管脚对照

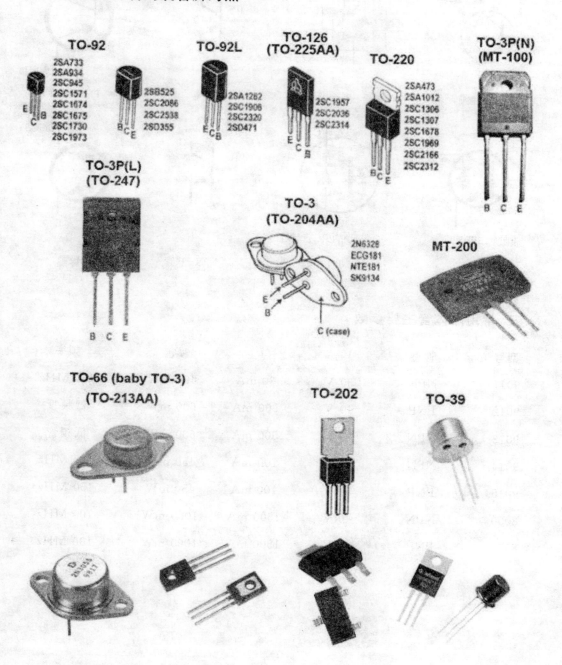

TO-92

2SA733
2SA934
2SC945
2SC1571
2SC1674
2SC1675
2SC1730
2SC1973

TO-92L

2SB525
2SC2086
2SC2538
2SD355

TO-126 (TO-225AA)

2SA1282
2SC1906
2SC2320
2SD471

TO-220

2SC1957
2SC2036
2SC2314

2SA473
2SA1012
2SC1306
2SC1307
2SC1678
2SC1969
2SC2166
2SC2312

TO-3P(N) (MT-100)

TO-3P(L) (TO-247)

TO-3 (TO-204AA)

2N6328
ECG181
NTE181
SK9134

MT-200

TO-66 (baby TO-3) (TO-213AA)

TO-202

TO-39

二、常用晶体管符号对照

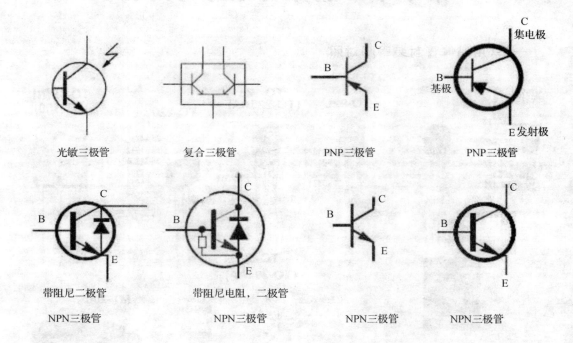

| 光敏三极管 | 复合三极管 | PNP三极管 | PNP三极管 |

| 带阻尼二极管 | 带阻尼电阻，二极管 | NPN三极管 | NPN三极管 |
| NPN三极管 | NPN三极管 | | |

三、常用晶体管主要参数

型号	管型	V_{CEO}	I_{CM}	P_{CM}	频率
9011	NPN	30 V	30 mA	400 mW	150 MHz
9012	PNP	40 V	500 mA	600 mW	低频管
9013	NPN	40 V	500 mA	600 mW	低频管
9014	NPN	50 V	100 mA	450 mW	150 MHz
9015	PNP	50 V	100 mA	450 mW	150 MHz
8050	NPN	40 V	1500 mA	1000 mW	100 MHz
8550	PNP	40 V	1500 mA	1000 mW	100 MHz

四、贴片与直插晶体管型号对照

直插封装的型号	贴片的型号	直插封装的型号	贴片的型号
9011	1T	BC846A	1A
9012	2T	BC846B	1B
9013	J3	BC847A	1E
9014	J6	BC847B	1F
9015	M6	BC847C	1G
9016	Y6	BC848A	1J
9018	J8	BC848B	1K
S8050	J3Y	BC848C	1L
S8550	2TY	BC856A	3A
8050	Y1	BC856B	3B
8550	Y2	BC857A	3E
2SA1015	BA	BC857B	3F
2SC1815	HF	BC858A	3J
2SC945	CR	BC858B	3K
MMBT3904	1AM	BC858C	3L
MMBT3906	2A	2SA733	CS
MMBT2222	1P	UN2111	V1
MMBT5401	2L	UN2112	V2
MMBT5551	G1	UN2113	V3
MMBTA42	1D	UN2211	V4
MMBTA92	2D	UN2212	V5
BC807-16	5A	UN2213	V6
BC807-25	5B	2SC3356	R23
BC807-40	5C	2SC3838	AD
BC817-16	6A	2N7002	702
BC817-25	6B		
BC817-40	6C		

参考文献

[1]康华光.电子技术基础:模拟部分(第四版)[M].北京:高等教育出版社,2004.

[2]华成英,童诗白.模拟电子技术基础(第四版)[M].北京:高等教育出版社,2006.

[3]潘永雄,沙河.电子电路 CAD 实用教程[M].西安:西安电子科技大学出版社,2007.

[4]张泽旺.舞台灯光音乐控制系统的设计与实现[J].电声技术,2011(8):4～9.

[5]厦门理工学院.舞台灯光音乐控制装置[P].中国专利:ZL201120039428.9,2011.11.

[6]蒋卓勤.Multisim2001 及其在电子设计中的应用[M].西安:西安电子科技大学出版社,2003.

[7]胡振亚,毛海涛,李应生.新编家用电器[M].开封:河南大学出版社,2002.

[8]电子系列实验:模拟电子技术基础[Z].浙江天煌科技实业有限公司,2000.

[9]TPE 型系列模拟电路实验箱实验指导书[Z].清华大学科教仪器厂,2004.

[10]电子技术应用实验室.电子技术应用实验教程[M].西安:电子科技大学出版社,2006.

[11]张泽旺.音乐灯光控制系统的设计[C].见:2010 年全国大学生电子设计大赛创新作品集.大连:大连理工大学出版社,2011.

参考电子资料及讨论网站:

百度文库:http://wenku.baidu.com/

中国电子网:http://www.21ic.com

电子电路网:http://www.cndzz.com

电子发烧友:http://www.elecfans.com

电子产品世界:http://www.eepw.com.cn